普通高等教育“十四五”规划教材

资源环境信息技术

刘 忠 段增强 主编

中国农业大学出版社
·北京·

内 容 简 介

资源和环境是人类可持续发展的制约因素。资源环境信息技术是空间信息技术在资源环境领域的具体应用。本书简述了资源环境信息技术的体系及其应用场景，重点讲述了以遥感技术为核心的资源环境信息获取技术和以地理信息系统为核心的资源环境信息分析技术的原理和应用。在内容的编排上，尽量做到系统性和成熟性，并适当融入一些新技术和新思路。本教材可作为资源环境专业研究生和本科生的教材，同时也可作为相关专业的教学辅助资料或者自学教材。

图书在版编目(CIP)数据

资源环境信息技术/刘忠，段增强主编. --北京：中国农业大学出版社，2024.4

ISBN 978-7-5655-3152-1

Ⅰ.①资… Ⅱ.①刘…②段… Ⅲ.①环境资源－环境信息－高等学校－教材 Ⅳ.①X196②X32

中国国家版本馆 CIP 数据核字(2023)第 251436 号

书　　名 资源环境信息技术

作　　者 刘　忠　段增强　主编

策划编辑 梁爱荣　　**责任编辑** 梁爱荣

封面设计 李尘工作室

出版发行 中国农业大学出版社

社　　址 北京市海淀区圆明园西路 2 号　　**邮政编码** 100193

电　　话 发行部 010-62733489，1190　　读者服务部 010-62732336

编辑部 010-62732617，2618　　出　版　部 010-62733440

网　　址 http://www.caupress.cn　　**E-mail** cbsszs@cau.edu.cn

经　　销 新华书店

印　　刷 河北朗祥印刷有限公司

版　　次 2024 年 4 月第 1 版　2024 年 4 月第 1 次印刷

规　　格 185 mm×260 mm　16 开本　15.25 印张　371 千字

定　　价 56.00 元

编审委员会

主　　编　刘　忠（中国农业大学）

段增强（中国农业大学）

副 主 编　万　炜（南昌大学）

韩已文（中国农业大学）

参编人员　（按姓氏拼音顺序）

李佳辉（中国农业大学）

李剑辉（中国农业大学）

刘泓君（中国农业大学）

卢春燕（中国农业大学）

吕　微（中国农业大学）

王佳莹（中国农业大学）

徐佳宁（中国农业大学）

许昭辉（中国农业大学）

杨皓煜（中国农业大学）

郑曼迪（中国农业大学）

周永馨（中国农业大学）

主　　审　黄元仿（中国农业大学）

前言

自然资源和环境是人类社会生存、发展的自然物质基础，是社会生产资料和人类生活资料的基本来源。资源短缺、环境污染已成为制约我国经济社会实现可持续发展的瓶颈，并将产生长期的压力。关注和思考现阶段我国的资源环境问题，研究其产生的原因，寻求解决对策与措施，化解资源环境与经济社会发展的矛盾，促进资源环境的合理开发利用和保护，才能保障我国经济社会可持续发展。

资源环境信息技术是在资源环境科学与空间信息科学交叉融合下，用来解决资源环境问题的空间信息技术，也是空间信息技术在资源环境领域的具体应用。空间信息技术在农业、林业、水利、地矿和海洋等领域得到广泛的应用，是资源环境可持续发展研究的基础技术，在全球变化监测、资源调查、环境监测与预测、灾害监测与评估等方面起着其他技术无法替代的作用。

本书重点讲述资源环境信息技术的原理、技术体系和具体应用。本书可作为资源环境领域研究生和本科生教材或教学辅助材料，全书共 13 章，按照“基础理论－技术原理－实际应用”来组织。主要内容包括：

第 1 章“绪论”，介绍资源环境要素的特点、资源环境信息技术的研究对象、技术体系、国内发展和应用领域等；第 2 章“遥感概述”，简要介绍遥感的定义、系统组成、发展历程、技术分类、应用领域和发展趋势；第 3 章“光学遥感的物理基础”，介绍电磁波的特性及其与传播媒介和地物间的相互作用规律。

第 4 章“遥感平台与传感器”，阐述卫星遥感平台和传感器的基本知识，如卫星轨道参数和类型、传感器类型和性能、成像原理等；第 5 章“遥感影像预处理”，重点讲述遥感影像格式、几何纠正和辐射校正；第 6 章“遥感影像特征选择与提取”，讲述遥感影像的特征类型、常用的特征提取和特征选择方法。

第 7 章“遥感影像增强与融合”，主要介绍影像拉伸、直方图调整、空间域滤波和频率域滤波等影像增强方法以及影像融合技术和特点；第 8 章“遥感影像分类”，重点讲述监督分类和非监督分类的基本原理、分类后处理、分类精度检验的方法和指标和技术应用。

第 9 章“地理信息系统概述”，简述地理信息系统的概念、特点、基本组成、功能作用和发展历程，以及地理信息系统在资源环境领域的应用；第 10 章“空间数据及其表达”，主要论述 GIS 中空间数据的概念、内容、获取来源、空间参考、空间数据的组织及表达。

第 11 章“矢量数据一般分析”，阐述了矢量数据的查询、叠置分析和缓冲区分析等一般处理和分析方法；第 12 章“空间分析”，阐述地理信息系统中基于栅格数据的常见空间分析方法；第 13 章“网络化地理信息系统”，讲述网络地理信息系统的功能、工作模式、技术架构等原理。

具体编写分工如下：第 1、2、3 章由刘忠编写；第 4 章由韩已文编写；第 5 章由刘忠、郑曼迪编写；第 6 章由万炜、刘忠编写；第 7 章由刘忠、王佳莹、韩已文编写；第 8 章由万炜编写；第 9、10、11、12 和 13 章由段增强编写。全书由刘忠和段增强统稿。徐佳宁、杨皓煜、李佳辉和卢春燕分别参与了第 3、4、5、7 章部分内容的编写；许昭辉、李剑辉、刘泓君、周永馨、吕微等帮助进行了基础材料收集、全书文字整理和校对工作，特此致谢。

本书编写过程中参考了多本国内外相关的优秀教材和专著，同时也参考了近几年发表的研究论文，力争体现理论的完整性和技术发展前沿动态。但由于编者的个人水平和篇幅限制以及知识体系的复杂性，在知识梳理方面难免存在着系统性不足的问题，若有不当之处，还请读者能够不吝赐教，以便修正。

主编

2023 年 9 月

目录

第1章 绪 论

资源和环境问题是人类社会可持续发展的热点。环境问题的实质是人类对自然资源的不合理利用。基于信息技术，评价自然资源禀赋，优化资源配置，是区域社会可持续发展的重要举措。

党的二十大报告指出，多年来我国一直面临着“资源环境约束趋紧、环境污染等问题突出”的发展困境。同时报告也明确提出今后要“发展绿色低碳产业，健全资源环境要素市场化配置体系，加快节能降碳先进技术研发和推广应用，倡导绿色消费，推动形成绿色低碳的生产方式和生活方式”。资源环境信息技术为上述行动计划的实施和目标的达成提供了有力的技术手段。

资源环境信息技术是应用空间信息技术对自然资源和生态环境从宏观层面进行大范围信息采集和传输、信息存储、信息加工、特征提取和应用的跨学科综合性技术体系。资源与环境信息技术是20世纪60年代发展起来的新兴科学技术，伴随着计算机、通信网络、航天遥感、人工智能等技术的进步，以及系统工程、区位理论、模式分析等理论的发展，服务于自然资源与环境的管理、规划和决策。目前，资源与环境信息技术正向着系统化、模型化和智能化方向发展。

1.1 资源环境信息技术的研究对象

资源环境信息技术的研究对象是资源与环境要素。本书所讲的资源环境特指自然资源与环境。几乎所有的自然资源都是构成人类生存的环境因子。

1.1.1 自然资源

自然界中与人类社会发展有关的、能被用来产生使用价值并影响劳动生产率的自然诸要素，通常称为自然资源。自然资源在一定的时空范围内，可供人类利用，表现为各种相互独立的静态物质和能量。自然资源是自然界赋予或前人留下的，可直接或间接用于满足人类需要的所有有形之物与无形之物。

自然资源为人类提供生存、发展和享受的物质与空间，它包括空气、水、土地、森林、草原、野生生物、各种矿物和能源等。其中，水、土地、动植物和矿产等属于有形自然资源，而光热资源则属于无形的自然资源。从管理的角度来看，自然资源又可分为生物资源、农业资源、森林资源、国土资源、矿产资源、海洋资源、气候气象和水资源等。

自然资源具有可用性、整体性、变化性、空间分布不均匀性和区域性等特点，是人类生存发展的物质基础和社会物质财富的源泉，也是可持续发展的重要物质基础。

1.1.2 自然环境

自然环境就是指人类生存和发展所依赖的各种自然条件的总和。自然环境按环境要素，可分为大气环境、水环境、土壤环境、地质环境和生物环境等，主要就是指地球的五大圈层：大气圈、水圈、土壤圈、岩石圈和生物圈。人类是生物圈的重要组成部分，人类活动极大地扰动了生物圈的资源配置，并通过圈层之间物质交换和能量流动深刻地影响着地球五大圈层的环境质量。

原始人类依靠生物圈获取食物来源，在狩猎和采集食物阶段，人类和其他动物基本一样，在整个生态系统中占有一席之地。在畜牧业和农业阶段，出现了以人类为中心的人工生态系统，且由于无序开荒、滥伐林木、过度放牧、掠夺捕捞等不当利用，在一定程度上挤压和破坏了自然生态系统，造成水土流失、土地沙化、草原退化、水生生物资源减少、旱涝灾害频发等环境问题。自人类使用化石燃料以来，活动范围开始侵入岩石圈，尤其在20世纪后半叶，工业革命兴起，工农业蓬勃发展，人类大量开采水资源，过量使用化石燃料，向自然环境中排放了大量的废气、废水和固体废物，强烈地影响了自然界各圈层的要素平衡。

随着科技的更进一步发展，人类活动已经延伸到地球外层空间，人类的环境已经超出了地球的范围，如太空探索、卫星发射、太空站建设等，这些拓展又对人类环境产生新的影响与挑战。

1.1.3 资源环境问题的特点

资源环境问题是由社会生产力的发展、科技进步、经济结构的演变以及人类活动方式的改变所引起的，这些问题不仅涉及个体利益，更关乎整个社会和人类的福祉，从全球发展状况来看，资源环境问题具有以下特点：

1. 广泛性

由于自然资源和环境要素的广泛联系性，资源利用不当和环境污染问题往往产生于局部却会造成更大范围的影响，因而具有广泛性。这种广泛性，不单指地域范围的广阔，也指其后果会产生跨领域影响。由于人类对自然资源的过度索取，对生态环境的负面影响已经导致人与自然之间关系的紧张，并引发不同部门、不同族群、不同区域和不同经济活动间的广泛矛盾。

2. 公共性

自然资源和环境是人类社会生存、发展的自然物质基础，是社会生产资料和生活资料的基本来源，本身就具有公共属性。其次，自然环境是人类共同的财富，环境效益具有公共性，如大面积绿化受益的不只实施部门，公众都会从中获益。反之，环境污染带来的负面影响也是公共的。

3. 外部性

外部性是指在没有市场交换的情况下，一个生产单位的生产行为或消费者的消费行为影响了其他生产单位或消费者的生产过程或生活标准。资源环境问题不仅仅关系到人类生存的条件，对经济发展也有一定的影响。目前，资源过度消耗和配置不当及连锁产生的环境污染问题成为世界各国关注的焦点。环境的外部性主要指外部不经济性，即微观主体通过自己的活动给其他群体所处的环境带来消极的影响。外部性使得微观主体对解决资源环境负面问题的动力不足。

资源环境问题的上述特征使得自然资源的合理配置和利用,生态环境可持续发展等问题成为具有整体性、系统性和全局性的公共问题,需要全社会共同关注,高层次协调处理。资源环境信息技术可以为上述问题的解决提供良好的技术手段和工具。

1.2 资源环境要素的特点

现代科学研究的基本对象集中于物质、能量和信息三大主题。自 20 世纪 40 年代以来,随着信息理论的创立和信息技术的突破,人类开始进入信息时代,信息革命已经向人类展示了光辉灿烂的前景。

根据信息论的观点,信息消除了系统的不确定性,信息具有可传播、可转换、可贮藏、可识别和可压缩等属性。

资源环境信息是有关自然资源和环境能量流、物质流的特征和状态的表征与认知。资源环境信息可以消除资源环境要素的不确定性,是资源环境要素特征的抽象和数字化表达。资源环境信息掌握得越全面,对其要素的理解就越准确,进而基于资源环境要素所做出的决策就越科学合理。

资源环境信息具有信息的共同属性,同时也有其鲜明的特色。一般来说,与其他信息相比,资源环境信息在空间属性、尺度效应、动态属性和要素相关性等方面较为突出。

1. 资源环境要素具有显著的空间异质性

空间位置信息是资源环境信息的关键属性。大部分的资源环境要素只需要描述其二维平面位置信息即可,但有些要素还具有空间三维属性,如土壤信息,除了在水平空间格局具有信息差异,同时也具有垂直信息差异。

2. 资源环境要素具有明显的尺度效应

同一个资源环境要素,在不同尺度下具有不同的特征。这种尺度特征主要通过区域景观格局的变异程度、影像的空间分辨率和决策对空间精度的需求等方面共同体现。

3. 资源环境信息具有时间动态属性

一般而言,从短期时间尺度来看,大部分自然资源和环境要素的变化相对较小。但从中长期时间尺度来看,自然资源和环境要素变化幅度更为明显。特别是在人为影响下,这种动态变化会更加剧烈。

4. 资源环境诸要素之间具有相关性

自然资源和环境要素之间相互影响、相互制约,其相互影响和相互作用的范围,下至岩石圈表层、上至大气圈下部的对流层,包括全部的水圈和生物圈。这些环境诸要素相互关联的特点是通过能量在各个要素之间的传递、形态转换以及物质在各个要素之间的流动实现的。同时要素之间的相关性,也为资源环境建模提供了理论基础。

5. 资源环境信息具有海量数据的特点

资源环境要素的上述特点，说明消除资源环境认知的不确定性，需要从空间、时间的多尺度进行信息采集和处理，这无疑会增加资源环境要素的信息量，使得资源环境信息系统成为一个海量数据的巨型系统。

1.3 资源环境信息技术体系

资源环境信息技术以地球科学为基础，综合运用系统工程和信息科学的最新成就，采用计算机技术和空间信息技术研究资源与环境信息的采集、存储、管理、更新，特别是综合分析、评价和系统应用的理论和方法，为解决资源清查、地区开发、区域规划、国土整治、环境保护、灾害预测和防治、工程建设等方面提供科学依据和现代化技术手段。

资源环境信息技术不仅包含现代测绘科学的所有内容，而且体现了多学科的交叉和渗透，并特别强调计算机技术的应用。资源环境信息技术不局限于数据的采集，而是强调资源环境信息采集、处理、量测、分析、存储、管理及其显示和发布的全过程。

推动该门学科发展的动力有两个：一是现代航天、计算机和通信技术的飞速发展，为资源环境信息技术的发展提供了强有力的技术支持；二是全球变化和资源环境可持续发展日益成为人们关注的焦点，而作为主要支持技术的资源环境技术必然成为优先发展的领域，其技术体系日益成熟、应用领域不断扩大、产业部门逐渐形成。

资源环境信息技术的主体是全球导航定位系统（global navigation and satellite system, GNSS）、遥感（remote sensing, RS）和地理信息系统（geography information system, GIS），即所谓的3S技术。3S技术加上自然资源和生态环境领域的各种应用模型，就构成了资源环境信息技术。这些技术的发展为资源环境科学的发展起到了巨大的推动作用，是资源环境科学从定性描述为主逐渐走向定性、定量、定位综合研究的技术基础。

1.3.1 卫星空间定位技术

20世纪60年代，卫星定位技术问世，至今已经历了三个发展阶段，即卫星三角测量、卫星多普勒定位和全球导航卫星系统（GNSS）定位。其中，GNSS是一种空基无线电导航定位系统，可以提供精确授时、空间基准和所有与位置相关的实时动态信息。随着中国北斗卫星导航系统投入使用，世界上已经有4个GNSS进入实质性运作阶段，包括美国GPS、俄罗斯GLONASS、欧盟Galileo和中国的北斗卫星导航系统BDS。

北斗卫星导航系统分三个阶段建设完成：①始于1994年的北斗双星系统（北斗一号）建设，2000年发射了两颗静止轨道卫星，可为国内用户提供区域性的导航服务。2003年又发射了一颗备份卫星，完成了北斗卫星导航试验系统的组建。②2004年启动了北斗二号的建设，2012年完成了对亚太地区的大面积覆盖并正式提供卫星导航服务。③2020年建成了北斗全球系统（北斗三号），向全球提供服务。以农业和资源环境领域为例，北斗系统已经在农机作业、畜牧养殖和野生动物保护等方面得到了广泛应用。

GNSS作为一种全新的现代定位方法，在越来越多的领域取代了常规光学和电子仪器。

自20世纪80年代，尤其是90年代以来，GNSS卫星定位和导航技术与现代通信技术相结合，在空间定位技术方面引起了革命性变化。用GNSS同时测定三维坐标的方法将测绘定位技术从陆地和近海扩展到整个海洋和外层空间，从静态扩展到动态，从单点定位扩展到局部与广域差分，从事后处理扩展到实时定位与导航，从绝对精度扩展到米级、厘米级乃至亚毫米级，大大拓展了其在资源环境领域的应用广度及深度。

1.3.2 遥感观测技术

遥感是20世纪60年代兴起的一种对地观测技术，是根据电磁波的理论，应用各种传感器对远距离目标所辐射和反射的电磁波信息，进行收集、处理和成像，从而实现对地物的观测和识别的一种综合技术。遥感观测技术为资源环境科学的研究和应用提供了各种分辨率的空间、时间、光谱数据，是资源环境信息获取的最主要技术之一。

遥感技术的发展主要表现在它的多传感器、高分辨率和多时相性特征。遥感信息的应用分析已从单一遥感资料向多时相、多数据源的融合分析转变，从静态分析向动态监测转变，从对资源和环境的定性调查向计算机辅助的定量分析转变，从对各种现象的表面描述向机理探索转变。近年来，无人机遥感由于其快速机动性和高分辨率的显著优势，已成为卫星遥感和地面监测的连接手段。此外，在遥感影像解译方面，人工智能显示出了其广阔的应用前景。

1.3.3 地理信息系统分析技术

地理信息系统技术是20世纪60年代发展起来的一门空间信息分析技术，在资源与环境应用领域中，它发挥着技术先导的作用。GIS技术不仅可以有效地管理具有空间属性的各种资源环境信息，还可以有效地对多时期的资源环境状况及生产活动变化进行动态监测和分析比较，也可将数据收集、空间分析和决策过程综合为一个共同的信息流，明显地提高工作效率和经济效益，为解决资源环境问题及社会经济可持续发展提供技术支持。

在技术发展方面，从二维向多维动态以及网络化方向发展是GIS发展的方向，也是资源环境领域应用的迫切需要。在GIS的支持下，将特定应用场景的模拟模型与GIS的空间分析能力和模型管理能力相结合，发展资源环境专用模型系统，是GIS技术在资源环境领域的重要应用方向，展现了巨大的应用潜力。

1.3.4 数据通信技术

数据通信技术是现代信息技术发展的基础。资源环境信息技术的发展在很大程度上依赖于数据通信技术的发展，在GNSS、GIS和RS技术发展过程中，高速度、大容量、高可靠性的数据通信是必不可少的。目前，在世界范围内，通信技术正处于飞速发展阶段，特别是宽带通信、多媒体通信、卫星通信和移动通信等新技术的应用以及迅速增长的现实需求，为数据通信技术的发展创造了良好的外部环境，也深刻地改变着人类的社会行为和资源环境的可持续发展模式。

1.4 资源环境信息技术在我国的发展

资源环境信息技术的产生和发展与资源环境信息的不断丰富是分不开的。在遥感技术诞生之前，资源环境信息的获取主要依靠现场调查与实地采样。通过调查和采样所积累的信息是点状分布的信息，随着信息的积累，需要依靠资源环境信息技术手段去管理和分析。

遥感技术的发展，拓宽了资源环境信息的获取手段，并逐渐成为信息获取的主要来源。将地面调查采样与遥感相结合，二者互为验证、互为补充，成为大区域尺度资源环境信息获取的有力手段。

新中国成立以来，以中国科学院为首的科研院所通力协作，组织了多次大规模自然资源科学考察和定位观测，积累了大量的科学数据和资料，如黑龙江、新疆、西藏、内蒙古、青海、甘肃等综合考察。全国湖泊调查、地磁观测、沙漠分布、古气候变迁、冰川编目等均属国内有一定权威性的信息源。这些科学考察所积累的数据，为自然资源和生态环境的可持续利用提供了数据基础，但同时海量数据的利用和管理也对技术手段提出了更高的要求。

随着 20 世纪 60 年代遥感技术的产生和发展，对地观测有了全新的手段。我国资源环境调查和利用的研究与应用也从以地面调查为主逐渐转向地面调查和遥感技术相结合的阶段，相关研究项目也逐步开始酝酿和实施。1978 年，中国科学院地学部提出发展地学信息技术的建议并进行了讨论。之后，在腾冲、二滩、天津、黑河、怀来等地进行了多次综合遥感实验，推动了我国资源环境信息技术的发展。

近年来对地观测技术迅猛发展，尤其是从 2004 年开始，我国加大了遥感卫星和通信卫星的研发力度。随着高分辨率对地观测系统重大专项（简称高分专项）的实施和北斗卫星系统组网的完成，以及自主地理信息产业的蓬勃发展，我国在资源环境技术的软硬件方面都有了长足的发展。从技术发展、成果应用和产业规模来看，我国已跻身于空间信息技术大国的行列。

此外，在气候变化和资源环境可持续发展全球和区域协作项目的推动下，全球和大区域性资源环境数据大量涌现，且大部分实现了数据共享。同时，大数据、云计算和人工智能技术的出现和发展，也为我国资源环境信息技术的发展提供了良好的机遇。

与国外发达国家相比，中国资源环境信息技术的研究和应用起步较晚。在 20 世纪 80 年代初期开始探索，目前已有一定的科学积累和实验基础。但无论在基础理论、技术方法或应用模式上都和国际上有较大差距，亟须在信息系统的理论研究、应用基础研究以及人才培养等方面加强力量，并开拓应用领域，为国民经济建设做出应有贡献。

1.5 资源环境信息技术的应用领域

1.5.1 陆地资源调查和监测

GIS 技术可应用于自然资源调查的各个环节，实现资源调查中图幅数据采集、数据编辑、数据管理、数据分析和成果输出的全流程管理。

我国利用卫星遥感技术进行资源调查和监测始于 20 世纪 80 年代。以土地资源调查为例，1980—1983 年我国的土地管理部门用 500 多幅 MSS 图像开展全国土地资源概查，量算了全国和各省的土地总面积以及 15 种土地利用类型面积，编制了 1∶200 万土地利用现状图。1984 年国家进一步开展了土地资源调查工作，利用航空相片和卫星图像进行全国土地利用现状调查(即详查)，历时 11 年，厘清了我国土地资源状况，彻底改变了土地资源家底不清的状况。目前，我国已经在各级部门普遍建立了利用遥感技术动态监测土地利用现状的机制与系统。

1.5.2　生态环境监测和评估

生态环境监测和评估是对生态环境系统中的关键指标进行具体测量和判断，从而获得生态系统中某一指标的特征数据，通过统计分析，以反映该指标的现状及变化趋势。生态和环境监测具有着眼于宏观、着手于微观的特点，即是一项宏观与微观相结合的工作。

利用资源环境信息技术对结构与功能复杂的生态环境进行监测和评估，能反映区域尺度生态系统各要素的相互关系和变化规律。通过区域精准定位的高频度、高分辨率遥感影像分析，可揭示岩石圈、水圈、大气圈、生物圈和土壤圈的相互作用和关系。区域生态环境监测和评估，若将空间信息技术与生态演化机理相结合，建立相应机理模型，则可实现生态环境监测和评估从单点到区域全覆盖，从定性描述到定量分析的提升。

1.5.3　智慧农作与农情监测

20 世纪 90 年代以来，精准农业(precision agriculture)成为农业可持续发展的热门领域。所谓精准农业，是将 GIS、RS、GNSS、计算机、通信、网络和自动化技术等高科技集成并与地理学、农学、生态学、植物生理学、土壤学、水利学等学科有机结合，在农业生产过程中实现对农作物、土地、土壤从宏观到微观的实时监测，并对农作物生长发育状况、病虫害、水肥状况以及相应的环境状况进行定期的信息获取和动态分析，再通过专家系统的诊断和决策制定实施计划，最后在 GNSS 和 GIS 集成系统支持下进行田间管理的一种农业生产模式。

精准农业首先必须依托 GNSS 获取实时的农作物征兆图(symptom maps)。通过影像处理进行变化监测，结合已存储的土壤背景库和农田灌溉、施肥、种子等农作物专家系统数据库进行分析，做出判断，形成诊断图。最后，将诊断结果与管理信息系统(management information system, MIS)或专家系统(expert system, ES)结合，并综合投入产生分析，提出管理策略。

目前，我国的农业已经进入智慧农业的新阶段，产生了基于信息化和系统化的信息农业、基于精确化和工程化的精确农业、基于数字化和模型化的数字农业、基于智能化和网络化的智慧农业等模式。将遥感监测与田间试验和观测相结合，可以实现农情监测、灾害预警和作物估产，大幅度提高农业生产管理和决策的科学性。

1.5.4　国土空间与资源环境规划

国土空间与资源环境规划是多种规划过程和经营利用活动的综合表达，它们由资源环境部门的规划活动(包括战略研究、制定政策和行动计划)以及这些活动的实施(包括监测和评价)组成。通过规划的制定和实施,增加资源环境可持续发展的有效性,实现资源的可持续经营和环境的改善,满足对资源环境的生态效益、经济效益和社会效益等日益增长的迫切需要。

信息技术为资源环境规划背景数据的集成和管理提供了重要的调查方法和调查手段。信息技术也可为资源环境规划产生基础数据。规划区资源环境信息的集成、管理和可视化,不仅提高了数据管理的效率,同时也增加了规划过程的可视化程度。

GIS 空间分析功能大大提高了规划的合理性。如城市和建设用地扩张、景观格局分析、土地适宜性评价、设施选址及交通网络等问题,可以通过 GIS 的空间量测、缓冲区分析、叠加分析和距离分析等功能进行解算。同时 WebGIS 及 3D-GIS 的发展与应用也提高了规划过程中公众的参与度。

通过 GIS 与各种土地利用格局演化模型相结合,如区位—配置模型、元胞自动机模型、多智能体模型、群智能空间优化等模型,可进行土地利用格局演化预测和模拟,为资源环境规划中的决策支持和定量化提供了更多方法。

思考题

1. 资源环境信息的特点是什么?
2. 资源环境信息技术包括哪些关键技术?
3. 资源环境信息技术可以应用到哪些领域?

第 2 章　遥感概述

本章将简要介绍遥感的定义、遥感系统的组成、遥感发展历程、遥感技术分类、遥感应用领域和遥感技术发展的趋势及展望。通过本章的学习，学生应掌握遥感的技术内涵、遥感系统的构成和遥感的应用领域与发展前景。

2.1　遥感定义

遥感科学与技术是 20 世纪中叶随着摄影、传感器、航空航天、电子计算机、空间信息和数字影像技术的发展而兴起的一门交叉学科。广义上来说，一切不接触物体本身而能远距离感知到物体属性的技术都可称为遥感。但遥感作为专门学科，有其更加严格的概念限定。根据全国科学技术名词审定委员会发布的《地理信息系统名词(第二版)》所述，遥感是指应用探测仪器，不与探测目标相接触，从远处把目标的电磁波特性记录下来，通过分析，揭示出物体的特征性质及其变化的科学及综合性探测技术。

从遥感的定义来看，狭义上的遥感主要强调两个特点：一是通过电磁波来探测目标地物；二是从远处进行探测，这里的“远处”一般是指超越人的视距的范围，如飞机和卫星等航空和航天器所在的高度范围。

2.2　遥感系统的组成

作为一门对地观测综合性技术，遥感的实现既需要配套的技术装备，又需要多学科的交叉和融合，因此实施遥感是一项复杂的系统工程。遥感系统主要由以下四大子系统组成。

2.2.1　信息源系统

信息源是遥感探测的目标地物。任何目标地物都具有反射、吸收、透射及辐射电磁波的特性，当目标地物与电磁波发生相互作用时会形成目标地物的电磁波特性，同时一切绝对温度大于 0 K(即−273.15 ℃)的地物自身也会发射电磁波，表现出与其属性相适应的电磁波特性，这些特性为遥感探测地物特性提供了依据。

2.2.2　信息获取系统

信息获取是指运用遥感装备接收和记录目标地物电磁波特性的过程。信息获取系统主要包括遥感平台和传感器系统。其中遥感平台是用来搭载遥感器的工具,常见的有气球、汽车、飞机和人造卫星等;传感器系统是安装在遥感平台上,用来捕获地物的电磁辐射,并记录辐射特征的各种传感器及其技术保障和辅助系统。常见的遥感传感器(简称遥感器)有照相机、扫描仪和成像雷达等。遥感平台和传感器系统是遥感系统的核心,代表着遥感技术发展的水平。

2.2.3 信息接收分发系统

该系统是遥感数据从遥感器到最终用户的中间系统,包括了数据传输、接收、处理、存储和分发等子系统。以卫星遥感为例,遥感器所记录的数据须通过中继通信卫星,由卫星地面站接收;通过数据处理子系统将原始遥感数据进行转换、记录、校正、管理和分发。其中,信息处理的作用是通过对遥感信息的校正、分析和加工,清除遥感原始信息的系统误差,提取有用信息。该系统可以为用户提供不同层次的数据产品。

2.2.4 信息应用系统

该系统是遥感技术的应用端,包括根据应用目的对遥感数据进行处理、分析、判读和制图的一系列设备、技术和方法。信息应用是专业人员将遥感信息应用于各业务领域的使用过程。信息应用的另一个途径是将遥感信息作为地理信息系统的数据源,进行查询、统计和分析利用。遥感的应用领域十分广泛,包括农情监测、自然资源调查、环境监测、测绘、地质矿产勘探、城市规划管理及军事侦察等领域。

2.3 遥感发展历程

遥感技术是在摄影和航空技术的基础上产生的,并随着传感器技术、航空航天技术、信息通信技术和计算机技术的发展,以及资源环境和社会经济可持续发展的现实需求驱动而飞速发展。从摄影技术的产生算起,围绕着传感器和平台系统的发展,遥感技术经历了以下几个发展阶段。

2.3.1 萌芽阶段

遥感传感器起源于摄影技术。传统摄影技术的基础是小孔成像原理和银盐定影原理。人类很早就观察到了小孔成像现象。2000 多年前的春秋时期,我国哲学家墨翟就在《墨经·经说下》记录了小孔成像的现象和原理。而将影像固定下来,则直到 19 世纪初才得以实现。1827 年,法国人尼埃普斯应用沥青作为感光材料,拍下了第一张照片;1839 年法国画家达盖尔在尼埃普斯“日光摄影法(heliography)”的启发下,将碘化银作为感光材料,发明了“银版法”摄影技术并获得专利,标志着摄影技术的诞生。

遥感技术的另一个源头是航空技术。早在 1783 年,法国人蒙哥尔费兄弟成功制成了可以载人的热气球,同年,罗奇埃乘坐这个热气球在凡尔赛宫上空飞行了 25 min,人类真正开启了“空中时代”。

1858年，G. F. 陶纳乔(Gaspard Felix Tournachon)用系留气球拍摄了法国巴黎的“鸟瞰”相片；1860年，J. W. 布莱克(James Wallace Black)与S. 金(Sam King)教授乘气球升空至630 m，成功拍摄了美国波士顿市的照片；1903年，J. 纽布朗纳(Julius Nenbronner)设计了一种捆绑在鸽子身上的微型相机；1906年，G. R. 劳伦斯(George R. Laurence)利用绑在风筝上的照相机成功记录了著名的旧金山大地震震后情景。

上述实验性的空间摄影具有遥感技术的雏形，但飞行器的不可控性限制了其实际应用。1903年12月17日，莱特兄弟的第一架飞机试飞成功，实现了人类历史上第一次可控飞行，标志着航空技术的诞生。摄影技术和航空技术的发展，为遥感技术的产生提供了技术储备，二者的结合使得遥感技术正式进入新的发展阶段。

2.3.2 航空摄影阶段

1909年，W. 莱特(Wilbur Wright)乘坐飞机在意大利的森托塞尔上空进行了空中摄影。20世纪初，航空和摄影的结合标志着遥感技术的初步形成，遥感技术可以从1915年世界上第一台航空摄影相机的出现作为开始。这一阶段，遥感技术的应用主要就是将摄影由地面延伸到了空中，扩展了观测和记录的距离和范围，使得遥感技术具有了“遥”的特点。

航空摄影在扩大拍摄距离和范围的基础上，逐渐被发掘出新的用途，并经过进一步的发展，产生了摄影测量学。

1913年，利比亚班加西(Bangashi)在油田测量中用到了航空摄影。C. 塔迪沃(Captain Tardivo)在维也纳国际摄影测量学会会议上发表论文，描述了飞机策应测绘地图问题。自此，航空摄影被用到了测绘领域，发展成为摄影测量学。《摄影测量工程》等刊物的诞生，标志着航空摄影测量走向发展和成熟。

在第一次世界大战期间，航空摄影成为军事侦察的重要手段，像片的判读水平也随之大大提高。第一次世界大战后，航空摄影逐渐从军事领域蔓延到商业和科学研究领域。1930年起，美国的政府部门在农林牧业发展规划中也应用了航空摄影方法。

2.3.3 航空遥感阶段

遥感技术的发展始终是围绕着遥感平台和传感器的发展而发展的。飞机的发明，促进了对地观测由地面走向天空，而传感器的发展，使得观测手段更加丰富，观测范围更加广阔，传感器对电磁波的响应范围更宽，从而使遥感真正独立于摄影，成为一门全新的技术。

遥感传感器在最早期利用的是电磁波的光化学性质。本质上来说，用于定影的银盐就是光敏传感器，银盐响应光强，形成亮暗分明的影像，就是一种对反射辐射能的客观记录，这就是遥感器的技术原型。

摄影技术诞生之后，在应用的驱动下得到了飞速发展，在光学系统和感光材料方面不断演进：1924年出现了彩色胶片，使得对光的响应和记录由单通道扩展到三通道；1931年出现红外胶片，将传感器对电磁波的响应由可见光扩展到红外线，第一次实现了传感器对人眼感知范围的超越；1937年生产出了彩红外胶片，并与航空技术相结合实现了彩色航摄，初步展示了遥感技术系统的应用雏形。20世纪初，光电效应和热电效应的发现，为电磁波的转化和记录提供了更多的手段，不但丰富了传感器类型，还提高了传感器感知电磁波的范围和性能。

当前,用于光学遥感的传感器类型主要有感光胶片、光电传感器和热感传感器。传感器技术的发展,扩展了遥感器感知电磁波的范围,使得脱胎于摄影的遥感正式成为一门独立的技术。

但遥感作为专业术语是由美国学者布鲁伊特(Evelyn L. Pruitt)在1960年提出的。1962年召开的"国际环境科学遥感讨论会"上正式通过了遥感的定义,标志着遥感这门新兴学科的成熟。此后,在技术进步和应用需求的双重驱动下,遥感技术得到迅速发展。

2.3.4 航天遥感阶段

1972年美国发射了第一颗陆地卫星,标志着航天遥感时代的开始。在地面摄影技术的基础上,解决了遥感平台和传感器的耦合问题,出现了更适用于卫星上工作的扫描成像技术。当前,多光谱扫描成像已经成为卫星遥感的主流成像技术。

经过几十年的迅速发展,目前遥感技术已广泛应用于资源环境、水文、气象、地质、地理、农业等诸多领域,成为一门实用、先进的空间探测技术。以农业领域为例,遥感技术已经在精准农业、智慧农业、作物长势监测、作物育种表型、农业保险监测与评估、农业绿色发展以及农业政策效果评估等方面展现出了巨大的应用潜力。

2.4 遥感技术分类

遥感技术可以从以下几个角度进行分类。

2.4.1 航天遥感、航空遥感和地面遥感

按遥感平台的高度可以把遥感技术分为航天遥感、航空遥感和地面遥感。一般来说,遥感主要指航天和航空遥感。

航天遥感又称太空遥感(space remote sensing),泛指利用各种太空飞行器为平台的遥感技术系统,以地球人造卫星为主体,包括载人飞船、航天飞机和太空站,有时也把各种行星探测器包括在内。其中的卫星遥感是航天遥感的主要形式。

航空遥感(aerial remote sensing)泛指从飞机、飞艇、气球等空中平台对地观测的遥感技术系统。

地面遥感主要指以高塔、车、船为平台的遥感技术系统,地物波谱仪或传感器安装在这些地面平台上,可进行各种地物波谱测量。

2.4.2 光学遥感和微波遥感

从遥感器所利用的波谱范围来分,可以把遥感技术分为光学遥感(optical remote sensing)和微波遥感(microwave remote sensing)。光学遥感感知的是波长小于1 mm的光波,而微波遥感接收的是1～1000 mm的无线电波。其中,光学遥感又可以分为可见光—近红外遥感(0.38～3 μm)和热红外遥感(3～15 μm)。可见光—近红外遥感探测的主要是地物反射的太阳电磁辐射,而热红外探测的主要是地物发射的电磁辐射。微波遥感系统感知的电磁波可以是地物本身发射的电磁波,也可以是反射主动辐射源的电磁辐射。由于微波具有较强的穿透

力，因此微波遥感受天气和日照的影响很小。

2.4.3 主动遥感和被动遥感

从遥感器所接收到的电磁辐射来源来分，可以把遥感技术分为主动遥感(active remote sensing)和被动遥感(passive remote sensing)。主动遥感也称为有源遥感，是指从遥感平台上的人工辐射源，向目标物发射电磁波，再由传感器接收和记录其反射波的遥感系统。被动遥感系统是指本身不带有辐射源，只能被动接收地物电磁辐射信号的遥感系统。

2.4.4 遥感应用领域分类

此外，还可以从遥感的对象和尺度来进行分类，如：陆地资源遥感、海洋遥感和大气遥感等。不同的遥感对象及其属性的变异在空间和时间尺度上差异很大，因而陆地资源遥感、海洋遥感和大气遥感对于遥感技术手段和遥感影像的空间分辨率、时间分辨率和波谱分辨率等都有不同的要求，构成了各自的遥感技术体系。

遥感技术的应用领域非常广泛，因此也习惯从行业应用角度对遥感进行分类，如农业遥感、林业遥感、地质遥感、环境遥感、气象遥感、城市遥感、工程遥感和军事遥感等。

2.5 遥感应用领域

2.5.1 军事侦察

遥感卫星最早就是为了军事应用而研制的，并从军事领域扩展到民用领域。目前军用卫星与民用卫星相比，其所使用的遥感技术依然保持着技术优势。航天遥感技术在军事方面的应用主要包括军事侦察、导弹预警、武器制导和军事测绘。

遥感技术用于军事侦察，是目前最为有效、安全和可靠的侦察手段。按照国际惯例，距离地球表面 100 km 以上的太空，不属于各国的领空范围，不必担心侦察卫星的活动被指控为侵略行为。因此，航天遥感技术作为现代军事侦察的重要手段，具有侦察范围广、不受地理条件限制、发现目标快等优点，能获取到其他途径难以得到的军事情报。

2.5.2 气象预报

气象遥感卫星通过获取全球温、湿度廓线，以及云、辐射等相关的气象参数，为提高天气预报的准确率服务；通过监测全球辐射收支、冰雪覆盖、海面温度、温室气体与臭氧分布等，为气候变化预测提供服务。

利用遥感技术可以对气候变化因子进行有效监测，可以对大范围区域进行气候异常监测，热红外遥感可以利用热红外探测器收集、记录地物辐射的热红外辐射信息，并利用其来识别地物和反演地表参数(如温度、发射率、湿度、热惯量等)。借助气象卫星，可提高瞬时短期气候异常变化的时间和空间预报准确性；也可以在长期气候变化方面，开展长期气候变化及其趋势的机理以及人类活动的影响研究。

2.5.3 资源调查

资源遥感是指利用遥感技术进行地球资源的调查、开发、利用、规划、管理和保护为主要内容的综合技术。它旨在了解和调查地球资源的分布、质量和规模；以及其赋存的条件和形成原因，并研究和探讨资源开发和利用的合理布局，进而提出和制定规划进行科学管理和保护的措施。

资源遥感的研究方法一般是以本区域已知资料的综合研究为基础，利用实时的遥感资料信息，采用系统对比和系统综合分析的方法进行研究和分析，既要研究现状，提出区域的资源清单，又要结合历史的资料进行评价分析，提出未来发展的规划，及其对环境的影响，乃至资源的承载力和保护措施。因此，以已知资料为其背景的基础信息，以及以遥感信息为主要信息源的地理信息系统的研制与运行，是资源遥感的高层次延伸和新的发展趋势。

在农业资源领域，遥感技术可快速获取农业资源信息，对耕地、草地、水域等农业自然资源的数量、质量和空间分布进行监测与评价，从而为农业资源开发、利用与保护、农业规划、农业生态环境保护、农业可持续发展等提供科学依据。

2.5.4 灾害评估

卫星遥感技术是防灾减灾的强有力手段。卫星遥感是一项投入大、技术含量高的尖端技术。随着国际合作的加强，各国通过共享资源和成果，使得遥感技术在防灾减灾中发挥更大的作用。

当前灾害遥感技术的主要作用有：灾害的动态监测与防灾救灾、灾情评估、灾害防治规划、防治规划实施情况监督等。灾害遥感技术的主要应用领域有：滑坡、泥石流等地质灾害的预警、预防及防治；洪灾遥感监测、洪灾损失评估分析；沙尘灾害研究。此外，在地震、农业病虫害、森林火灾、霜冻、土壤侵蚀等灾害方面也开展了诸多监测和预测工作。

2.5.5 环境监测

环境遥感是利用遥感技术，对自然与社会环境的动态变化进行监测、评价与预报。遥感多时相、周期短的特点，可以为环境监测、评价和预报提供及时可靠的依据。遥感技术在环境领域的应用，主要体现在大面积的宏观环境质量和生态监测方面，如在大气环境质量、水体环境质量和植被生态监测等方面中都有比较广泛的应用。

2.5.6 地质调查

遥感地质是综合应用现代遥感技术来研究地质规律、进行地质调查和资源勘察的一种方法。它从宏观的角度，着眼于由空中获取的地质信息，即以各种地质体对电磁辐射的反应作为基本依据，结合各种地质资料及遥感资料的综合应用，以分析、判断一定地区内的地质构造情况。

遥感地质工作的基本内容是：地面及航空遥感试验，发展适用于地质找矿、地质环境的遥感系统，进行图像、数字数据的处理和地质判释。遥感地质需要应用电子计算机技术、电磁辐射理论、现代光学和电子技术以及数学地质的理论与方法，是促进地质工作现代化的一个重要技术领域。

2.5.7 农情反演

利用遥感对作物进行监测，包括农作物种植面积、长势情况、产量估算、土壤墒情、病虫害等作物信息监测。

(1)作物种植面积监测　利用作物在遥感影像上呈现的颜色、纹理、形状等特征信息，可以将作物种植区域提取出来，从而得到作物种植面积和种植区域。获取作物种植面积是长势监测、产量估算、病虫害、灾害应急、动态变化等监测的前提。

(2)作物长势监测　农作物长势监测指对作物的苗情、生长状况及其变化趋势的监测。作物长势包括个体和群体两方面的特征，叶面积指数(LAI)是与作物个体特征和群体特征有关的综合指标，可以作为表征作物长势的参数。归一化植被指数(NDVI)与 LAI 有很好的相关性，可以用遥感图像获取作物的 NDVI 曲线反演计算作物的 LAI，进行作物长势监测。

(3)作物产量估算　遥感估产是基于作物长时间序列波谱反射特征曲线，对作物长势进行监测，进而实现作物产量预报的一种技术。利用影像的波谱信息可以反演作物的生长信息(如 LAI、生物量)，可通过建立生长信息与产量间的关联模型，结合农学模型和气象模型，推演作物产量信息。在实际工作中，常用植被指数作为作物生长状况的评价指标。

(4)土壤墒情监测　土壤墒情也就是土壤含水量，土壤在不同含水量下的波谱特征不同。土壤水分的遥感监测可以在可见光—近红外、热红外及微波波段，通过与反映土壤含水量相关的参数建立关系模型，反演土壤水分。土壤墒情监测最常用的是可见光和热红外遥感，但其受天气和植被的影响较大；微波遥感具有一定的地表穿透性，不受天气影响，但是其成像的分辨率普遍较低(尤其是被动微波遥感)，因而其实际应用也受到限制。

此外，利用遥感技术也可以进行土壤肥力监测和土壤结构信息的提取。

除了上述领域，遥感技术的应用也从自然科学领域延伸到了社会、经济、管理和金融等人文社科领域。如在考古、农业保险、政策制定、管理决策和城乡规划等方面也得到了广泛应用。

2.6 遥感发展趋势

2.6.1 遥感数据多元化

遥感数据获取已经进入多平台、多传感器、多时相、多角度观测发展阶段，遥感数据获取能力不断提升。随着天空地一体化遥感网络的形成和完善，地面、航空、航天多层次遥感网络提供了海量数据源。集群式遥感小卫星，组件式遥感观测技术等丰富了遥感的数据来源。多源数据融合将更大地提升遥感的综合观测和综合应用能力。

遥感数据的多元化还体现在成像模式方面。随着技术的不断进步，太赫兹成像、单光子成像、复眼光学成像、薄膜光学成像、高分辨率红外成像等诸多新的成像技术和成像模式已得到迅猛发展。

2.6.2 卫星小型化和星座化

近年来，遥感卫星小型化、低成本和高时间分辨率的特性逐渐成为新技术方向之一。载荷的轻量化是卫星轻量化的关键环节。载荷轻小型化可以从以下几个方面实施：①选择新的超轻材料来降低载荷的重量，如选择全碳纤维、全碳化硅和全铝合金等材料和结构成为目前载荷设计的主要措施；②通过加工模式和制造工艺革新提升载荷的轻量化水平，如反射镜加工工艺采取 3D 打印的方式，可以克服传统工艺加工成本高、周期长的问题，且能实现非常规拓扑结构的加工；③通过紧凑化设计实现载荷的轻型化，如引入全自由曲面设计，实现系统的紧凑化，大大减小系统体积。

卫星和载荷的轻小型化，不仅可以减轻发射重量，降低发射成本，同时也有利于实现对地观测系统由单星模式发展为轻小型卫星组建星座，实现全天时、全天候、全方位地对地精细化观测。

2.6.3 遥感传感器精细化

随着分光技术和传感器技术的发展，传感器接收的电磁波可以被细分成不同的波段范围，从而出现了全色、多光谱和高光谱传感器，并向电磁波谱全波段覆盖方向发展。同时，传感器也向高空间分辨率和高时间分辨率方向发展。在城市遥感和精细地物识别方面需要很高的空间分辨率，当前的卫星遥感空间分辨率已经达到了亚米级。

鉴于光谱信息在地物属性鉴别中具有的优势与面临的挑战，高光谱遥感探测成为当今遥感技术发展的前沿。我国 2018 年发射的“高分 5 号”卫星搭载了先进的高光谱成像仪，标志着我国在高光谱探测的硬件研发方面取得了重大突破。由于高光谱成像探测和“图谱合一”数据的特殊性，光学成像器件研制、数据获取与质量提升、信息处理与智能分析等研究依然是机遇与挑战并存。

一般而言，高时间分辨率遥感影像其空间分辨率相对较低，大都是百米级或公里级。近年来，随着高分辨率成像技术和卫星组网观测技术的发展，许多国家相继成功发射了中高空间分辨率的地球静止轨道卫星和具有高空间分辨率的小卫星星座，使得卫星遥感向同时具有高空间分辨率和高时间分辨率方向发展。

高时间分辨率遥感与高空间、高光谱遥感技术相结合是未来遥感科技发展的一个新趋势，它能够实现地物类型与理化特性的精准反演和高时频变化监测。高时间分辨率遥感已经在全球变化及其产生的重大环境问题研究方面发挥了重要作用，也能够为交通、农业、渔业、水利、林业、军事等部门提供重要的实时监测信息。

2.6.4 影像信息处理智能化

一方面，在遥感影像应用分析上，实现光学—电子计算机混合处理，通过引入机器学习、人工智能等理论和方法，从影像分类进化到计算机视觉和计算机决策，在决策级别实现自动分类和模式识别。另一方面，人工智能的应用从客户端延伸到星上，将使下一代卫星更加智慧，星上智能处理水平大幅提高。

2.6.5 遥感、定位和信息管理一体化

在数据获取和管理层面，遥感技术（RS）与地理信息系统技术（GIS）和全球卫星导航系统（GNSS）的一体化技术体系将进一步完善数据的集成管理模式。

在数据的及时应用方面，遥感技术与通信、导航结合更紧密，形成“通、导、遥”的一体化，为智慧城市建设提供技术手段。

我国自主研发的北斗卫星导航系统（BDS）与美国的全球卫星定位系统（GPS）、俄罗斯的格洛纳斯系统（GLONASS）以及欧盟的伽利略定位系统（Galileo）是全球四大卫星导航系统，可以为野外调查提供定位、导航和授时服务。北斗系统与遥感和地理信息系统相结合，可以更好地实现遥感位置数据的集成管理。

2.6.6 遥感应用业务化

目前多源、多层次、多维遥感数据网络的形成以及数据同化和数据融合技术的发展，极大地提升了遥感数据的保障率。在多个遥感应用领域，传统算法和模型的成熟度也在不断地提高。同时，物联网、大数据、人工智能和云计算等新型计算技术和计算形式蓬勃发展，使得遥感应用由探索型和应急型走向业务化发展方向。

自 2013 年以来，我国先后发射了一系列高分遥感卫星，形成了“高分辨率对地观察系统”，多种成像模式和影像分辨率的提升使我国具有了全天候、全天时、全球覆盖的对地观测能力。此前，中国高分辨率卫星数据大多要依靠国外，现在国产高分系统数据市场占比已经明显提升，正在结束遥感数据“进口”的历史。经过多年的建设，中国高分专项工程的遥感卫星让中国低轨遥感卫星的分辨率从米级提高到了亚米级，静止轨道遥感卫星的分辨率已从千米级跨越提升至 50 m 级，实现了技术瓶颈的突破。

◈ 思考题

1. 遥感技术是在哪些技术发展的基础上产生的？
2. 遥感系统包含哪些子系统？
3. 遥感技术在资源环境领域有哪些应用？
4. 遥感技术发展的趋势有哪些？

第 3 章　光学遥感的物理基础

遥感是根据收集到的电磁波来判断地物目标和自然现象的，因而电磁波的特性及其与传播媒介和地物间的相互作用规律是光学遥感的物理基础。通过本章的学习，应掌握电磁波的性质、黑体辐射定律、太阳电磁辐射特点、大气层对电磁波传播的影响和常见地物的反射波谱特征。

3.1　电磁波和电磁波谱

3.1.1　电磁波

由振源发出的电磁振荡在真空中的传播叫作电磁波（图 3-1），如光波、热辐射、微波和无线电波等都属于电磁波。电磁波具有如下性质：

(1)电磁波是横波。

(2)电磁波在真空中以光速传播，波长（λ）和频率（f）满足如下关系：

$$c = f\lambda \tag{3.1}$$

式中，光速 $c = 2.998 \times 10^8$ m/s，在空气中电磁波小于光速但接近于光速传播。

(3)电磁波具有波粒二象性，电磁波同时表现出波动性和粒子性两方面的性质。波长越长波动性越强，波长越短粒子性越强。电磁波在传播过程中，主要表现为波动性；在与物质相互作用时，主要表现为粒子性。

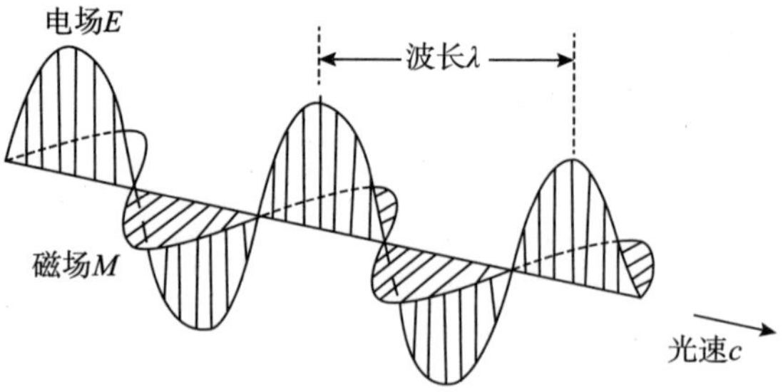

图 3-1　电磁波传播示意

3.1.2　电磁波谱

电磁波在真空中传播时，波长或频率递增或递减排列形成了电磁波谱。电磁波谱的划分依据是电磁波在不同波长范围的特性(表 3-1)。

表 3-1　电磁波谱

波段	波长	特性
长波	＞3000 m	传播损耗小,绕射能力强,主要用于潜艇的通信和远洋航行的舰艇通信等
中短波	10～3000 m	主要用作无线电广播、海上通信、无线电导航及飞机上的通信等
超短波	1 ～10 m	主要用作调频广播、电视、导航、雷达及射电天文学等
微波	1 mm～1 m	具有热辐射性质;可以采用主动和被动方式遥感成像,有一定的穿透能力
红外线	0.76～1000 μm	近红外是地表反射太阳的红外辐射,其中 0.76～1.3 μm 波段可以使胶片感光,称为摄影红外;中远红外是地表发射的红外线,可用于热红外遥感
可见光	0.38～0.76 μm	占太阳辐射能的比例较高,可摄影和扫描成像,是遥感最常用的波段
紫外线	10^{-3}～3.8×10^{-1} μm	穿透力弱且散射严重,易被臭氧吸收,可用于气体污染和水体油污染监测
X 射线	10^{-6}～10^{-3} μm	高能但是穿透能力较 γ 射线弱,被大气层全部吸收,不能用于遥感
γ 射线	＜10^{-6} μm	高能且穿透性强,地球大气层几乎完全阻挡了这种辐射,不能用于遥感

电磁波谱的范围很宽,但能够用于遥感的波谱主要是两部分(图 3-2):一部分是光学遥感常用的可见光和红外线;另一部分是微波波段。光学遥感波段的选择主要取决于物体发射电磁波时不同波段的能量分布、太阳波谱的能量分布及其与大气的交互特征。因此,首先需要掌握物体的电磁辐射特性。

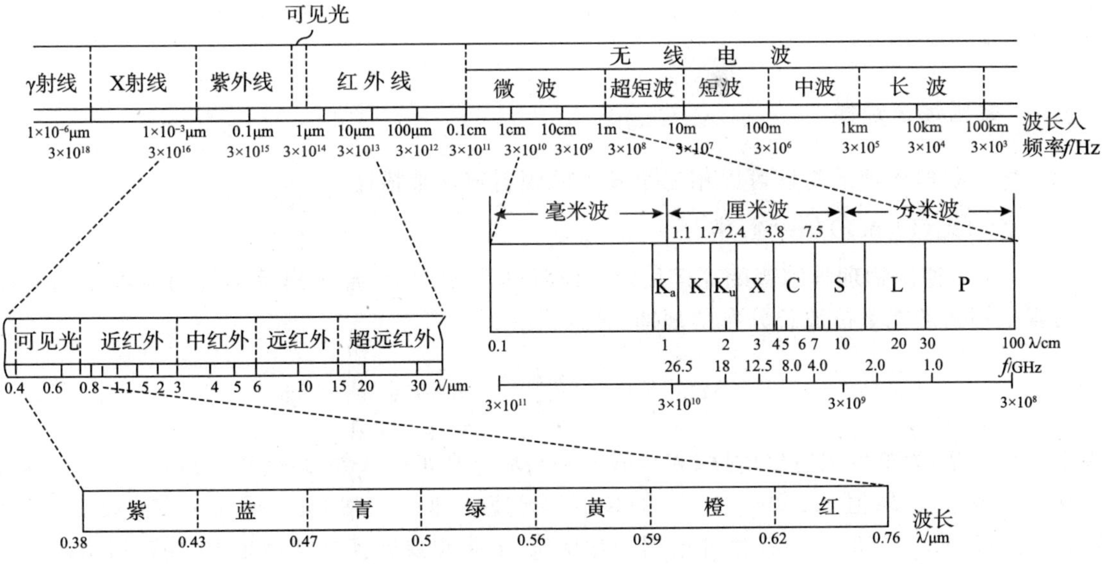

图 3-2　遥感常用的电磁波谱

3.2 黑体及黑体辐射定律

任何物体都具有辐射、吸收和发射电磁波的本领，物体辐射的电磁波能量在各个波段是不同的，也就是具有一定的谱分布。这种谱分布与物体本身的特性及温度有关，因而被称为热辐射。为了研究不依赖于物质具体特性的热辐射规律，物理学定义了一种理想物体——黑体(black body)，作为热辐射研究的标准物体。本节主要介绍黑体辐射的主要定律及其在遥感技术应用的基本原理。

3.2.1 绝对黑体

如果一个物体对于任何波长的电磁辐射都全部吸收，则这个物体是绝对黑体。黑色的烟煤，因其吸收系数接近 99%，被认为是最接近绝对黑体的自然物质。黑体辐射可以用一系列的指标来度量，表 3-2 给出了度量辐射的常用指标。

表 3-2 辐射度量一览表

辐射量	符号	定义	单位
辐射能量	W	电磁辐射的能量	J
辐射通量	Φ	单位时间内通过某一截面的辐射能量	W
辐射通量密度	E	单位时间内通过单位面积的辐射能量	W/m^2
辐射出射度	M	面状辐射源单位面积上的辐射通量	W/m^2
辐照度	I	被辐射的物体表面单位面积上的辐射通量	W/m^2
辐射亮度	L	辐射源在某一方向，单位投影面积，单位立体角内的辐射通量	$W/(sr \cdot m^2)$①

注：①球面度(steradian，符号：sr)是立体角的国际单位，可看作三维的弧度，其英文字是希腊语立体(stereos)弧度(radian)的混合；1 球面度所对应的立体角所对应的球面表面积为 r^2，球表面积为 $4\pi r^2$，因此整个球有 4π 个球面度，即 $\Omega = S/r$，半球反射就是 2π 球面度反射。

3.2.2 黑体辐射规律

黑体辐射电磁波的特性可以用三个基本的辐射定律来描述。

1. 普朗克(Planck)辐射定律

1900 年，德国物理学家普朗克运用量子统计热力学理论，推导出黑体辐射源在不同温度下向真空辐射的能量按波长分布的规律，公式表达为：

$$M(\lambda, T) = \frac{2\pi hc^2}{\lambda^5} \frac{1}{e^{hc/\lambda kT} - 1} \tag{3.2}$$

式中，$M(\lambda, T)$为单色辐射出射度，$W/(m^2 \cdot m)$；h 为普朗克常数，取值 6.626×10^{-34} J·s；k 为玻耳兹曼常数，取值 1.3806×10^{-23} J/K；c 为光速，取值 2.998×10^8 m/s；λ 为波长，m；T 为热力学温度，K。式(3.2)中各量都采用国际单位，如果想要转换为常用单位，如辐射出射度常用单位为 $W/(m^2 \cdot \mu m)$，则需要做相应的单位换算。

普朗克辐射定律是热辐射理论中最基本的定律，它表明黑体单色辐射只取决于温度与波长（图 3-3），而与发射角、内部特征无关。

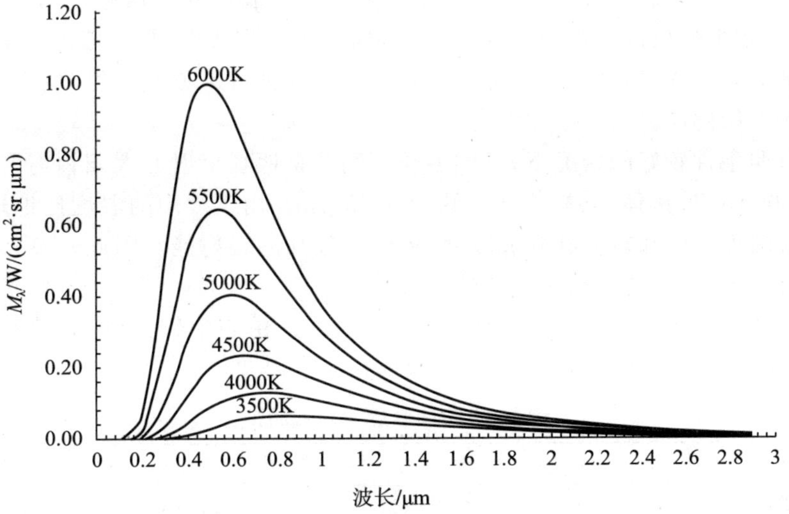

图 3-3　不同温度下的黑体辐射曲线

2. 斯特藩—玻尔兹曼(Stefan-Boltzmann)定律

任何物体电磁辐射能量的大小是物体表面温度的函数。斯特藩—玻尔兹曼定律将黑体的辐射出射度与温度的定量关系表示为：

$$M(T) = \sigma T^4 \tag{3.3}$$

式中，$M(T)$为黑体表面的辐射出射度，W/m²；σ 为斯特藩—玻尔兹曼常数，取值 5.67×10^{-8} W/(m² · K⁴)；T 为发射体的热力学温度，即黑体温度，K。

式(3.3)表明，物体的辐射通量与物体绝对温度的四次方成正比。因此，随着温度的增加，辐射能迅速增加。

3. 维恩位移定律

维恩位移定律描述了物体温度与其辐射能量最强的电磁波波长的定量关系，表示为：

$$\lambda_{max} = \frac{A}{T} \tag{3.4}$$

式中，λ_{max}为辐射峰值波长，即辐射强度最大时对应的波长，μm；A 为维恩位移常数，取值为 2898 μm · K；T 为热力学温度开氏温标，K。

式(3.4)表明黑体峰值波长 λ_{max}与黑体的绝对温度 T 成反比，即温度越高峰值波长越短。如当对铁块加热时，我们可以观察到随着铁块逐渐变热其颜色也发生暗红→橙→黄→白色变化，即峰值波段向短波变化的现象。

斯特藩—玻尔兹曼定律和维恩位移定律都可以从普朗克公式推导出来。图 3-3 是以普朗克公式为基础，绘制的各种温度的黑体表面辐射通量的波谱分布曲线。纵坐标表示单色辐射出射度。每一条曲线都有一个最大值，其对应的横坐标值即为峰值波长；每条曲线下的面积代表黑体在给定温度下的辐射出射度，可以看出黑体的辐射出射度随温度升高而迅速增大，这正是斯特藩—玻尔兹曼定律所描述的。

上述三个定律为遥感的波段选择提供了依据。地球表面的平均温度约为 300 K，根据维恩位移定律，其辐射峰值波长约为 9.66 μm。因此，在遥感技术中，一般就用 6 μm 以上的红外波段探测地球本身的发射电磁波，称为热辐射。人眼虽看不见热辐射，也无法对其摄影，但它能被热感仪器所感应。

在白天日照条件较好的情况下，遥感主要探测的是地物反射的太阳辐射。太阳可以看作一个温度为 6000 K 的黑体，其峰值波长约为 0.48 μm。由于太阳的温度比地球高很多，在比峰值波长更长的近红外和短波红外波段处，依然有较高的辐射能。因此，在白天探测地物时，常用的波段是可见光、近红外和短波红外波段。

表 3-3 列出了不同温度 T 所对应的峰值波长 λ_{max}。由表中数据可见，随着黑体温度的升高或降低，黑体最大辐射峰值波长 λ_{max} 向短波或长波方向变化。

表 3-3　不同温度 T 对应的 λ_{max}

T/K	300	500	1000	2000	3000	4000	5000	6000	7000	8000
λ_{max}/μm	9.66	5.76	2.88	1.44	0.96	0.72	0.58	0.48	0.41	0.36

4. 基尔霍夫辐射定律

上面介绍的三个定律都是黑体辐射定律，而非黑体与黑体的辐射规律有所不同。通过基尔霍夫辐射定律将黑体与非黑体联系起来，从而将黑体辐射定律推广到一般物体。基尔霍夫辐射定律指出：在热平衡条件下，所有物体在一定温度下的单色辐射出射度 M_λ 和辐射吸收比 α 的比值都相同，并等于一个黑体在同一温度下的单色辐射出射度 $M_{0\lambda}$，即：

$$\frac{M_\lambda}{\alpha_\lambda} = M_{0\lambda} \tag{3.5}$$

根据发射率的定义，有：

$$\varepsilon_\lambda = \frac{M_\lambda}{M_{0\lambda}} \tag{3.6}$$

式中，ε_λ 为发射率，也叫比辐射率，定义为物体的辐射出射度与相同温度相同波长下绝对黑体的辐射出射度的比值。

ε_λ 表征了实际物体的热辐射与黑体热辐射的接近程度，是影响地表温度的重要基本因素之一。可见，根据基尔霍夫辐射定律，吸收比等于发射率。这给物体发射率的测定带来了很大的方便。

上面的四个辐射定律是热红外遥感反演温度的重要理论基础。根据斯特藩—玻尔兹曼定律，由辐射率可以求出黑体的温度，那么在已知地物发射率的基础上，就可以反演出实际地物的温度。

3.3　太阳辐射波谱

遥感器感知地物反射的太阳辐射成像是光学遥感的常见方式。太阳辐射波谱具有以下特征:①太阳辐射波谱是连续波谱,有 2000 多条吸收线;②太阳辐射特性与绝对黑体辐射特性基本一致;③太阳辐射从近紫外到中红外波段能量最集中且强度变化最小;④其他波段如 X 射线、γ 射线、远紫外及微波波段,能量加和很小且变化很大;⑤太阳辐射进入地球大气层后受气体及气溶胶粒子的吸收和散射,不仅辐射能量被削弱,波谱还会发生较大变化(图 3-4)。

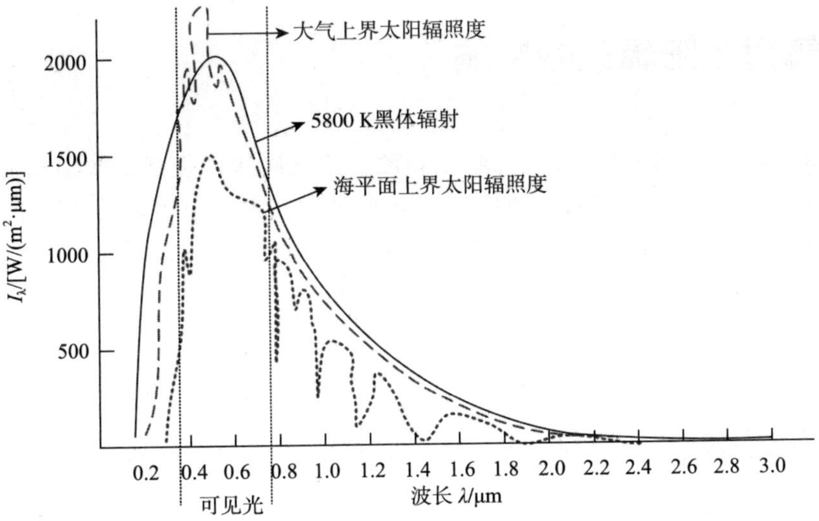

图 3-4 太阳辐照度分布曲线

从表 3-4 可以看出,太阳辐射的大部分能量集中于近紫外—中红外(0.31～5.6 μm)区间,该区间辐射能占全部能量的 97.5%,其中可见光占 43.5%、近红外占 36.8%。而近紫外到短波红外(0.31～2.5 μm),占全部能量的 95%左右。由此可见,太阳辐射主要为短波辐射。在此波谱区内太阳辐射的强度变化很小,可以当作稳定的辐射源;而 X 射线、γ 射线、远紫外及微波波段的太阳辐射能占比小于 1%,其强度变化也很大。

表 3-4 太阳辐射各波段能量占比

波长/μm	波段名称	能量比例/%
<10^{-3}	X、γ 射线	0.02
0.31～10^{-3}	紫外线	7.28
0.38～0.76	可见光	43.50
0.76～1.5	近红外	36.80
1.5～5.6	中红外	12.00
5.6～1000	远红外	0.41

图 3-4 中,地球大气层外的太阳波谱辐照度曲线为平滑的连续波谱曲线,它近似于 6000 K 的黑体辐射曲线。海平面处的太阳辐照度曲线与大气层外的曲线有很大的不同,其差异主要是地球大气所致。由于大气中的水、氧、臭氧、二氧化氮等分子对太阳辐射的吸收作用,加之大气的散射使太阳辐射产生很大衰减,图中那些衰减最大的区间便是大气分子吸收最强的波段。

基于太阳波谱特征，我们可以得到以下两个关于遥感的启示：①被动遥感主要利用可见光、近红外、短波红外等能量集中而且稳定的波段，使太阳活动对遥感影响减至最小；②大气的作用导致到达地面的太阳辐射曲线与大气层外的曲线有很大差别，因此需选择透过率较高的波段，并在某些情况下需要对遥感影像进行辐射校正。

3.4 大气对太阳辐射的影响

太阳辐射穿过大气层时，大气反射、吸收和散射的共同作用衰减了太阳辐射强度。不同电磁波段通过大气时其衰减的程度不同。有些电磁波段在大气中的透过率很小，甚至完全无法透过，称为“大气屏障”；反之，有些波段的电磁辐射通过大气时衰减较小，透过率较高，对遥感十分有利，这些波段统称为“大气窗口”。遥感技术须选择有利的大气窗口，最大限度地接收有用信息。

3.4.1 大气对电磁辐射的吸收作用

大气中的臭氧（O_3）、二氧化碳（CO_2）和水汽（H_2O）等气体对太阳辐射能的吸收最为明显。

O_3主要集中于20～30 km高度的平流层，对于紫外线的吸收很强烈。CO_2主要分布于低层大气，其在大气中的含量仅占0.03%左右，人类活动使之含量有所增加。CO_2在中远红外区段均有强吸收带，其中最强的吸收带出现在13.0～17.5 μm的远红外波段。水汽一般出现在低空，含量随时间、地点的变化很大，而且水汽吸收辐射是其他大气组分吸收辐射的很多倍。

3.4.2 大气散射

大气散射是电磁辐射受到大气中微粒（大气分子或气溶胶等）的影响而改变传播方向的现象。散射强度依赖于微粒的大小、含量、辐射波长和大气层厚度。散射的结果是改变了辐射方向，产生了天空散射光，其中一部分散射光上行被遥感器接收，一部分下行到达地表。

电磁辐射在大气中的散射强度虽然不大，但增加了信号中的噪声成分，造成遥感影像的质量下降，影响判读效果。大气散射集中在辐射能量最强的可见光区。不同波长的电磁波与大气中不同大小的粒子相互作用，表现为不同的散射规律。

1.选择性散射

选择性散射是指散射强度与波长有关的散射，又可分为两种情况：

（1）瑞利散射　当引起散射的大气粒子直径远小于入射电磁波波长时，表现为瑞利散射。大气中的气体分子O_2、N_2等对可见光的散射属于此类。此时散射强度与波长的4次方成反比，即波长越短，散射越强（图3-5），且前向散射与后向散射强度相同。瑞利散射多在9～10 km的晴朗高空发生。

很多天气现象都可以用瑞利散射来解释。因为瑞利散射的强度与波长的4次方成反比，太阳波谱中波长较短的蓝、紫光比波长较长的红光散射更明显，而短波中又以蓝光辐射通量

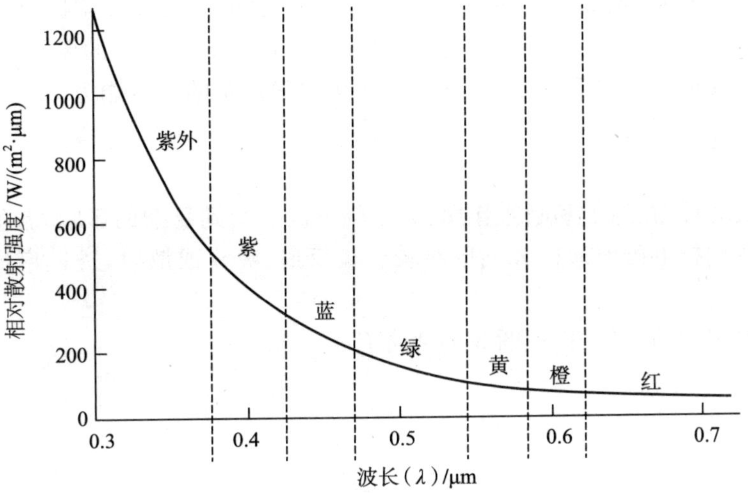

图 3-5 瑞利散射强度分布

最大,所以在雨过天晴或秋高气爽的天气状况下,在大气分子的强烈散射作用下,蓝色光被散射至天空,天空即呈现蔚蓝色。

日落或日出时,阳光斜射向地面,此时通过的大气层比阳光直射时要厚得多,太阳光线穿过大气层路径变长。在过长的传播过程中,大气衰减作用增强,我们所看到的直射光中波长较短的蓝光被散射殆尽,波长次短的绿光也大部分被散射;波长最长的红光,散射最弱,透过大气最多,加上少量绿光,在人眼中呈现橘红色,所以朝霞和夕阳都偏红色。

瑞利散射也是造成遥感影像辐射误差和影像模糊的主要原因。它降低了影像的“清晰度”或“对比度”。对于彩色合成影像则表现为影像偏蓝灰色。因此,摄影像机等遥感仪器多利用特制的滤光片,阻止蓝紫光透过以消除或减少影像模糊,提高影像的灵敏度和清晰度。当然这些辐射特性也可以被紫外遥感所利用。

(2)米氏散射　当大气粒子的直径与入射波长相当时,表现为米氏散射。大气中悬浮的霾、水滴和烟尘等气溶胶对红外线的散射属于此类。米氏散射影响的波段往往比瑞利散射更广,涉及可见光及可见光以外的广阔范围。米氏散射强度也依赖于波长,但不同于瑞利散射的模式,其前向散射强度大于后向散射强度。

米氏散射与大气中微粒的结构和数量有关。在大气低层 0～5 km 范围内,米氏散射最强。尽管在一般大气条件下,瑞利散射起主导作用,但米氏散射能叠加于瑞利散射之上,使天空变得阴暗。

2. 无选择性散射

当大气粒子的直径远大于入射波长时,表现为无选择性散射,其散射强度与波长无关。大气中云、雾、水滴、尘埃等对可见光的散射属于此类。它们一般直径为 5～100 μm,并大致同等强度地散射所有可见光/近红外波段。正因为此类散射对所有可见光区段蓝、绿、红光的散射是等量的,所以我们看到的云雾呈白色或灰白色。

大气散射对遥感成像及数据传输的影响很大。大气散射降低了太阳光直射的强度,改变了太阳辐射的方向,造成遥感影像辐射畸变,削弱了到达地面或地面向外的辐射,产生了漫反射的天空散射光，增强了地面的辐照和大气层本身的“亮度”，使地面阴影呈现暗色而不是黑色，并使暗色物体表现得比它自身的要亮，使亮物体表现得比它自身的要暗。因此，大气的影响降低了遥感影像的对比度和清晰度，减弱了影像空间信息的表达能力。

3.4.3 大气窗口

由于大气层的反射、散射和吸收作用，太阳辐射波谱受到复杂的影响，各波段的透射率有所不同。通常我们把电磁波通过大气层时较少被反射、吸收或散射，透过率比较高的波段称为大气窗口。

光学遥感常用到的大气窗口(图 3-6)通常有：

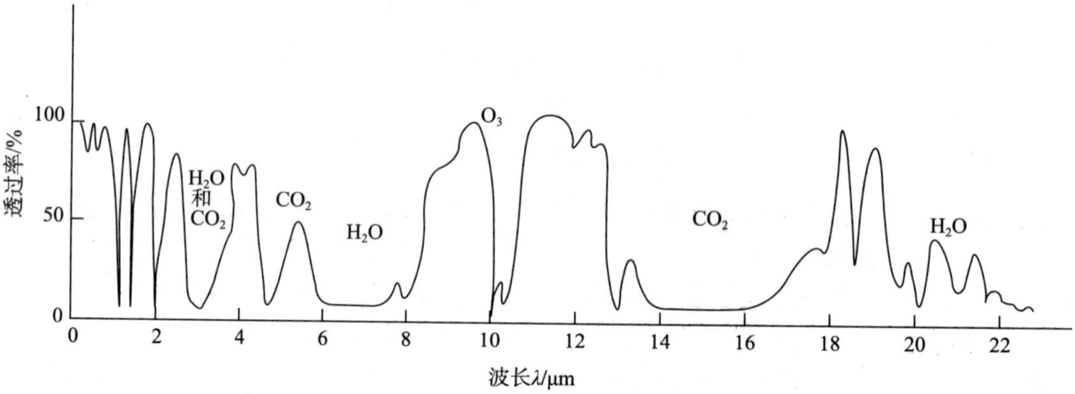

图 3-6 不同波长的大气窗口

(1)0.30～1.15 μm 包括全部可见光波段、部分紫外波段和部分近红外波段，是遥感技术最主要的窗口。其中，0.30～0.40 μm 近紫外窗口，透射率为 70%；0.40～0.70 μm 可见光窗口，透射率约为 95%；0.70～1.10 μm 近红外窗口，透射率约为 80%。该窗口主要是地物对太阳光的反射波谱，通常适用于用摄影或扫描的方式在白天成像。

(2)1.3～2.5 μm 该大气窗口属于近红外波段。该窗口习惯分为 1.40～1.90 μm 以及 1.90～2.50 μm 两个窗口，透射率在 60%～95%。其中 1.55～1.75 μm 透过率较高，主要探测植物含水量以及云、雪或用于地质制图。

(3)3.5～5.0 μm 该大气窗口属于短波红外波段。透射率为 60%～70%。该窗口的电磁辐射既有地物反射波谱也有地物自身的发射波谱，可用来探测高温目标，如森林火灾、火山和爆炸等。

(4)8～14 μm 该大气窗口属于热红外窗口，透射率为 80%左右，主要为地物的发射波谱。常温下地物波谱辐射出射度最大值对应的波长是 9.7 μm。所以此窗口是常温下地物热辐射能量最集中的波段，所探测的信息主要反映地物的发射率及温度。

(5)1～1000 mm 该大气窗口属于微波窗口。其中 1.0～1.8 mm 窗口透射率为 35%～40%；2～5 mm 窗口，透射率为 50%～70%；8～1000 mm 是微波窗口，透射率为 100%。微波的特点是能穿透云层、植被及一定厚度的冰和土壤，具有全天候的工作能力，因而受到越来越多的关注。微波遥感可以采用被动式遥感和主动式遥感两种方式，前者主要测量地物热辐射，后者是主动发射雷达脉冲，通过记录和分析地物的回波信号来推演地物属性。

3.5 地物的反射波谱特征

在可见光与近红外波段(0.3～2.5 μm)，地表物体自身的热辐射忽略不计。地物波谱主要以反射太阳辐射为主。电磁波与地物的相互作用，构成了地物的反射波谱特征，是遥感手段进行目标物探测与识别的理论基础。

3.5.1 地物反射电磁波的模式

根据地表目标物体表面结构的不同，大体可以将电磁波的反射分为三种类型：镜面反射、漫反射和方向反射。

1. 镜面反射

镜面反射是发生在光滑表面的一种反射，满足反射定律，即反射波和入射波在同一平面内，入射角等于反射角。发生镜面反射时，如果入射波为平行入射，只有在反射波射出的方向才能探测到电磁波，而其他方向探测不到。例如：在光学遥感影像上水面有时很亮，有时很暗，其原因就在于水面是近似的镜面反射，水体表面在较小入射角下会呈现较亮的光斑，而在较大入射角下会呈现较暗的光斑。水体在雷达像片上一般呈现暗色调，雷达波在垂直方向上会以较大的入射角照射水体，这会导致辐射在水体表面发生镜面反射，并大部分离开雷达的方向，因此，返回到雷达的回波相对较弱。

表面是否光滑与电磁波的波长有关，可以通过瑞利准则来判断。当下式成立时，其表面为光滑表面：

$$h \leqslant \frac{\lambda}{8\cos\theta} \tag{3.7}$$

式中，h 为地面起伏度，即局部最高点与最低点的高差；λ 为入射波波长；θ 为入射角。可以看出，电磁波波长越短，或电磁波入射地面的入射角越小，表面越不光滑。

2. 漫反射

漫反射是指不论入射方向如何，其反射遍布各个方向。也就是把反射出来的能量分散到各个方向，因此从某一方向看反射面，其亮度一定小于镜面反射的亮度。

一个完全的漫反射体称为朗伯体，例如积雪或白墙可以近似看作朗伯体。朗伯体表面实际上是一个理想化的表面，为了简化描述，在遥感中常常把自然表面近似为朗伯面。

3. 方向反射

实际地物表面由于地形起伏，在某个方向上反射最强烈，这种现象称为方向反射。它发生在地物粗糙度持续增大的情况，且这种反射的规律很难准确把握。

从空间对地面进行观察时，对于平坦且地面物体均匀分布的表面，反射类型可以看成是漫反射；对于地形起伏和地面结构复杂的地区，反射类型为方向反射。图 3-7 示出了三种反射的情况。

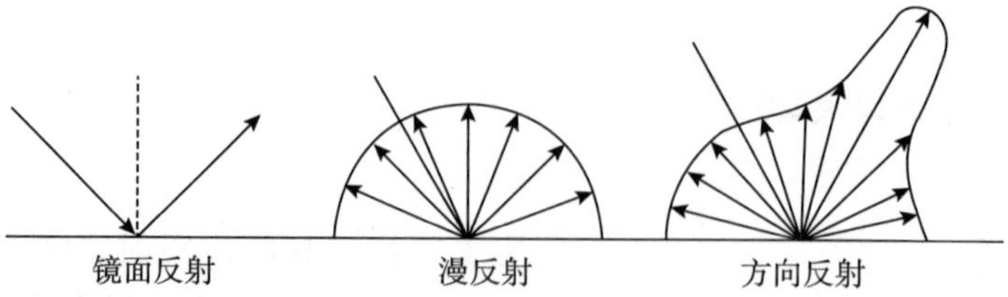

图 3-7　地物反射电磁波的形式

电磁辐射与地物的相互作用非常复杂，从遥感应用的角度考虑，需要对反射进行简化：一般都假设入射能量以入射点为中心，在整个半球空间内各向同性的反射能量，即漫反射，也称各向同性反射。

3.5.2　常见地物的反射波谱特征

物体的反射能量占总入射能量的百分比称为反射率。不同地物的反射率不同，主要取决于物体本身的性质，以及入射电磁波的波长和角度，利用反射率可以判断物体的性质。地物的反射波谱特征指地物反射率随波长的变化规律。一般来说，地物反射率随波长变化有规律可循，从而为遥感影像的判读提供依据。

1. 绿色植物

绿色植物具有相似的反射波谱，其特征是：①在可见光波段有一个小的反射峰，位置在 0.55 μm 绿光处，两侧蓝光和红光有两个吸收带，这一特征主要是由叶绿素造成的，叶绿素对蓝光和红光的吸收作用强，而对绿光的反射作用强；②在近红外波段（0.8～1.0 μm）处有一反射“陡坡”，至 1.1 μm 处有一峰值，是植被的独有特征，这是由于植被叶细胞结构的影响；③在中红外波段（1.3～2.5 μm）处受到植物含水量的影响，反射率下降，特别是以 1.45 μm、1.95 μm、2.7 μm 为中心的水吸收带，形成明显的反射谷（图 3-8）。

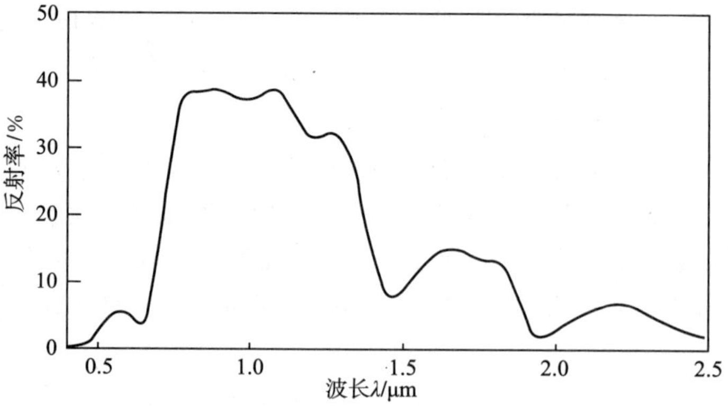

图 3-8　绿色植物反射波谱曲线

2. 矿物

矿物在可见光/近红外波段的反射率低于其在中红外及更长波段处的反射率，但在中红外以上波段范围，不同矿物的反射特征曲线并没有统一特征。矿物成分、矿物质含量、含水状况、风化程度、颗粒大小、色泽、表面光滑程度等都影响反射波谱特性曲线的形态(图 3-9)。在遥感探测中可以根据所测矿物的具体情况选择不同的波段。

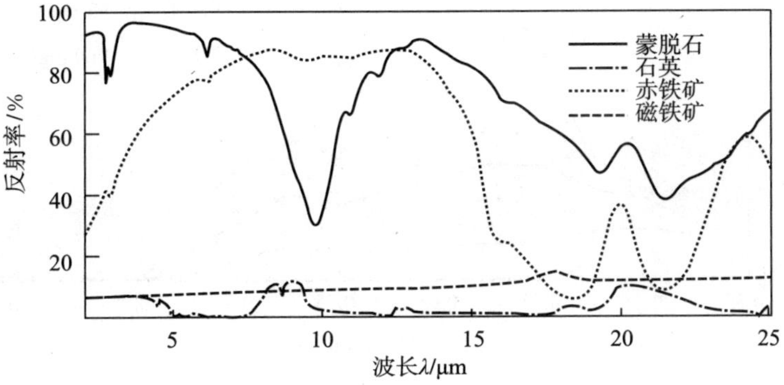

图 3-9 几种与土壤有关的矿物反射波谱曲线

3. 土壤

土壤的波谱特性曲线与土壤类型、含水量、有机质含量、土壤粗糙度和质地等都有关系(图 3-10)。土壤质地越细反射率越高,有机质含量和含水量越高反射率越低。

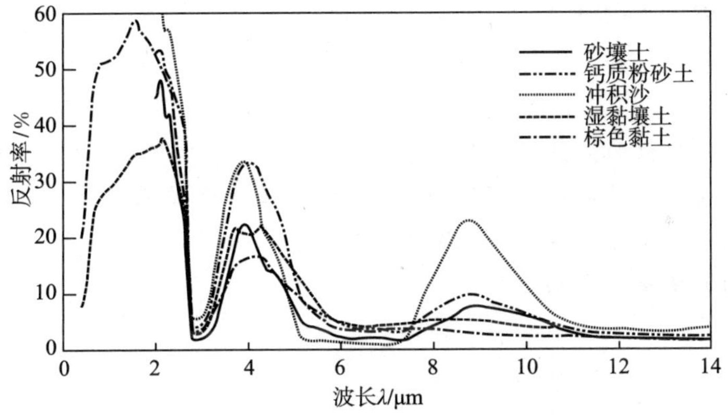

图 3-10 不同质地土壤的反射波谱曲线

4. 水体

水体反射主要发生在蓝光和绿光波段,其他波段以吸收为主,尤其在近红外、中红外波段有很强的吸收带,反射率几乎为零,因此在遥感中常用红外波段来判读水体。在红外波段的反射率灰度图像上,水体的色调很暗,与周围的植被和土壤有明显的反差,很容易识别和判读。但是当水中含有其他物质时,反射波谱曲线会发生变化。当水中含有大量泥沙时,由于泥沙的散射作用,可见光波段的反射率会显著增加,峰值出现在黄红区(图 3-11)。水中含有叶绿素时,近红外波段的反射率明显上升,这些都是影像分析的重要依据。

此外,在水体较深时,红、橙、黄和绿光在不同的深度被相继吸收,而波长较短的蓝光和紫光则发生瑞利散射,因而较深的水体呈现出蓝色。

地物的反射波谱特征是遥感判读的重要依据,因此测定不同地物的反射波谱特征并构建

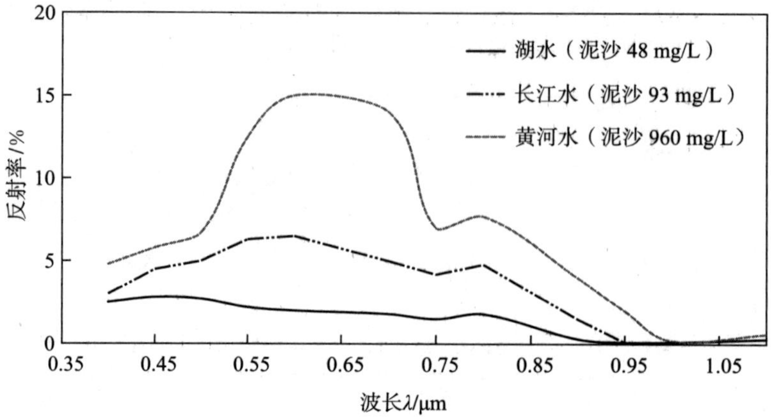

图 3-11　三种水体的反射波谱曲线

相应的地物波谱库，是遥感的基础工作之一。目前，比较完整的波谱库包括美国地质调查局USGS 矿物波谱库、Aster 波谱库和 IGCP264 波谱库等。

波谱数据对于遥感信号识别地物、提取地表信息有重要参考意义。但须注意，由于地物的反射波谱特征受到很多因素的影响，同物异谱和异物同谱现象经常出现在局部谱段，给地物的识别和定量反演带来挑战。

思考题

1. 遥感常用电磁波谱的波段有哪些？为什么？
2. 电磁辐射在大气中的散射有哪几种类型？各自有什么特点？
3. 什么叫大气窗口？遥感常用大气窗口有哪些？
4. 植被的反射波谱特征有哪些？

第4章 遥感平台与传感器

遥感平台是用于安置各种遥感仪器,使其从一定高度或距离对地面目标进行探测,并为其提供技术保障和工作条件的运载工具。现代遥感平台有气球、飞机、人造地球卫星、宇宙飞船和航天飞机等。上述遥感平台中,人造地球卫星是适合执行长时间、大范围、有规律对地监测任务的遥感平台。本章主要介绍卫星遥感平台及其搭载传感器的成像特点。

4.1 卫星轨道

人造卫星绕地球运行的轨迹称为轨道,天体运行轨道的性质通常用轨道参数来刻画。

4.1.1 轨道参数

卫星轨道在空间的具体形状、位置和时相称为轨道参数。结合图4-1可知,开普勒6参数可以完整确定一个卫星轨道。

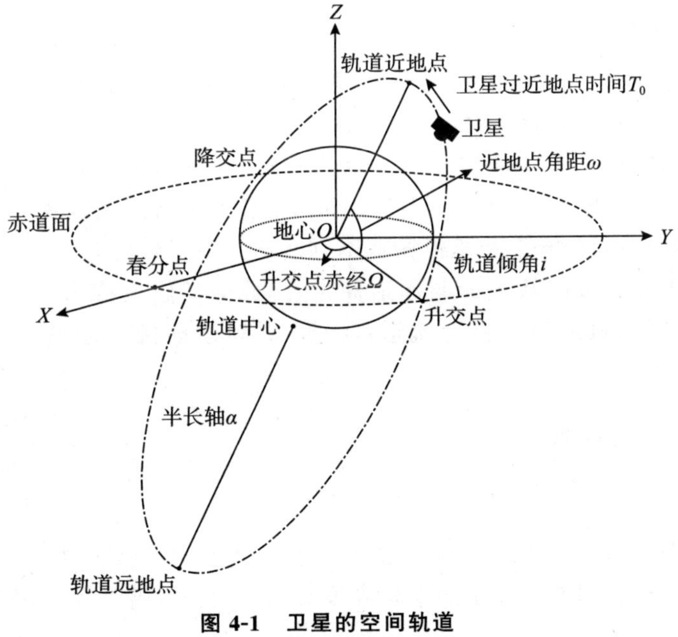

图4-1 卫星的空间轨道

1. 卫星轨道的半长轴 a

半长轴又叫长半轴,是卫星轨道远地点到椭圆轨道中心的距离。a 决定了卫星轨道的大小，也决定了发射卫星到该轨道需要多少能量。

2. 卫星轨道的偏心率 e

$$e=\frac{c}{a} \tag{4.1}$$

式中，c 为卫星椭圆轨道的焦距，a 为轨道的半长轴。

偏心率即椭圆的扁率，代表卫星轨道偏离圆形的程度。e 在 0～1，越接近于 1，代表卫星轨道越扁；e 近似为 0，代表卫星轨道为近圆轨道，地球的质心与轨道的中心接近重合，圆形轨道有利于在全球范围内获取影像时比例尺趋近一致。

3. 轨道倾角 i

轨道倾角 i 是指卫星轨道面与地球赤道面之间的两面角，即升交点一侧的轨道面至赤道面的夹角，等于卫星轨道面法向量与北极方向的夹角。卫星轨道面法向量的方向由右手法则确定。

4. 升交点赤经 Ω

升交点赤经 Ω 为卫星轨道的升交点与春分点之间的角距。升交点为卫星由南向北运行时，与地球赤道面的交点。反之，卫星轨道与赤道面的另一个交点称为降交点。春分点为太阳沿黄道从赤道面由南向北通过赤道面时的交点。其中，黄道指从地球的视角，太阳一年移动一圈的轨迹；赤道面为地球赤道所在的无限延展的平面。

5. 近地点角距 ω

ω 是指卫星轨道的近地点与升交点之间相对于地心的角距。

6. 卫星过近地点时刻 T_0

T_0是卫星经过近地点的地方时，可以将其看作是卫星运动时间的起量点。近地点指的是卫星在椭圆轨道中运行时，离地球最近的那一点。

在六个轨道参数中，a 和 e 决定了卫星轨道的大小和形状；Ω、ω 和 i 决定了卫星轨道面与赤道面的相对位置；T_0决定了相位。当 e 固定时，a 越大则轨道离地面的高度 H 越大。轨道高度 H 与传感器的地面分辨率和总视场宽度有密切关系。倾角 i 决定了轨道面与赤道面，或与地轴之间的关系。$i=0$ 时轨道面与赤道面重合，此时的轨道称为赤道轨道；$i=90°$时轨道面与地轴重合，此时的轨道称为极地轨道；$i\approx 90°$时轨道面接近地轴，这时的轨道称近极地轨道。

4.1.2 其他常用轨道参数

1. 卫星运行周期

卫星运行周期是指卫星绕地一圈所需要的时间，即从升交点开始运行到下次过升交点时的时间间隔。卫星运行周期与卫星的平均高度有关。根据开普勒第三定律：

$$\frac{T^2}{(R+H)^3}=C \tag{4.2}$$

式中，T 为卫星运行周期；R 为地球半径；H 为卫星的平均高度；C 是一个跟地球质量有关的常数。运行周期为：

$$T=\sqrt{C(R+H)^3} \tag{4.3}$$

例如，高度 $H=915$ km 的卫星，其运行周期 T 为 103.267 min。

2. 卫星高度

依据开普勒第三定律，同样可求解卫星的平均高度：

$$H=\sqrt[3]{\frac{T^2}{C}}-R \tag{4.4}$$

例如，地球同步静止卫星的运行周期与地球自转周期一致，代入上式算出卫星的平均高度 H 为 35860 km。

3. 重返周期

卫星重返周期是指卫星从某地上空开始运行，经过一段时间的运行后，回到该地上空时所需要的天数。

4.1.3 轨道类型

卫星轨道有很多分类方法。按照轨道高度通常被分为低地球轨道、中地球轨道和高地球轨道；按照同步特性可以分为地球同步轨道和太阳同步轨道等类型(表 4-1)，本节主要介绍太阳同步轨道和地球同步轨道。

表 4-1 卫星轨道类型

分类标准	轨道类型
轨道高度	低地球轨道(low earth orbit, LEO)，即近地轨道，是高度小于 2000 km 的近圆形轨道，轨道周期 90～120 min，太阳同步轨道卫星、空间站、星链卫星均位于近地轨道
	中地球轨道(medium earth orbit, MEO)，又称近圆轨道，轨道周期为 2～24 h，轨道高度介于低地球轨道和高地球轨道之间，一般 GPS、北斗等导航卫星位于中地球轨道
	高地球轨道(high earth orbit, HEO)，轨道高度不低于 35786 km，轨道周期大于 24 h，地球同步轨道卫星多属于该轨道，另有三颗北斗卫星也属于高地球轨道
同步特性	太阳同步轨道(sun-synchronous orbit, SSO)，轨道高度在 800 km 左右，通过精准控制卫星的高度和角度，保证卫星每次过境同一地点的时间相同。Landsat 卫星、Sentinel 卫星以及我国高分一号、二号、三号卫星均属于此类轨道
	地球同步轨道(geostationary orbit, GEO)，轨道高度约为 36000 m，轨道周期与地球的自转周期相同。风云偶数号卫星、高分四号卫星以及大多数通信卫星属于地球同步轨道
其他	除了以上类型外，还存在其他一些特殊轨道，如倾斜轨道(inclined orbit)、跳频轨道(molniya orbit)等，它们在特定应用领域具有特殊的用途和特点

1. 太阳同步轨道

太阳同步轨道是指卫星轨道平面旋转的角速度和地球绕太阳公转的角速度相同的轨道。

太阳同步卫星轨道面与太阳地球连线之间在黄道面内的夹角,不随地球绕太阳公转而改变(图 4-2)。由于采用光学相机载荷的卫星对光照条件要求较高,太阳同步的性质有利于卫星每次在同一地点临空时都有相近的光照条件对地面进行观测。例如,太阳同步轨道卫星到降交点地方时多为 10：30,就是为了保证较好的光照条件;另外,卫星在固定的时间飞临地面接收站上空,可使卫星上的太阳能电池得到稳定的太阳照度。

卫星轨道面的旋转,可借助地球非球形摄动实现。轨道的高度、倾角要经过设计才能恰好实现太阳同步。地球对太阳的进动角一年为 360°,平均到每天的进动角为 0.9856°。要使光照角保持固定不变,必须对卫星轨道加以修正,每个周期的修正量 $\Delta\Omega$ 为：

$$\Delta\Omega = \frac{0.9856^\circ}{n} \tag{4.5}$$

式中,n 为一天内卫星绕行的次数。

从图 4-2 中可以看出,实现卫星轨道与太阳同步,只要每个周期轨道面绕地轴旋转 $\Delta\Omega$ 即可。为了完成卫星轨道面的旋转,太阳同步轨道被设计成为逆行轨道,即卫星绕轨道运行的方向相对于地球自转是逆行的。

2. 地球同步轨道

地球同步轨道是运行周期等于地球自转周期(23 时 56 分 4 秒)的顺行人造地球卫星轨道(图 4-3)。

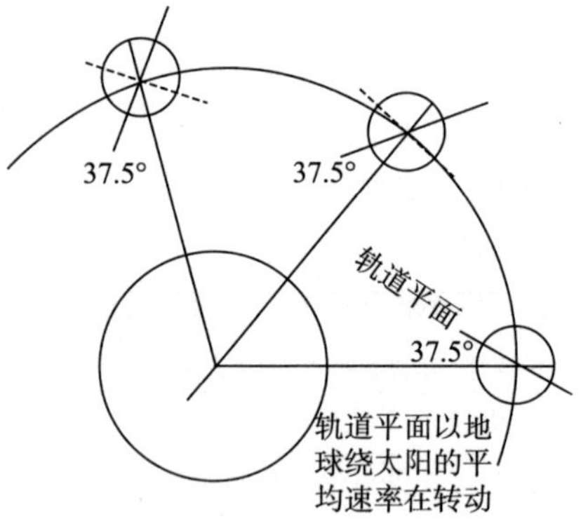

图 4-2　太阳同步轨道

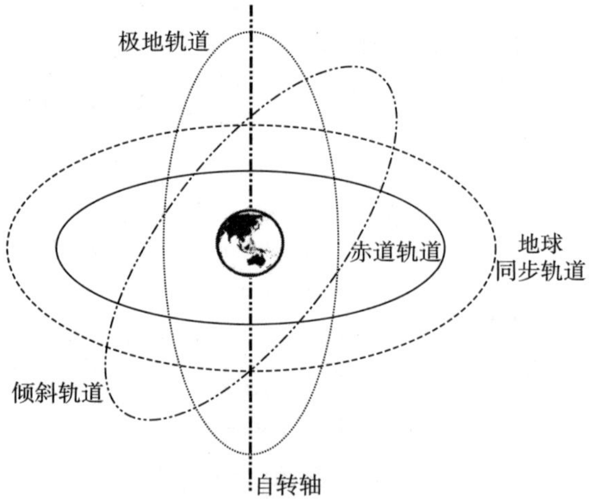

图 4-3　地球同步轨道

倾角为零的圆形地球同步轨道称为地球静止轨道,因为在这样的轨道上运行的卫星将始终位于赤道上空,从地球上观察卫星始终是静止的。这种轨道卫星的地面高度约为 36000 km。它的视角很广,利用均匀分布在地球赤道上的 3 颗这样的卫星就可以实现除南北极很小一部分地区外的全球覆盖。

4.2 传感器

4.2.1 传感器结构

遥感传感器是指遥感系统中用于测量和记录电磁能量的设备，也被简称为遥感器。如图4-4所示的传感器为例，它主要由收集器、探测器、处理器和输出器构成。

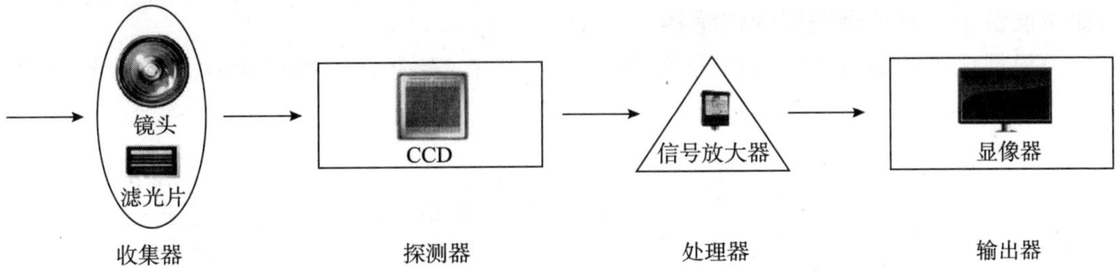

图 4-4 传感器结构

1. 收集器

主要负责收集地物辐射的电磁波能量，并把它们聚焦后送往探测器。不同类型的传感器一般对应的收集器设备也不同。摄影机的收集元件为凸透镜，扫描仪是用多种形式的反射镜以扫描方式收集电磁波，雷达的收集元件是天线。扫描仪和雷达都是通过抛物面聚光。如果想获得多波段遥感影像，收集系统还需要辅以波段分束的元件，如棱镜、光栅、分光镜和滤光片等。

2. 探测器

主要将收集器收集到的电磁能量转化为化学能或电能，可以通过感光胶片、光电敏感元件、热探测器和波导等来进行。感光胶片通过光化学作用探测近紫外至近红外波段的电磁辐射，称为摄影成像。光电敏感元件则可以通过光电效应将电磁辐射转化为电能，其工作波段可以涵盖紫外至红外波段，电荷耦合器件(charge coupled device, CCD)是探测器常用的光电敏感元件。热探测器利用电磁辐射的热效应工作，在热红外波段应用较多。雷达属于无线电技术，它的探测元件称作波导，是一个一定尺寸的金属钢管，靠微波在波导腔中的反射来传播。雷达天线接收到的微波波束聚焦后由波导接收和传递微波，不同尺寸的波导接收不同波长的微波信息。

3. 处理器

处理器对电磁辐射转化为化学能或电能以后的信号进行处理，如显影、定影、信号放大、变换、校正和编码等。根据传感器类型的不同，分为摄影处理装置和电子处理装置。摄影处理装置中的摄影胶片既是处理器又是输出器。

4. 输出器

输出器是输出和记录信息的装置，主要有扫描晒像仪、阴极射线管、电视显像管、磁带记录仪、固体存储器和调制发送器等。

4.2.2 传感器类型

遥感传感器有多种分类方式(图 4-5)。

(1)根据数据记录方式不同,可以分为成像传感器和非成像传感器。其中,非成像传感器记录的主要是地物的物理参数,如重力、地磁信息等。

(2)根据电磁辐射源不同,可以分为被动传感器和主动传感器,被动传感器接收来自地物自身的热辐射或反射的太阳辐射。主动式传感器是向地物发射电磁波并接受地物反射的回波,如微波雷达就是这种类型的传感器。

(3)根据成像方式不同,可以分为中心投影成像、多中心投影成像和斜距投影成像传感器。

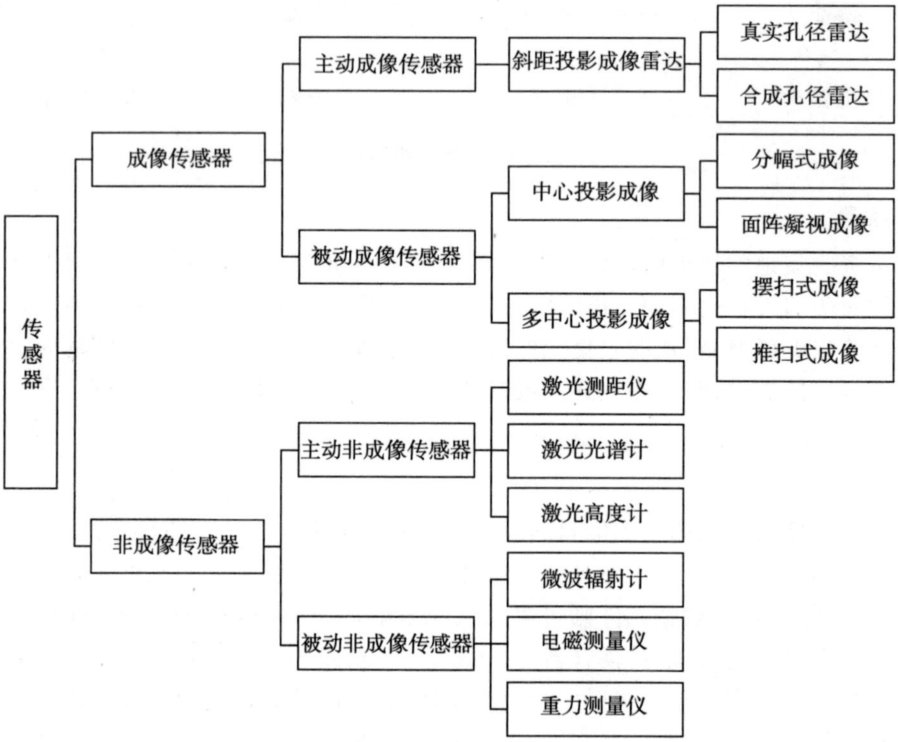

图 4-5 传感器分类

4.2.3 传感器性能指标

常用的传感器的性能指标如下:

1.传感器分辨率

(1)波谱分辨率 波谱分辨率(spectral resolution)是指传感器在接收地物反射或辐射的波谱时能分辨的最小波长间隔。间隔越小,波谱分得越细,波段越多,波谱分辨率就越高。例如,Landsat MSS 多光谱扫描仪的波段数为 5(即 5 个通道),波段宽度为 100～2000 nm,而成像波谱仪的波段数可达到几十甚至几百个波段,波段宽度则为 5～10 nm。

(2)空间分辨率　空间分辨率(spatial resolution)是传感器区分地物最小间距的能力,能区分的间距越小,空间分辨率就越高。不同的传感器,可以有多种衡量空间分辨率的指标。比如,对于以感光胶片作为存储介质的传感器,通常用单位长度内包含的黑白"线对"数表示(线对/mm)。对于电子耦合器件(CCD)传感器,通常用单个像元的瞬时视场角(IFOV)来表示(毫弧度)。瞬时视场角是指传感器内单个探测元件的受光角度或观测视野,又称为传感器的角分辨率。瞬时视场角越小,空间分辨率越高。

对于遥感影像而言,空间分辨率也可以用像元所代表的地面范围的大小来衡量。一个像元对应的地物范围越小,其空间分辨率越大。此时,也称其为地面分辨率。

(3)时间分辨率　时间分辨率(temporal resolution)又叫重访周期,是指传感器对同一地点进行遥感采样的时间间隔,反映了采样的时间频率。可以通过轨道重访、倾斜观测和大幅宽观测三种方式实现目标重访。

(4)辐射分辨率　辐射分辨率(radiometric resolution)是指传感器接收波谱信号时,能分辨的最小辐射度变化,衡量的是传感器的灵敏程度。传感器的辐射分辨率越高,其对地物反射或发射辐射能量的微小变化的探测能力就越强。辐射分辨率在遥感影像上以像元的辐射量化级来表征。例如 Landsat TM 传感器的辐射分辨率是 8 bit(即 2^8 个灰度级),高分卫星一号 01 星的辐射分辨率是 10 bit(即 2^{10} 个灰度级),上述两颗卫星影像的像元值分别为 0～255 和 0～1023,表征地表辐射强度。

2. 刈幅宽与视场角

刈幅宽(swath)又称为轨道覆盖宽度,是指传感器对地成像时覆盖地表的有效宽度。理论上,遥感影像的空间分辨率与幅宽是一对矛盾体,但是仍然可以通过技术方式实现二者的协调提升,如采用多片 CCD 拼接以增大相机有效视场;采用多台视场重叠的线阵 CCD 相机对地组合成像;基于卫星的敏捷机动能力获取多条带拼接影像等。国产高分辨率遥感卫星常采用多相机拼接成像技术扩展覆盖能力,即将多台视场重叠的 CCD 线阵相机沿垂轨方向安置,同时对地推扫成像,实现高分辨率与宽覆盖的结合,如我国高分一号卫星搭载了两台 2 m 分辨率全色/8 m分辨率多光谱相机和 4 台 16 m 分辨率多光谱相机,其影像幅宽可达 60 km 和 800 km,兼顾了高空间分辨率和大幅宽。

视场角(field of view,FOV)是以传感器的镜头为顶点,被测目标的物象通过镜头的最大范围的两条边缘所构成的夹角。视场角与视野范围成正比,故而提升传感器刈幅宽的技术多从增大传感器视场角着手。

3. 信噪比

信噪比(signal-noise ratio, SNR 或 S/N)是指遥感影像中信号与噪声的比例,信号指的是来自地物且能被传感器记录的电子信号,噪声是传感器本身具有的原信号中并不存在的无规律的额外信息。噪声可以来源于感知器本身,也可以来源于传输信道。一般来源于感知器本身的噪声属于仪器的背景噪声,与信号的存在与否及强弱无关,被称为加性噪声。来自信道的噪声与所传输的信号有关,是伴随信号传输而产生的,一般称之为乘性噪声。信噪比的单位是 dB,其值等于信号噪声功率比常用对数的 10 倍。

表 4-2 列出了一些真实传感器的性能指标。

表 4-2　传感器性能指标

指标	Landsat TM5 传感器	SPOT 5 HRG 传感器	高分一号 01 星
波谱分辨率	覆盖可见光、近红外、中红外及热红外波段	覆盖绿、红、近红外、短波红外波段	覆盖可见光及近红外波段
空间分辨率	多光谱 30 m×30 m；热红外 120 m×120 m	多光谱 10 m×10 m；全色 2.5 m×2.5 m	多光谱 8 m×8 m；全色 2 m×2 m
时间分辨率	16 天	26 天	4 天/2 天
辐射分辨率	8 bit(0～255)	8 bit(0～255)	10 bit(0～1023)
刈幅宽	185 km	60 km	60 km/800 km
侧摆能力	无	±27°	±35°
成像方式	摆扫成像	线阵列推扫成像	线阵列推扫成像
发射时间	1984 年 3 月 1 日	2002 年 5 月 3 日	2013 年 4 月 6 日

4.2.4　传感器成像方式

由成像传感器所形成的遥感影像是陆地资源遥感使用最为广泛的数据，其基本成像方式可分为框幅式摄影成像、扫描成像和微波成像。

1. 框幅式摄影成像

框幅式摄影成像中，像点是地物关于固定点的中心投影。中心投影是指目标地物发射或散射的电磁波均通过同一投影中心（如透镜）投射聚焦到一个焦平面（如传感器感光胶片或光敏元件 CCD）而形成的透视关系。每一电磁波束与平面的交点，都在焦平面上构成负像，经处理后成为正像（图 4-6）。

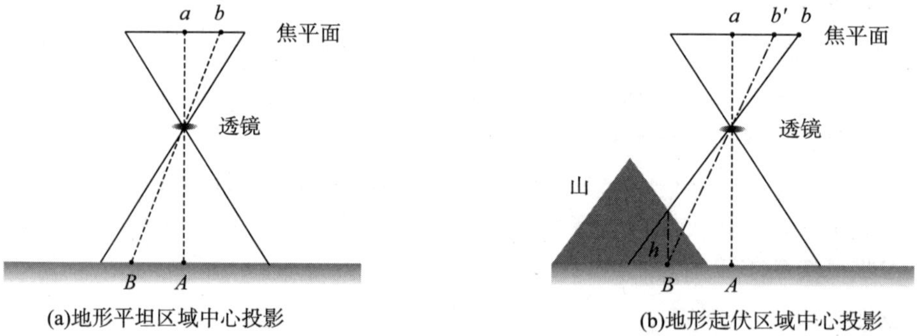

图 4-6　中心投影投影差

当地表地形平坦，地物平面与传感器焦平面平行时，中心投影影像与地面景物构成相似关系，没有几何变形，可用作几何纠正时的基准影像。图 4-6 中，点 A 为传感器与地面的垂直交点，称为像垂点，其在焦平面的投影 a 称为像主点。图 4-6(a)中 ab 线段与 AB 线段的长度之比就是影像的比例尺。当地表地形有起伏时，中心投影会引起地物点在焦平面上的位移，如图 4-6(b)，地物 B 在焦平面的正确位置应该是 b'，但是由于地形凸起，B 点在焦平面的位置

偏移到了 b,这种现象叫作像点位移,又叫投影差(relief displacement)。

像点位移量与地形高差 h 成正比:高差越大,像点位移量越大;位移量与距像垂点 A 的距离成正比,即距像垂点越远,其对应像点位移量越大,焦平面中心部分的位移量较小,像垂点处为垂直投影,故而无位移。位移量与摄影高度成反比,即摄影高度越大,因地表起伏引起的位移量越小。例如,地球卫星轨道高度 $H=700$ km,相片大小为 18 cm×18 cm,处于相片边缘的像点地面高差 1000 m,那么其位移量约为 0.13 mm。

摄影成像遥感器主要有早期的分幅式胶片摄影机和目前较多应用的面阵数字成像系统。

(1)胶片摄影机　该类遥感器是中心投影成像传感器的早期版本,利用感光胶片的光化学反应来记录电磁辐射的强度[图 4-7(a)]。胶片中的感光乳胶颗粒既是感知元同时也是输出元。传感器曝光瞬间,在感光胶片上记录下一张完整相片,其拍摄镜头分为常角(视场角 50°~70°)、宽角(视场角 70°~105°)和特宽角(视场角 105°~135°)。受到胶片感光性能的限制,此类遥感器一般只能感知 0.3~0.9 μm 的电磁波,且对于波谱的细分能力也非常有限,因此其成像性能远不如光电类型的传感器。

(2)面阵数字成像系统　面阵凝视成像[图 4-7(b)]的成像原理与分幅式胶片摄影机相同,均属中心投影成像。不同之处主要在于记录介质由感光胶片变成了光敏电子器件(如 CCD)。多个 CCD 逐行逐列排成面阵形成电磁辐射接收器。CCD 面阵可将接收的电磁辐射转换为电信号,再经过放大处理和记录,形成数字影像。面阵数字成像技术的优势在于探测器有较长的积分时间,有利于提高影像信噪比;同时,面阵可以瞬时观测全视场内的地物,成像效率高,可以获得较高时间分辨率的遥感影像。

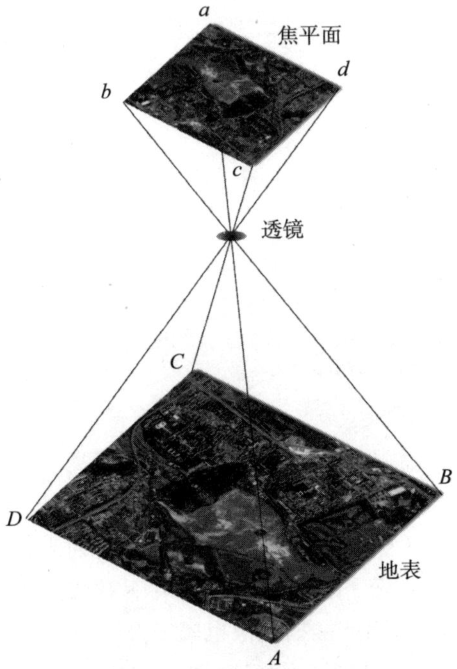

(a)分幅式成像

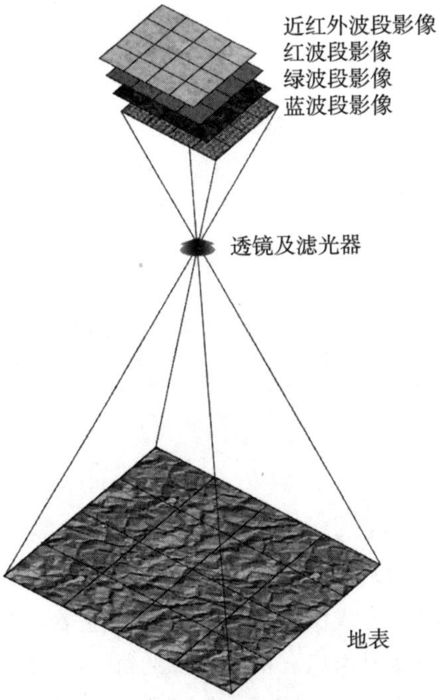

(b)面阵凝视成像

图 4-7　摄影成像系统

2015 年发射的高分四号卫星是我国第一颗静止轨道遥感卫星，该卫星搭载的便是面阵数字凝视成像传感器，具备可见光、多光谱和红外成像能力，观测幅宽 400 km，重访时间为 20 s，可为减灾、林业、地震、气象等应用提供快速、可靠、稳定的光学遥感数据，开辟了我国地球同步轨道高分辨率对地观测的新起点。

2. 扫描成像

扫描成像是利用较少的感知元在一定时间内扫过较大范围的地物而形成影像的成像技术。在扫描成像过程中，每个像元和对应地物间的关系符合中心投影的关系，但由于在扫描地物的过程中，遥感器的投影中心是变化的，即影像中每个像元的投影中心不尽相同。因此扫描成像对于整幅影像而言是多中心投影，也称为全景投影。多中心投影有着比中心投影更为复杂的像点位移。

扫描成像时，探测元件和扫描镜对目标地物以瞬时视场为单位进行逐点/逐行取样，以得到目标地物电磁辐射信息并成像。扫描成像又分为摆扫成像和推扫成像。

(1)摆扫成像　摆扫成像是一种光学—机械扫描方式，反射镜或者镜头依靠机械装置沿垂直于航线的方向从一端摆动到另一端，完成一行的扫描成像，该行像元对应于不同的摆动位置会有不同的投影中心。随着遥感平台的前进，地面就会被逐点逐行扫描形成遥感影像(图 4-8)。Landsat 陆地资源卫星早期搭载的 MSS(多光谱扫描仪)、TM(专题制图仪)、ETM+(增强型专题制图仪)以及 NOAA 卫星搭载的 AVHRR(甚高分辨率辐射仪)均属摆扫成像遥感器。

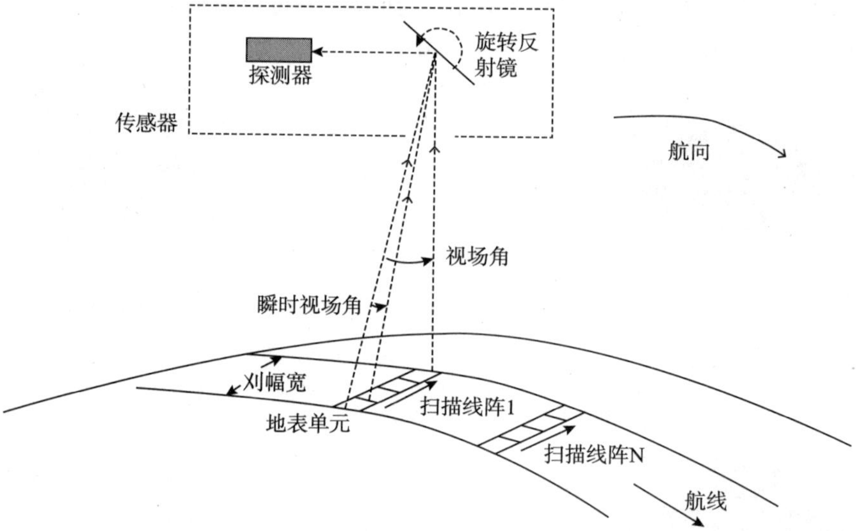

图 4-8　摆扫成像

(2)推扫成像　推扫成像(图 4-9)是由一组探测元(如 CCD)垂直于航向排成线阵列来记录地面发射或反射的电磁辐射。随着遥感平台沿航线推进，线阵扫过地面，并记录下对应地物的电磁辐射信息。推扫成像的每一行像元都对应一个投影中心，因此推扫成像也属于多中心投影。

相比摆扫成像，推扫成像不需要摆动探测器，而且线阵列模式的探测器可以有更长的积分时间。目前，高分辨率光学遥感卫星大多采用线阵 CCD 推扫成像技术。最先使用推扫技术的传感器是 SPOT 卫星 HRV 传感器，后来的 IKONOS、QuickBird、Worldview、GeoEye、

Landsat 8 OLI 传感器以及我国发射的高分卫星及资源卫星搭载的 CCD 相机均属推扫成像类型的传感器。

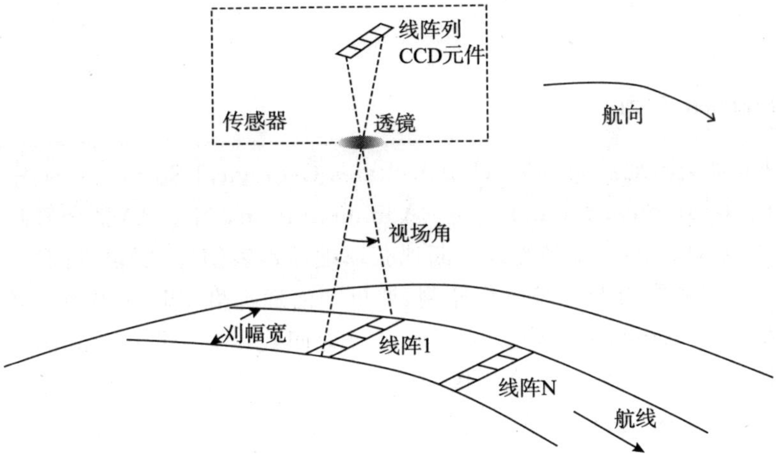

图 4-9 推扫成像

3.SAR 微波成像

侧视成像是微波成像的主要方式，属于主动遥感。遥感平台行进方向称为方位向，侧方称为距离向。合成孔径雷达(synthetic aperture radar, SAR)以一定的侧视角和时间间隔主动向地表发射雷达波束，这个波束在方位向很窄，距离向很宽，这个薄片状的波束与地面交线是一个线状窄条辐射带。遥感平台在飞行时不断发射波束，并不断接受地面窄条辐射带各种地物的反射信号，形成相应的影像[图 4-10(a)]。

SAR 通过斜距投影获得地物信息。SAR 的天线发射微波脉冲并接收由目标地物反射或散射回来的信号，像元的顺序对应于返回信号的接收时间和顺序。图 4-10(b)中的 A、B 和 C 三个位置先后接收到来自 SAR 的微波辐射，反射后被 SAR 天线依次接收，从而按照接收次序形成 Y_a、Y_b 和 Y_c 三个像元[图 4-10(c)]。斜距投影成像时，像点值既可以是所接收信号的振幅，也可以是相位。此外，SAR 可以设计成发射和接收不同极化方式下的回波，进一步丰富了 SAR 遥感的信息量。

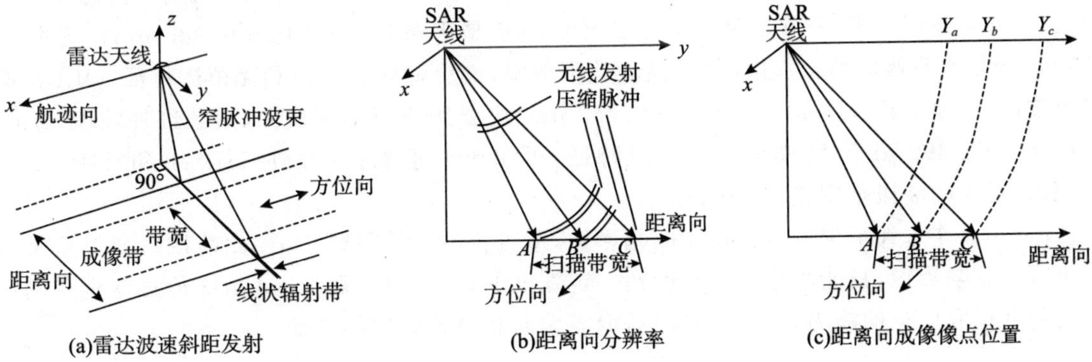

(a)雷达波速斜距发射 (b)距离向分辨率 (c)距离向成像像点位置

图 4-10 SAR 微波斜距成像

4.3 典型卫星遥感数据源简介

4.3.1 美国 Landsat 系列

Landsat 卫星是美国地质调查局(United States Geological Survey,USGS)和美国国家航空航天局(National Aeronautics and Space Administration, NASA)联合研制的地球观测卫星。自 1972 年以来,Landsat 系列连续不断地获取地球地表图像,提供不间断的数据,为土地管理者和决策者对自然资源与环境进行监测、评价和治理提供了科学参考。随着卫星以及传感器技术的不断进步,Landsat 系列卫星目前可分为四代,第一代为 Landsat-1～Landsat-3,第二代为 Landsat-4 和 Landsat-5,第三代为 Landsat-6 和 Landsat-7,第四代为 Landsat-8 和 Landsat-9。以 Landsat-8 为例,其基本情况如表 4-3 所示。

表 4-3 Landsat-8 卫星参数

属性	描述
发射日期	2013 年 2 月 11 日
传感器	OLI、TIRS
高度	705 km
轨道倾角	98.2°
轨道类型	近极轨,太阳同步轨道
赤道穿越时间	当地时间上午 10:00(±15 min)
轨道周期	99 min
重返周期	16 天

Landsat-8 搭载了运营性陆地成像仪(operational land imager, OLI)和热红外传感器(thermal infrared sensor, TIRS)。OLI 包括 9 个波段,除全色波段的空间分辨率为 15 m,其余波段的空间分辨率多为 30 m,成像幅宽 185 km×185 km。OLI 包括了 ETM+传感器所有的波段,并对波段进行了重新调整,比较大的调整是 Band 5(0.845～0.885 μm),排除了 0.825 μm处水汽吸收特征;OLI 全色波段范围较窄,能更好区分植被和无植被特征;OLI 新增两个波段:海岸波段 (Band 1:0.433～0.453 μm)主要用于海岸带观测,短波红外波段(Band 9:1.360～1.390 μm) 反映水汽强吸收特征,可用于云检测;热红外 TIRS-1 和 TIRS-2 与 MODIS 对应的波段范围接近(表 4-4)。

Landsat-8 每天至少可以获得 400 幅影像,覆盖我国大约需要 9 d。此前该系列卫星每天能获得 250 幅影像,只能收集星下点两边一定宽度的地面信息,而 Landsat-8 传感器具有侧摆一定角度获取信息的能力,有助于及时获取需多时相对比研究的影像。

表 4-4 Landsat-8 传感器参数

传感器	波段	波长范围/μm	空间分辨率/m	主要应用
陆地成像仪 OLI	Band 1 Coastal（海岸波段）	0.433～0.453	30	主要用于海岸带观测
	Band 2 Blue（蓝波段）	0.450～0.515	30	用于水体穿透，分辨土壤植被
	Band 3 Green（绿波段）	0.525～0.600	30	用于分辨植被
	Band 4 Red（红波段）	0.630～0.680	30	叶绿素吸收区，用于观测道路，裸露土壤，植被种类等
	Band 5 NIR（近红外波段）	0.845～0.885	30	估算生物量，分辨潮湿土壤
	Band 6 SWIR 1（短波红外 1）	1.560～1.660	30	分辨道路、裸土、水、植被，有较好的大气和云雾分辨能力
	Band 7 SWIR 2（短波红外 2）	2.100～2.300	30	用于岩石、矿物的分辨，也可用于辨识植被覆盖和湿润土壤
	Band 8 Pan（全色波段）	0.500～0.680	15	为 15 m 分辨率的灰度影像，用于增强分辨率
	Band 9 Cirrus（卷云波段）	1.360～1.390	30	包含水汽强吸收特征，可用于云检测
热红外传感器 TIRS	Band 10 TIRS 1（热红外 1）	10.60～11.19	100	感应热辐射的目标
	Band 11 TIRS 2（热红外 2）	11.50～12.51	100	感应热辐射的目标

4.3.2 欧洲 Sentinel 系列

Sentinel 系列遥感卫星既有光学遥感卫星也有合成孔径雷达（SAR）卫星，是欧洲空间局（European Space Agency，ESA）全球环境和安全监视（即哥白尼计划）系列卫星的组成部分。Sentinel-1 由两颗 C 波段 SAR 卫星（Sentinel-1A 和 Sentinel-1B）组成星座，重返周期由单星 12 d 缩短至双星 6 d，两星在同一轨道平面内相差 180°。其应用领域包括极地环境和海冰监测、地表形变监测、森林监测、水资源管理与土壤保护、食物安全与农作物监测、全球制图等。

Sentinel-2 是光学遥感卫星，是 ESA 哥白尼计划系列卫星的第二个组成部分，包括 Sentinel-2A 和 Sentinel-2B 卫星。Sentinel-2A 于 2015 年 6 月 23 日发射，Sentinel-2B 于 2017 年 3 月 7 日发射。单星重访周期为 10 d，双星重访周期为 5 d。星上搭载的主要载荷是多光谱成像仪（MSI）。MSI 采用推扫模式成像，成像幅宽 290 km，共有 13 个波段（表 4-5）。Sentinel-2 卫星主要用于全球高分辨率和高重返能力的陆地观测、生物物理变化制图、监测海岸带和内陆水域以及灾害制图等。

表 4-5 Sentinel-2 基本参数

波段	中心波长/nm	分辨率/m	波段宽度/nm
海岸/气溶胶	443	60	20
蓝	490	10	65
绿	560	10	35
红	665	10	30
植被红边	705	20	15
植被红边	740	20	15
植被红边	783	20	20
近红外	842	10	115
窄边近红外	865	20	20
水蒸气	945	60	20
短波红外—卷云波段	1375	60	20
短波红外	1610	20	90
短波红外	2190	20	180

4.3.3 中国高分(GF)系列

我国从 2013 年开始，陆续发射了多个型号的高分系列卫星，涵盖了地球静止轨道卫星和近极地太阳同步轨道卫星，搭载有光学传感器、合成孔径雷达或非成像探测器。高分系列卫星可以分为 6 种类型：

(1)兼顾高空间与高时间分辨率的多光谱光学遥感卫星　包括高分一号和高分六号，主要用于资源调查和精准农业。高分一号(GF-1)卫星发射于 2013 年，搭载了两台 2 m 分辨率全色和 8 m 分辨率多光谱组合相机，四台 16 m 分辨率多光谱组合相机。高分六号(GF-6)卫星发射于 2018 年，其上搭载的传感器与 GF-1 类似。GF-6 与 GF-1 组网运行，使遥感数据获取的时间分辨率从 4 d 缩短到 2 d。此外，GF-6 在国产卫星中首次增加了能够有效反映作物特有波谱特性的“红边”波段，大幅提高了对农业、林业、草原等植被资源的监测能力。

(2)亚米级光学遥感卫星　包括高分二号、高分九号和高分十一号卫星，主要用于国土普查、城市规划、土地确权、路网设计、农作物估产和防灾减灾等领域。高分二号(GF-2)卫星发射于 2014 年，是我国自主研制的首颗空间分辨率优于 1 m 的民用光学遥感卫星。卫星搭载有两台高分辨率 1 m 全色、4 m 多光谱相机。GF-2 星下点空间分辨率可达 0.8 m，标志着我国遥感卫星进入了亚米级“高分时代”。高分九号(GF-9)卫星 01 星于 2015 年发射，之后陆续发射了多颗同系列卫星，地面像元分辨率最高可达亚米级。高分十一号(GF-11)卫星 01 星发射于 2018 年，同样是亚米级光学遥感卫星，并首次实现在太空中与中继星之间高速率的双向数据传输。

(3)高空间分辨率多极化合成孔径雷达卫星　包括高分三号(GF-3)、高分十号(GF-10)和高分十二号(GF-12)卫星。GF-3 发射于 2016 年，是我国首颗分辨率达到 1 m 的 C 频段多极化合成孔径雷达卫星。高分十号(GF-10)卫星和高分十二号(GF-12)卫星发射于 2019 年，地面分辨率达到亚米级，同样属于高空间分辨率 SAR 卫星。

(4)地球同步轨道遥感卫星　包括高分四号(GF-4)和高分十三号(GF-13)卫星。GF-4 发射于 2015 年，是我国第一颗地球同步轨道遥感卫星，搭载了一台可见光 50 m 分辨率、中波红外 400 m 分辨率，大于 400 km 幅宽的相机，采用面阵凝视方式成像，具备可见光、多光谱和红外成像能力。高分十三号(GF-13)卫星发射于 2020 年，也是地球同步轨道遥感卫星。GF-4和 GF-13 可用于国土普查、农作物估产、环境治理、气象预警预报和综合防灾减灾等领域。

(5)高光谱光学遥感卫星　高分五号(GF-5)卫星发射于 2018 年，是世界上第一颗同时对陆地和大气进行综合观测的卫星。GF-5 首次搭载了大气痕量气体差分吸收波谱仪、大气主要温室气体探测仪、大气多角度偏振探测仪、大气环境红外高分辨率探测仪、可见短波红外高光谱相机、全谱段波谱成像仪共 6 台载荷，可对大气气溶胶、二氧化硫、二氧化氮、二氧化碳、甲烷、水华、水质、核电厂排水、陆地植被、秸秆焚烧、城市热岛等多个环境要素进行监测。GF-5所搭载的可见短波红外高光谱相机是国际上首台同时兼顾宽覆盖和宽谱段的高光谱相机，在 60 km 幅宽和 30 m 空间分辨率下，可以获取从可见光至短波红外(400～2 500 nm)波谱范围内的 330 个波谱通道，其可见波谱段波谱分辨率为 5 nm。

(6)高分辨率立体测绘卫星　包括高分七号(GF-7)和高分十四号(GF-14)卫星。GF-7 发射于 2019 年，是太阳同步轨道卫星，其上搭载了两线阵立体相机，可有效获取 20 km 幅宽、优于 0.8 m 分辨率的全色立体影像和 3.2 m 分辨率的多光谱影像。同时搭载了两波束激光测高仪。GF-7 通过立体相机和激光测高仪复合测绘的模式，实现 1∶10000 比例尺立体测图，服务于自然资源调查监测、基础测绘、全球地理信息资源建设等应用需求，并为住房与城乡建设、国家调查统计等领域提供高精度的卫星遥感影像。高分十四号(GF-14)卫星发射于 2020 年，同样是一颗光学立体测绘卫星。

“高分”系列卫星覆盖了从全色、多光谱到高光谱，从光学到雷达，从太阳同步轨道到地球同步轨道等多种类型，构成了一个具有高空间分辨率、高时间分辨率和高光谱分辨率能力的对地观测系统。“高分”系列卫星都具有宽幅成像能力，提高了遥感的应用能力，拓宽了遥感的应用领域。

思考题

1. 描述卫星轨道的参数有哪些？
2. 卫星遥感传感器的主要类型有哪些？
3. 推扫和摆扫类型的传感器各有什么特点？
4. 卫星影像的分辨率有哪几种？

第5章 遥感影像预处理

遥感影像预处理包括格式转换、几何纠正、辐射校正、镶嵌、裁剪和堆叠等操作。本章主要讲述其中的几何纠正和辐射校正。遥感影像在成像过程中,受到遥感平台、传感器性能、成像方式、地球自转、大气条件和地形等影响,不可避免会产生成像几何误差和辐射误差。通过遥感影像预处理,尽可能地将这些误差消除掉,可为遥感影像的正确判读和地物属性量化反演提供良好的数据基础。

5.1 遥感影像数据

5.1.1 影像的采样和量化

遥感传感器响应地物的电磁辐射而产生初始影像,传感器视场所覆盖的地面范围须通过采样和量化两个过程才能形成遥感数字影像。

1.采样

采样是对连续的现实空间场景离散化形成若干采样点进行数字化表示的过程,也就是用空间上离散点来模拟连续的现实场景。显然,空间离散得越细致,空间分辨率越高,对现实场景的还原就越逼真。遥感影像的空间采样频率与地物的空间异质性密切相关。根据香农采样定理,采样频率须不低于空间信号最高频率的2倍,才能不失真地恢复真实信号。

相较于海洋和大气,陆地的空间格局较为细碎,地物反射波谱变化较快,具有高频的特征。因此,陆地资源遥感要求影像采样应具有较高的频率,即陆地资源遥感要求影像应具有较高的空间分辨率。

2.量化

经过采样后,地物在空间上离散化为像元。但采样后所得的像元物理量仍是连续量。遥感影像量化(image quantification)是按一定的函数关系将影像所代表的物理量分割成有限的离散等级,使观测数据可用一定字长的二进制码表示,因此又称为数据编码。量化后的级别称为影像的像元值、灰度或亮度,记为DN(digital number)。经过量化后,DN值不具有绝对的物理意义,只具有相对的指示能力。

遥感影像的量化一般是以2的n次幂作为量化级数的,其中正整数n被称为量化位数。如Landsat和SPOT的传感器量化位数是8 bit,IKONOS量化位数为11 bit,MODIS量化位数为12 bit。量化位数越高,细节的可分辨程度越高。降低量化位数,减少灰度级会导致假轮廓的出现。

5.1.2　数据存储格式

遥感数字影像数据以不同的数据格式存储在磁带、光盘或其他存储介质中。遥感影像的存储格式有很多,一般可分为通用影像格式、软件相关影像格式和数据源相关影像格式。通用影像格式如 GEO TIFF,这种格式的文件可以被大多数通用影像处理软件识别和处理;软件相关影像格式如 ERDAS IMG 格式,是 ERDAS 遥感影像处理软件的专用格式,在应用于其他的遥感处理软件如 ENVI 时,要先进行格式转换;数据源相关影像格式如 MODIS PDS 数据格式和哨兵 NetCDF 格式等,都是与特定卫星数据源相关的存储格式,需要有专门的软件或者需要遥感数据处理软件支持这些格式才可以进行处理。

尽管遥感影像的数据格式多种多样,但其核心部分还是数据文件,而其他文件包括卷标文件、头文件、注记文件和索引文件等包含了元数据信息或者数据文件的辅助性描述信息。元数据描述了与影像获取有关的参数和获取后所进行的后处理。例如,Landsat、SPOT 等影像的元数据中包含了影像获取的日期、时间、投影参数、几何纠正精度、影像分辨率和辐射定标参数等。辅助性描述信息包括数据的行列数,数据的起始位置和数据格式等信息。

我们重点关注数据文件的存储方式。一般来说,影像栅格数据文件可以按下列三种方式进行存储:BSQ、BIP 和 BIL 格式。

1. BSQ 格式

BSQ(band sequential format)是波段优先的数据存储格式。先按照波段顺序分块排列,在每个波段块内,再按照行列顺序排列。同一波段的像元保存在一个块中[(图 5-1(b)]。BSQ 是最简单直观的存储格式,对于单个波谱带任何部分的空间位置的访问都是最佳的,存

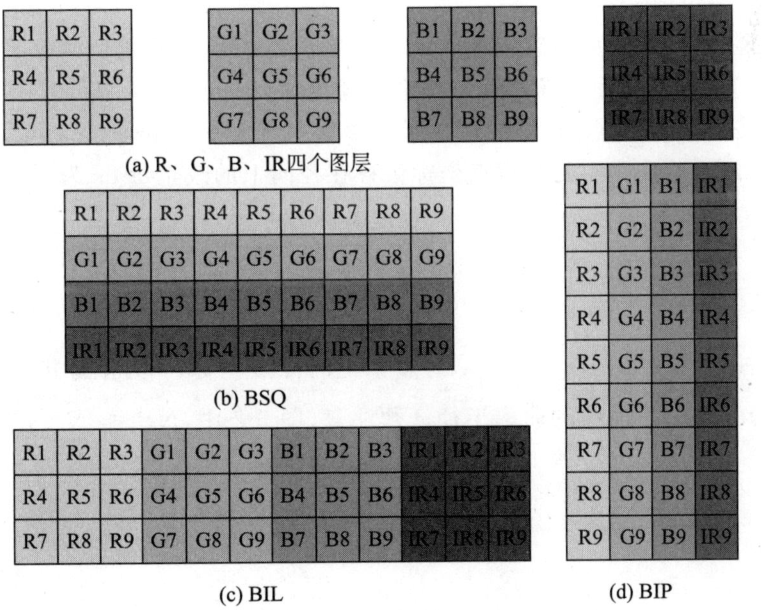

图 5-1　遥感影像数据文件格式

取速度是最快的，单波段空间处理能力强。但这样的存储格式不利于多波段间的影像处理。

2. BIP 格式

BIP 格式(band interleaved by pixel)是一种像元优先的数据存储格式。同一位置的像元按不同波段依次存储，打破了像元空间位置的连续性。每个块内为当前像元不同波段的像元值[图 5-1(d)]。这样的存储方式能够为影像的波段运算提供最佳的访问性能，因而波谱运算效率高。该存储方式的缺点是打破了像素空间位置的连续性，单波段运算效率低。

3. BIL 格式

BIL 格式(band interleaved by line)是 BSQ 和 BIP 两者之间的性能折中方案。图像先以行或列为单位分块，在每个块内，再按照波段顺序排序存储。同一行/列的不同波段的数据保存在一个数据块中。像元的空间位置在列/行方向是连续的[图 5-1(c)]。BIL 综合平衡了 BSQ 和 BIP 的优缺点，达到访问空间和波谱信息都相对快捷的效果，是大多数遥感处理任务中推荐的存储格式。

5.2 遥感影像几何畸变

当处理遥感影像时，一般希望将它表达在某个规定的地理参照系统中，以方便比较。但遥感影像成图时，由于各种因素的影响，影像本身的几何形状与其对应的地物形状往往是不一致的。遥感影像的几何变形是指原始影像上各地物的几何位置、形状、尺寸、方位等特征与在参照系统中的表达要求不一致时产生的变形。影像变形的原因主要包括以下几个方面。

5.2.1 地球曲率

地球表面是一个曲面，而遥感成像的地面基准面是与地表面相切的水平面，因此任一地面点 $P(X,Y,Z)$ 对应的实际成像位置与理论成像位置有一定偏移。以图 5-2 为例，P 点对应的像点实际上是 P_0 点的像点，P 的像点在遥感影像上有大小为 $\mathrm{d}r$ 的偏移量。在不考虑像片倾角的情况下，由地球曲率引起的像点坐标偏移在径向上的改正量 $\mathrm{d}r$ 为：

$$\mathrm{d}r \approx \frac{H}{2Rf^2} r^3 \tag{5.1}$$

$$r = \sqrt{x'^2 + y'^2} \tag{5.2}$$

式中，r 为以像主点为极点的向径；x'，y' 为影像上的像点坐标；f 为摄像机的主距；H 为投影中心距地面的高度；R 为地球的曲率半径。须注意，图 5-2 中，$NP_o \approx \widehat{NP}$，$\widehat{NP}$ 为 N 点到 P 点的弧长。

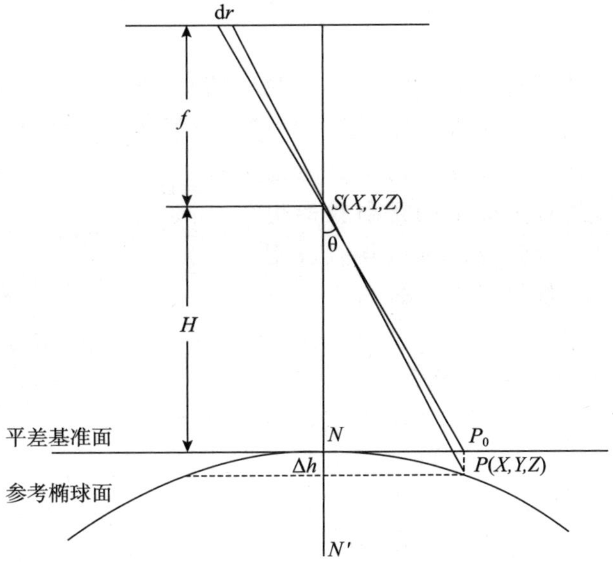

图 5-2 地球曲率引起的几何畸变

5.2.2 地球自转偏斜

当遥感平台与地面存在相对运动时，地球自转会对地物成像造成像点位移。以太阳同步轨道遥感卫星为例，卫星相对于地球自转逆行，遥感系统的固定轨道路径和地球自转之间的相互作用，使获取的影像发生偏斜。考虑地球自转的影响，影像所记录的地物位置实际上是向东偏斜了(图 5-3)，需要将每次扫描的数据统一向西进行一定量的调整。

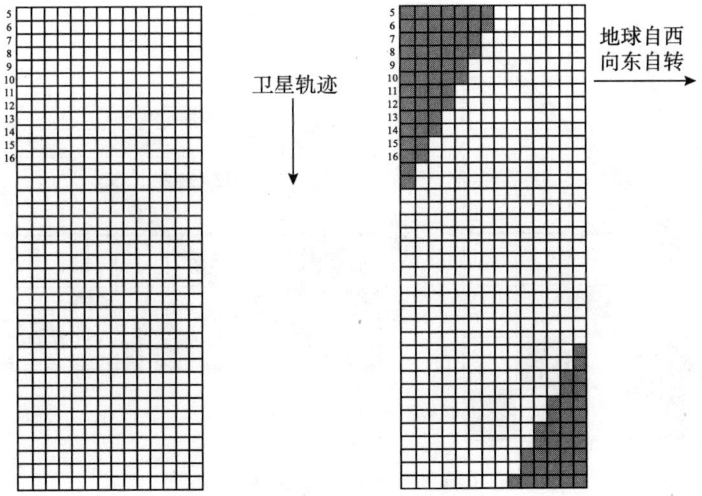

图 5-3 地球自转引起的几何畸变

5.2.3 扫描系统畸变

在不考虑摄影系统本身产生的影像变形，如物镜畸变、压平等情况时，通常把中心投影的影像视为基准影像。因为在竖直摄影且地面平坦的情况下，中心投影影像本身与地面景物保持几何相似的关系，不存在由成像几何形态所造成的影像变形。同样，竖直情况下的正射投影也是无几何形变的。相反，全景投影和斜距投影则会产生影像形变，其变化规律可以通过与中心投影的影像相比较获得。

以摆扫式成像为例：在扫描成像过程中，扫描镜匀速旋转，像平面是一个弧曲面，靠近星下点的地物保持正确的比例关系，而偏离星下点的地物则被压缩而变形。离星下点越远，影像压缩的程度就越高。这种影像畸变称为全景畸变(图 5-4)。

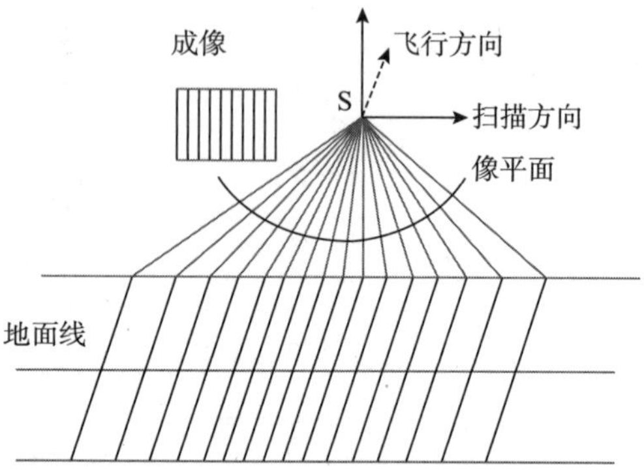

图 5-4 摆动扫描全景畸变

5.2.4 高程投影差畸变

对于摄影成像系统，在星下点曝光瞬间，垂直航片仅有一个位于飞行器正下方的像垂点。这种透视的几何关系使所有高于周围地面的目标地物会出现从像主点向外呈放射状分布的平面位移。距像主点越远，放射状高程投影差也就越大。

横向扫描系统获取的影像也有高程投影差，但它不是从单一像点出发的放射状，而是每条扫描线在垂直于轨道方向上都产生位移(图 5-5)。像垂点两侧所有高出基准面的物体，其对应的像点都向远离像垂点的方向偏移。

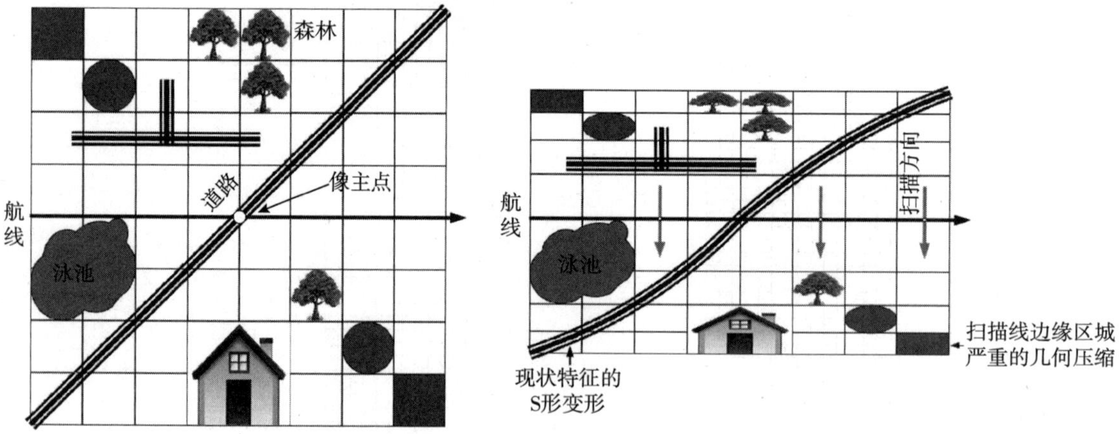

图 5-5 高程投影差畸变

5.2.5 传感器高度变化

在理想情况下，遥感系统距地面的飞行高度恒定，影像比例尺沿飞行方向保持不变。若飞机或卫星沿轨道方向逐渐改变其高度，那么影像比例尺就会随之发生变化。高度增加使影像比例尺减小，高度减小会使影像比例尺增大。

值得注意的是，即使遥感系统距离水平面飞行高度固定不变，影像比例尺也会变化，发生这种情况是由于地面有起伏变化（即地面会靠近或远离遥感系统）。遥感平台不会随地面高度的变化而进行调整。因此，影像中会存在比例尺变化，常须通过几何校正算法尽量减小其影响。

5.2.6 传感器姿态变化

遥感平台在飞行的过程当中，姿态可能会发生变化，即沿空间三个正交轴的翻滚、俯仰和偏航，称为三轴倾斜。三轴倾斜会带来影像几何形变（图 5-6）。此外，遥感平台的微小震动也可以带来几个误差，且该误差只能利用地面控制点来校正。

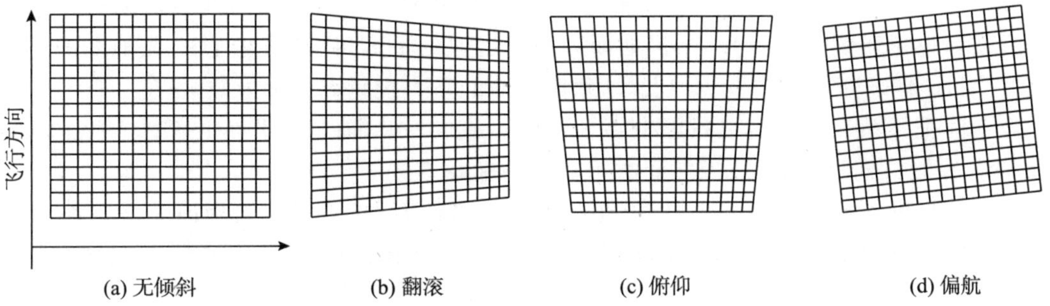

图 5-6 三轴倾斜引起的几何畸变

5.3 遥感影像几何纠正

尽管遥感影像的几何误差原因多种多样，并且变化复杂，但一般可分为系统性误差和非系统性误差两大类。系统性几何变形是有规律且可以预测的，因此可以应用模拟遥感平台及遥感器内部变形的数学公式或模型来预测。非系统性几何变形是无规律可循的，它可以是遥感器平台的高度、速度和姿态的不稳定，或者是地球曲率及空气折射的变化等，一般很难预测。几何校正的目的就是要纠正这些系统性及非系统性因素引起的影像变形，从而实现与标准影像或地图的几何配准。

影像的几何纠正需要根据影像中几何变形的状况、可用的校正数据以及影像的应用目的来确定合适的几何纠正方法。一般卫星地面站的几何粗加工产品仅对系统性几何误差进行校正，即主要通过卫星跟踪系统提供的卫星姿态和位置，进行图幅定位及畸变校正。例如，根据卫星滚动和俯仰角，确定每条扫描线中心点的坐标；根据偏航角和卫星航向，确定扫描线方向；根据扫描镜旋转速度、地球曲率的改正数，确定扫描线上任一点的地理坐标等。粗加工处理后的产品仍有不小的残余误差，其定位精度不够。为了提高定位精度，需要借助控制点和纠正模型进行精加工处理。

5.3.1 基于构象方程的系统几何纠正

中心投影的构象方程也称为共线方程，多中心投影也可以用共线方程来描述。基于共线方程的纠正建立在影像坐标与地面坐标严格数据变换关系的基础上，是对成像空间几何形态的直接描述。

为了说明成像几何形态，需要引入几个坐标系（图 5-7）：

框标坐标系（p-xy）：是一个二维右手坐标系。对于框标设在像幅四边中点的像幅，通常以航线方向的框标连线作为 x 轴，旁向框标连线作为 y 轴，框标连线的交点为坐标原点。如果框标设在四角上，则以对角线框标连线的夹角平分线分别作为 x 轴和 y 轴，连线交点为坐标原点。

像平面坐标系（o-xy）：是一个二维坐标系，用于表示像点在像平面上的位置。以像主点为坐标原点，并采用右手坐标系，x，y 轴的方向按需要而定，一般采用与框标坐标的 x，y 轴平行的方案。设摄影镜头为 S 点，拍摄地面为一个近似的平面，则摄影中心 S 在地面的垂直投影点“N”叫作像底点，又称“像垂点”。S 到像平面的垂直投影点 o 称为像主点。

像空间坐标系（S-xyz）：以投影中心 S 为坐标原点，x，y 轴与像平面上所选定的 x，y 轴平行，z 轴与摄影方向重合，形成像空间右手直角坐标系 S-xyz。

像空间辅助坐标系（S-XYZ）：以投影中心 S 为坐标原点，X，Y 轴与地面 X，Y 平行。像空间辅助坐标系是一个过渡坐标系，起到将像点像平面坐标和地物点物方空间坐标联系起来的作用。

物方空间坐标系（N-XYZ）：是一个以指定的控制点为坐标原点，指定的 X，Y，Z 轴所构成的空间右手直角坐标系。为了简化说明，不妨将 N 设为坐标原点。

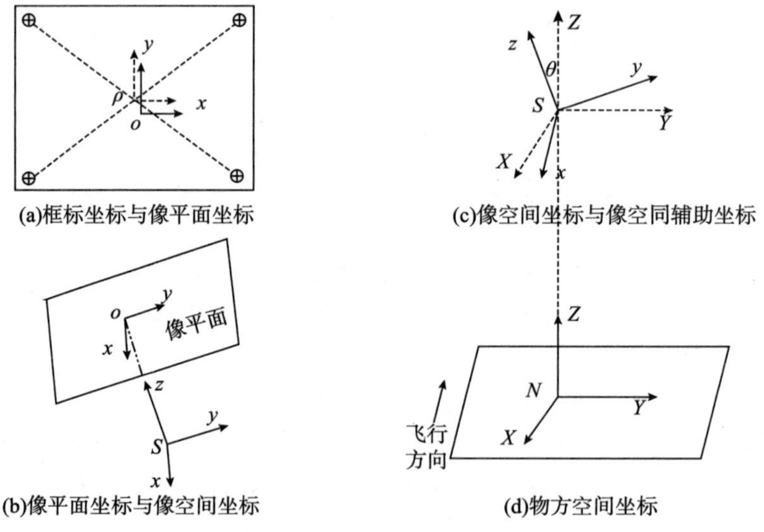

图 5-7 摄影成像常用的几个坐标系

上述 5 个坐标系之间可以通过一些可获取的参数进行相互转换。框标坐标系、像平面坐标系和像空间坐标系有相同的 x，y 轴方向，不同点在于坐标原点不同，当像主点 o 在框标坐标系中的坐标(x_0, y_0)已知时,框标坐标和像平面坐标之间就可以进行精确的转换。当像主距f已知时,像空间坐标系和像平面坐标系之间也可以进行精确的转换。

上述像主距 f、像主点 o 在像片框标坐标系的坐标(x_0, y_0)共三个元素称为像片的内方位元素,其中像主距是指物镜后节点到像平面的距离,与物镜焦距基本一致。

像空间辅助坐标系是像方空间与物方空间的连接纽带,其与物方空间坐标系有相同的 X,Y,Z 轴方向和不同的坐标原点,而与像空间坐标系有相同的坐标原点 S 和不同的坐标轴方向。当投影中心 S 在物方空间坐标系中的位置(S_x, S_y, S_z)已知时,像空间辅助坐标与物方空间坐标之间就可以相互转换;当已知投影中心在空间的旋转角 θ 时,像空间辅助坐标与像空间坐标之间也可以相互转换。投影中心在空间的旋转角 θ 可以分解为三个分量:依次为绕 x 轴旋转的 ω 角,绕 y 轴旋转的 φ 角和绕 z 轴旋转的 κ 角。如果取航线方向或其反方向为姿态稳定时的 x 轴方向,则上述三个角分别称为翻滚角、俯仰角和偏航角。上述三个位置元素(S_x, S_y, S_z)加三个角定向元素(ω, φ, κ)称为像片的外方位元素,又称外定向元素。

任一地物点 A 的物方空间坐标为(X_A,Y_A,Z_A),其对应像点 a 的像空间坐标和像空间辅助坐标分别为($x,y,-f$)和(X,Y,Z)。根据中心投影原理,S、A、a 三点位于一条直线上(图 5-8),那么像点 a 的像空间辅助坐标与地物点 A 物方空间坐标之间有以下关系:

$$\frac{X}{X_A-X_S}=\frac{Y}{Y_A-Y_S}=\frac{Z}{Z_A-Z_S}=\frac{1}{\gamma} \tag{5.3}$$

式中,Z_S-Z_A可看作航高;Z 等于$-f$,则 γ 是航高与主距的比值;$1/\gamma$ 是摄影比例尺。

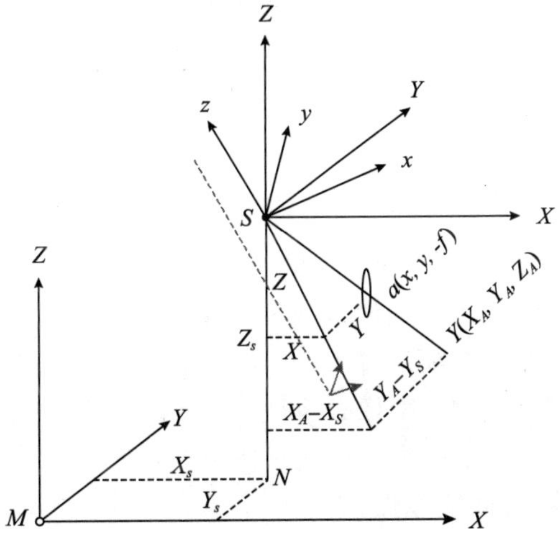

图 5-8 共线方程示意图

上式建立了地物点 A 的物方空间坐标与像点 a 的像空间辅助坐标之间的关系,尚需从像点 a 的像空间辅助坐标过渡到像空间坐标进而过渡到像平面坐标,才能完成像点的系统几何纠正。像点 a 的像空间坐标与像空间辅助坐标有下列关系:

$$\begin{bmatrix} X \\ Y \\ Z \end{bmatrix} = \boldsymbol{R} \begin{bmatrix} x \\ y \\ -f \end{bmatrix} = \begin{bmatrix} a_1 & a_2 & a_3 \\ b_1 & b_2 & b_3 \\ c_1 & c_2 & c_3 \end{bmatrix} \begin{bmatrix} x \\ y \\ -f \end{bmatrix} \tag{5.4}$$

或

$$\begin{bmatrix} x \\ y \\ -f \end{bmatrix} = \boldsymbol{R}^T \begin{bmatrix} X \\ Y \\ Z \end{bmatrix} = \begin{bmatrix} a_1 & b_1 & c_1 \\ a_2 & b_2 & c_2 \\ a_3 & b_3 & c_3 \end{bmatrix} \begin{bmatrix} X \\ Y \\ Z \end{bmatrix} \tag{5.5}$$

式中，$\boldsymbol{R}$ 称为旋转矩阵，其元素 a_i，b_i 和 c_i（$i=1,2,3$）为影像的 3 个外方位角元素组成的 9 个方向余弦。将上式展开为：

$$\begin{cases} \dfrac{x}{-f} = \dfrac{a_1X + b_1Y + c_1Z}{a_3X + b_3Y + c_3Z} \\ \dfrac{y}{-f} = \dfrac{a_2X + b_2Y + c_2Z}{a_3X + b_3Y + c_3Z} \end{cases} \tag{5.6}$$

将 $X = \dfrac{1}{\gamma}(X_A - X_S)$，$Y = \dfrac{1}{\gamma}(Y_A - Y_S)$，$Z = \dfrac{1}{\gamma}(Z_A - Z_S)$ 代入上式得到共线方程：

$$\begin{aligned} x - x_0 &= -f\frac{a_1(X_A - X_S) + b_1(Y_A - Y_S) + c_1(Z_A - Z_S)}{a_3(X_A - X_S) + b_3(Y_A - Y_S) + c_3(Z_A - Z_S)} \\ y - y_0 &= -f\frac{a_2(X_A - X_S) + b_2(Y_A - Y_S) + c_2(Z_A - Z_S)}{a_3(X_A - X_S) + b_3(Y_A - Y_S) + c_3(Z_A - Z_S)} \end{aligned} \tag{5.7}$$

以 $\kappa-\omega-\varphi$ 旋转系统为例，像空间坐标系是像空间辅助坐标系依次绕相应的坐标轴旋转 κ,ω,φ 三个角度以后的结果。第一次旋转所绕的轴称为主轴，此例中主轴为 Z 轴。旋转矩阵 R 可表示为三个旋转矩阵的乘积：

$$\boldsymbol{R} = \boldsymbol{R}_\varphi \boldsymbol{R}_\omega \boldsymbol{R}_\kappa = \begin{bmatrix} \cos\varphi & 0 & \sin\varphi \\ 0 & 1 & 0 \\ -\sin\varphi & 0 & \cos \end{bmatrix} \begin{bmatrix} 1 & 0 & 0 \\ 0 & \cos\omega & -\sin\omega \\ 0 & \sin\omega & \cos\omega \end{bmatrix} \begin{bmatrix} \cos\kappa & -\sin\kappa & 0 \\ \sin\kappa & \cos\kappa & 0 \\ 0 & 0 & 1 \end{bmatrix} \tag{5.8}$$

由式(5.8)可以看出，如果已知一幅影像的 3 个姿态角元素 κ，ω 和 φ，就可以求出 9 个方向余弦，也就知道像空间坐标系转换到像空间辅助坐标系的正交矩阵 R，从而可以实现两坐标之间的相互转换，也就实现了系统几何纠正。

利用上述共线方程时必须注意，影像必须是 1A 级影像，即未作任何几何处理的影像。对于扫描成像方式的影像而言，每个共线方程式只适用扫描线上的一个点（像元）。扫描线上不同扫描角对应的点都有不同的共线方程。

上述投影变换也叫透视变换，是系统几何纠正的理论基础。理论上来讲，成像传感器外方位元素已知的情况下，共线方程的校正结果精度应该很高。但是，实际计算时，在卫星 GPS 数据间隔时间较长的情况下，只能近似表达外方位元素，不能准确求得外方位元素的表达式。同时，当卫星存在较大成像侧摆角、成像幅宽时，远离星下点的地区投影误差比较大，单纯利用共线方程对垂直飞行方向的几何变形的校正并不理想。

同时，投影变换具有曲率不变性，即变换前后线的弯曲程度不会发生变化，直线变换后依然是直线。因此，基于共线方程的系统几何纠正只能纠正成像过程中由于投影光线束受到破坏而导致的几何形变，如平移、旋转、缩放和错切；而对于由于地球曲率、地面高程变化和遥感平台随机震动等因素导致的影像扭曲则无能为力。因此，系统几何纠正是一种粗略的纠正方法。更加精确的几何纠正需要有扭曲影像的能力。

5.3.2 基于地面控制点的几何精校正

几何精校正又称为几何配准，是指把不同来源的影像、地图或数据集中的相同地物元素精确地匹配、叠加在一起的过程。在很多情况下，多种传感器、多时段、多平台、甚至多学科的数据需要在空间上彼此匹配，用来进行模式识别、变化监测等，此时就必须进行影像的几何精校正。

几何精校正的基本原理是不考虑成像的空间几何关系，直接利用地面控制点(ground control point，GCP)数据对遥感影像的几何形状进行数据拟合，并且认为遥感影像的总体畸变可以看作挤压、扭曲、缩放、偏移以及更高层次的基本变形综合作用的结果。校正前后影像像元的坐标关系通过选定的数学模型来表示。GCP 可以通过地面实测，标准地图或者已经校正的遥感影像获取。

几何精纠正具体的实现过程是：选择一个数学模型，利用 GCP 确定该模型待定参数的取值，以此来建立原始影像空间与标准空间的映射关系，然后利用这种映射关系，把畸变影像中的全部像元变化到标准空间中，从而实现影像的几何精校正。

1. GCP 的选取

GCP 应当具有以下特征。

(1)GCP 应选择影像上明显的、清晰的定位识别标志，如道路交叉点、河流汊口、建筑物边界、农田界线等；

(2)GCP 对应的地物不随时间而变化，以保证当对两幅不同时段的影像或地图进行几何纠正时，可以同时识别出来；

(3)在没有做过地形纠正的影像上选 GCP 时，应尽量在同一地形高度上进行；

(4)GCP 应当均匀地分布在整幅影像内，这是因为影像变形是非线性的，且部分变形具有周期性；

(5)GCP 要有一定的数量，否则不足以作为纠正误差的依据。GCP 的数量、分布和精度直接影响几何纠正的效果。控制点的精度和选取的难易程度与影像的质量、地物的特征及影像的空间分辨率密切相关。

GCP 的选择一般是通过目视和手动方式来进行，但对于短周期、较低空间分辨率的卫星数据，如 NOAA、AVHRR、MODIS 等，往往因分辨率低而部分被云覆盖，合格 GCP 的选取有相当的难度，可以采用数据影像匹配与相关技术方法。基于灰度的影像匹配和基于特征的影像匹配是常用的两种自动获取 GCP 的方法。前者需先从参考影像中提取目标区作为匹配的模板，再用其匹配待配准的影像，通过相似性度量来寻找最佳匹配点；后者是从两幅影像中提取出灰度变化明显的某些特征作为匹配基元，再在两幅影像中对应的特征集中利用特征匹配算法将存在匹配关系的特征像元选择出来，对于非特征像元点利用插值等方法做处理，以实现两幅影像间的逐像元的配准。后者较前者计算量小且速度快。

2. 基于多项式的遥感影像纠正

GCP 确定后，要在待纠正的影像与参考影像或地图上分别读出各个 GCP 在影像上的像元坐标(x,y)及其在参考影像或地图上的坐标(X,Y)。参考坐标可以是地理经纬度坐标，也可以是投影坐标；待纠正影像的像元坐标一般是行、列号，也可以是地理坐标。图 5-9 是影像几何纠正的示意图。图中把原始变形影像看成是扭曲了的曲面，输出影像作为规则平面。从理论上讲，任何曲面都能以高次的多项式来拟合，因而可以用多项式来描述两者的坐标关系。通过 GCP，建立地图空间—影像空间之间的换算关系，以求出影像像元的正确坐标位置。影像坐标(x,y)与其参考坐标(X,Y)之间的 n 次多项式纠正模型表达为：

$$x = \sum_{k=0}^{n} \sum_{i+j=k} a_{k,j} X^i Y^j$$
$$y = \sum_{k=0}^{n} \sum_{i+j=k} b_{k,j} X^i Y^j \tag{5.9}$$

如 1 次多项式模型可以写为：

$$x = a_{0,0} + a_{1,0}X + a_{1,1}Y \text{ , } y = b_{0,0} + b_{1,0}X + b_{1,1}Y \tag{5.10}$$

2 次多项式模型可以写为：

$$x = a_{0,0} + a_{1,0}X + a_{1,1}Y + a_{2,0} X^2 + a_{2,1}XY + b_{2,2} Y^2$$
$$y = b_{0,0} + b_{1,0}X + b_{1,1}Y + b_{2,0} X^2 + b_{2,1}XY + b_{2,2} Y^2 \tag{5.11}$$

多项式的项数即系数个数 N 与其阶数 n 有固定的关系：

$$N=\frac{(n+1)(n+2)}{2} \tag{5.12}$$

多项式的系数a_{ij}，b_{ij} $(i,j=0, 1, 2, \cdots, N-1)$，一般可由两种方法求得：①用可预测的影像变形参数推算；②利用已知控制点的坐标值按最小二乘法原理求解。

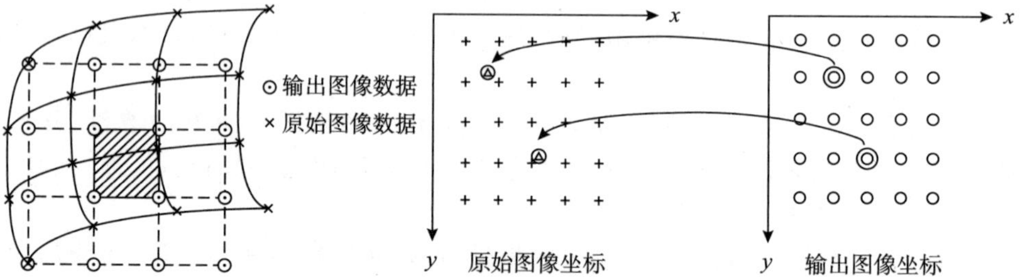

图 5-9　遥感影像的几何纠正

根据待纠正影像的变形复杂度选用不同次数的多项式。选用一次多项式，可以纠正影像因平移、旋转、比例尺变化和仿射变形等引起的线性变形。当选用二次项纠正时，还可改正较简单的非线性变形。多项式次数越高，其能纠正的变形情况越复杂，但也会增加计算成本。

在多数的应用中，运用 GCP 进行几何纠正可达到要求的精度，是应用得最广的几何纠正方法。但它也有缺点，主要问题在于：① 应用多项式纠正模型无法纠正地形引起的位移；② 为了得到较小的残余误差（即高精度的几何校正），一般需要选取大量高精度的地面控制点，这需要较多的人工时间，对低空间分辨率影像的地面控制点选取尤其困难。

为了克服控制点数据选择可能产生病态矩阵而难以求解的问题，可用勒让德正交多项式或切比雪夫正交多项式代替一般多项式进行计算。

此外，不规则三角网通过对不规则的地面控制点进行三角网插值来产生输出网格，如果多项式纠正结果的误差较大而且具有足够多的控制点，可以考虑使用此方法。

基于 GCP 的二次及以上多项式进行影像几何纠正，不仅可以纠正影像的平移、旋转、缩放和错切等透视变形，还可以纠正影像的扭曲变形，因而在 GCP 选择得当的情况下，其几何纠正的精度比基于共线方程的系统几何纠正更高。但基于 GCP 的几何精纠正方法所建立的纠正系数是全局性的，适合于地形较为平坦的成像区域。对于地形变化较大的区域，还需要进一步考虑将地形因素纳入几何校正的方法中。

5.3.3 基于有理函数多项式的正射校正

正射校正是将中心投影的影像进行纠正，形成正射投影影像的过程。正射投影又叫平行投影，投影光线为一系列平行线。无论物体距离相机多远，物体经平行投影后的像和原物体大小不变。

正射校正时，一般先把影像化分为许多小区域，之后根据相关参数按照对应的中心投影构像方程或者特定的数学模型用控制点进行解算，得到解算模型后利用数字高程模型对原始遥感影像进行校正，最终获得数字正射影像。将多个正射影像拼接镶嵌在一起，并进行色彩平衡处理后，再按照一定范围裁切出来的影像就是正射影像图。经过正射校正之后的影像将是正射的平面真实影像，是目前最准确的几何校正手段。

正射校正主要是消除地面高差投影差，目前常用的方法是基于有理函数多项式（rational polynomial coefficients，RPC）的正射校正。对于卫星影像来说，卫星数据提供方一般会在产品中附加每张像片的轨道参数模型或 RPC 文件，以便确定卫星摄影或扫描时的传感器姿态和位置，作为消除地面高差投影差的依据。所谓 RPC 文件，是数学意义的几何成像模型，它是结合传感器的物理参数和轨道参数，并经过若干地面控制点，经过复杂的计算所得到的变换系数矩阵。对于不提供 RPC 文件的情况，须采用有理函数多项式拟合法来建立 RPC 文件。该过程需要 GCP 和 DEM 数据的支持。

RPC 模型的实质是将像点坐标（r, c）表示为以对应地面点坐标（X, Y, Z）为自变量的有理多项式（多项式的比值）。相比于系统几何纠正中的矩阵变换表达式，有理函数模型（rational function model, RFM）不仅可以表达由光学投影引起的畸变，还能表达由地球曲率、大气折射及镜头畸变等引起的几何形变及其他未知畸变。RFM 是多项式模型的扩展，是很多传感器模型的共同成像数学形式，因而具有较强的泛化能力。为了增强求解参数的稳定性，一般将地面坐标和影像坐标归一化到 $-1\sim1$。RPC 模型表达式如下：

$$r=\frac{P_1(X,Y,Z)}{P_2(X,Y,Z)} \quad c=\frac{P_3(X,Y,Z)}{P_4(X,Y,Z)} \tag{5.13}$$

式中，r 为像元的归一化行坐标；c 为像元的归一化列坐标；X、Y 和 Z 为未经纠正的像元三个归一化坐标值；分子和分母上的 $P_l(X,Y,Z)$ $l=1,2,3,4$ 是关于 X、Y 和 Z 的多项式，其表达式如下：

$$P = \sum_{i=0}^{m_1} \sum_{j=0}^{m_2} \sum_{k=0}^{m_3} a_{ijk} X^i Y^i Z^k \tag{5.14}$$

式中，a_{ijk} 为式 5.14 中各个多项式的待求参数，可以通过最小二乘法求得。有理函数多项式比一般多项式的待求系数更多，运算更为复杂，对控制点的要求也更高。

RPC 模型的优点是：

(1)RPC 是由两个多项式的比值构成，所以能得到比多项式模型更高的精度。且 RPC 模型能比多项式模型更均匀地分布误差。

(2)RPC 模型独立于摄影平台和传感器。对于不同的传感器，它的形式不变，只是改变它的参数。这一点可以确保 RPC 模型不仅可以用于现有的传感器模型，还可应用于全新的传感器模型。

(3)RPC 模型独立于坐标系统。像点和地面点坐标可以在任意坐标系中表示。它可以适用于任何系统中的物方坐标，如地理坐标，平面坐标等。这一特点使得 RPC 正射校正模型在遥感影像处理中被广泛利用。

(4)在像点坐标中加入附加改正参数能提高传感器模型的精度。RFM 中无须另行加入这一附加改正参数，因为多项式系数本身包含了这一改正数。

RPC 模型的不足之处在于：

(1)无法为影像的局部变形建立模型。

(2)RPC 模型从理论上来说只是对控制点严格成立。对其他点都不是严格成立的。因此该模型的解算精度很大程度上取决于控制点的选取和分布。

(3)因为 RPC 是比值的形式，所以可能会存在分母为 0 的情况，导致模型失效。

5.3.4 像元亮度重采样

影像几何校正后，往往破坏了原有影像网格的规则化分布属性，即有可能会出现行列号不是整数的情况。要想恢复规则化的影像网格，须从几何校正后的影像中重新采集像元，以产生符合要求的规则网格影像，这个过程就是数字影像的重采样。

影像中某一位置的亮度重采样值一般是根据其周围像元的亮度值加权求和得到，权值由重采样函数确定。根据采样理论，理想的重采样函数是如图 5-10 所示的 Sinc 函数，其横轴上各点的幅值代表了相应点对其原点(O)处亮度贡献的权重。但由于 Sinc 函数是定义在无穷域上的，又包括三角函数的计算，实际使用不方便，因此采用一些近似函数代替它，据此产生三种常用的重采样方法。

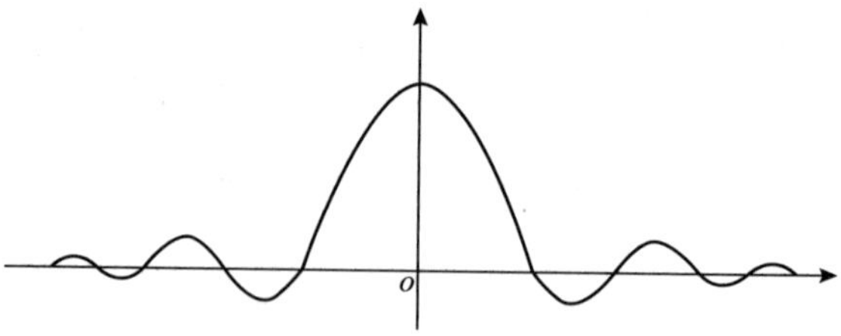

图 5-10　辛克(Sinc)函数

1. 最近邻法像元采样法

该法是取距离被采样点最近的已知像元 N 的亮度 I_N 作为采样亮度，即：

$$I_P = I_N \tag{5.15}$$

式中，I_p 为目标像元 p 的亮度值。在以行号和列号为坐标值的影像坐标系下，最近邻像元的坐标可通过下式确定：

$$x_N = \text{int}(x_p + 0.5) \quad y_N = \text{int}(y_p + 0.5) \tag{5.16}$$

式中，int 为取整函数；x_p 和 y_p 分别为目标像元 p 在重采样前影像中的非整数行列号；x_N 和 y_N 为距离目标像元 p 最近的原影像像元 N 的行列号。

该方法的优点是输出影像的亮度值分布仍然保持原来影像的亮度值分布，且具有简单及处理速度快的优势。但这种方法会造成像点在一个像元范围内的位移，可能造成输出影像中某些地物的不连贯，视觉效果较差。

2. 双线性内插法

该法的重采样函数是线性函数，该函数可以看作辛克函数的最粗略近似(图 5-11)。实施双线性内插时，需要有被采样点 p 周围 4 个已知像元的亮度值参加计算，即：

$$I_p = W_x \cdot I \cdot W_y^{\mathrm{T}} = \begin{bmatrix} w_{x1} & w_{x2} \end{bmatrix} \begin{bmatrix} I_{11} & I_{12} \\ I_{21} & I_{22} \end{bmatrix} \begin{bmatrix} w_{y1} \\ w_{y2} \end{bmatrix} \tag{5.17}$$

式中，I_p 为采样点 p 的亮度值；I_{11}、I_{12}、I_{21} 和 I_{22} 为采样点 p 周围 4 个像元的亮度值；$w_{x1} = 1 - \Delta x$、$w_{y1} = 1 - \Delta y$、$w_{x2} = \Delta x$、$w_{y2} = \Delta y$、Δx 和 Δy 为采样像元到目标位置的距离。

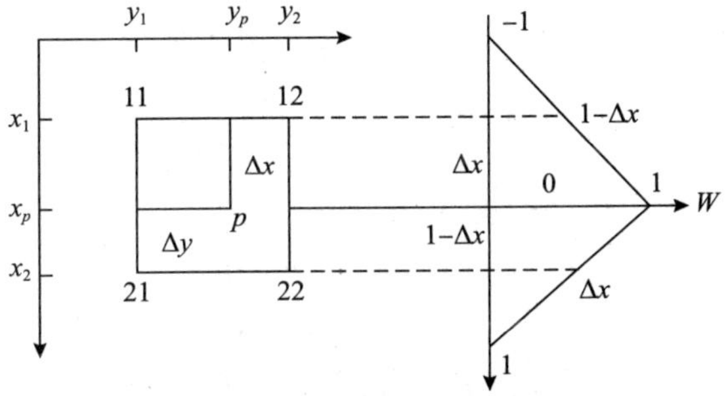

图 5-11 双线性插值法亮度重采样

该方法具有均值化的低通滤波效果，地物边缘会受到平滑作用，从而产生一个比较连贯的输出影像。其缺点是破坏了原来的像元值，对之后的波谱分析和分类识别有影响。

3. 双三次卷积内插法

该方法是用周边 16 个像元的取值来计算目标像元的取值。周边 16 个像元的权重采用一个逼近辛克函数的三次幂函数来计算(图 5-12)。权重的计算公式为：

$$
\begin{aligned}
& w(x_c) = 1 - 2x_c^2 + |x_c|^3 \\
& w(x_c) = 4 - 8|x_c| + 5x_c^2 - |x_c|^3 \\
& \qquad (0 \leqslant |x_c| \leqslant 1) \\
& w(x_c) = (1 \leqslant |x_c| \leqslant 2) \\
& \qquad (|x_c| > 2)
\end{aligned}
\tag{5.18}
$$

式中，x_c定义为以 p 为原点的邻近像元 x 坐标值，相邻像元间隔为 1，当把上式函数作用于影像 y 方向时，只需要把 x 换为 y 即可。

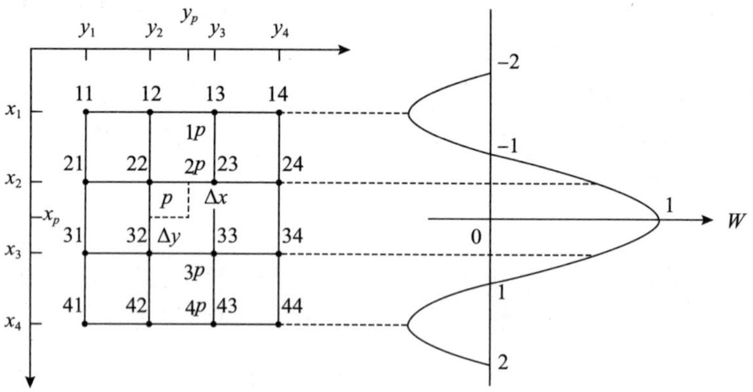

图 5-12 双三次卷积法亮度重采样

当利用三次函数对 p 点亮度重采样时，需要 p 点邻近 4×4 个已知像元(i, j)的亮度值 I_{ij} 参与计算，其中 $i, j=1,2,3,4$。内插点 p 的亮度值为：

$$
I_p = W_x \cdot I \cdot W_y^T \tag{5.19}
$$

式中，W_x和 W_y都是权重向量：$W_x=[w_{x1}, w_{x2}, w_{x3}, w_{x4}]$，$W_y=[w_{y1}, w_{y2}, w_{y3}, w_{y4}]$。$w_{xi}$和 $w_{yi}(i=1,2,3,4)$分别表示在 x 方向和 y 方向相对于 p 点的距离权重，根据式 5.14 计算得到。I 为临近 16 个像元的亮度值所组成的矩阵：

$$
I = \begin{bmatrix} I_{11} & I_{12} & I_{13} & I_{14} \\ I_{21} & I_{22} & I_{23} & I_{24} \\ I_{31} & I_{32} & I_{33} & I_{34} \\ I_{41} & I_{42} & I_{43} & I_{44} \end{bmatrix} \tag{5.20}
$$

由权重向量及其分量的计算公式可以看出，双三次卷积内插法可以在一定程度上增强边缘，同时有均衡化和清晰化的效果，但其空间卷积运算涉及的邻域像元比前两种方法更多，运算代价最大。

对比三种方法：最近邻法计算简单、运算量小，且不破坏原始影像的灰度信息，但是视觉效应差，几何精度只能达到±0.5 个像元，采样后图像的不连续性较突出；三次卷积内插法会使图像边缘增强，但是计算量太大，适合高精度的影像处理要求；双线性内插法克服了最近邻法使图像不连续的缺点，计算较三次卷积内插法简单，不足的是图像边缘受到平滑作用，会出现轮廓模糊现象。实际应用中，往往采用双线性内插法进行像元灰度值的重采样就可以达到一般要求。

5.3.5 影像镶嵌

镶嵌就是把多幅影像拼接成一幅无缝影像的过程。常见的是对已校正到某个标准地图投影和大地水准面上的多幅影像进行镶嵌。对 n 景校正过的影像进行镶嵌要经过以下步骤。

首先，将每景影像校正到相同的地图投影和大地水准面上。在理想状况下，采用相同的亮度重采样方法（如最近邻法）和相同的像元大小对 n 景影像进行校正。

其次，选定其中一景影像作为基准影像。基准影像与邻接影像必须有一定程度的重叠。影像获取时间的差异、太阳光强以及大气状态的变化，或者传感器本身的不稳定，使得不同影像的对比度及亮度值会有差异。因而有必要对各镶嵌影像之间在全幅或者重叠区上进行亮度值的匹配，最常用的影像匹配方法有直方图匹配和彩色亮度匹配。

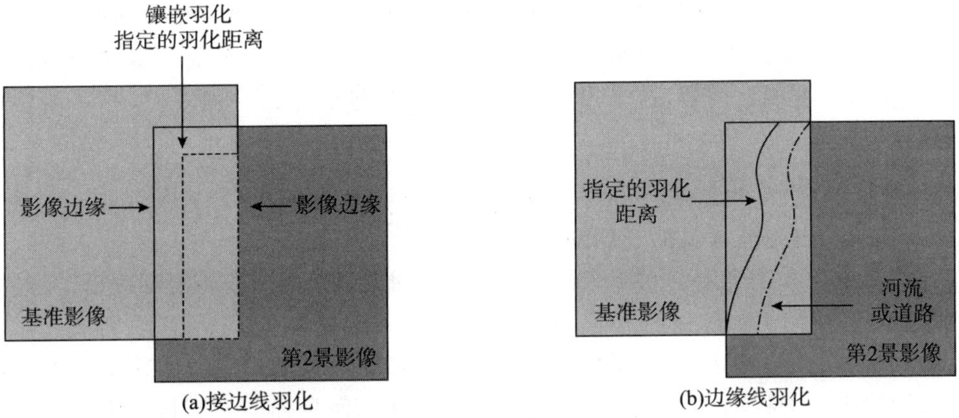

图 5-13 镶嵌羽化示意图

通常使用羽化的方法来解决镶嵌影像中较为明显的拼接线。羽化时，可以选择其中一幅图的边缘作为拼接线来进行羽化；也可以从两幅影像的重叠区依据地物类型勾绘出一个自然的接边线来进行羽化。采用地物的自然边缘作为接边线，一般效果会更好（图 5-13）。

羽化时需要指定接边线的羽化范围，即沿接边线两侧的一个缓冲区。在缓冲区内的像元，其像元亮度值采用两幅影像对应像元的均值；缓冲区以外的像元，则分别采用各自一侧的影像像元亮度值。

5.4 遥感影像辐射校正

遥感影像 DN 值是传感器对地物辐亮度变化的响应。地物特征、大气条件和传感器性能都会对 DN 值量化结果产生影响，使得 DN 值不能反映地物的真实波谱反射率、发射率或辐亮度。消除 DN 值形成过程中依附在数据中的各种误差，并将 DN 值还原为地物的实际物理量（如反射率、发射率或辐亮度）的过程，称为遥感影像的辐射校正。辐射校正包括辐射定标和大气校正两个主要环节。其中，大气校正主要是消除大气对辐射传输的影响，将图像亮度转化为地物的实际辐亮度或反射率，其方法可分为基于统计模型的大气校正和基于物理模型的大气校正两大类。

5.4.1 辐射误差来源

传感器响应目标反射或发射的电磁波，所产生的测量值与目标真实的波谱反射率或波谱辐射亮度等物理量之间的差值称为辐射误差。辐射误差造成了遥感影像的失真，影响地物波谱分析、影像的解译和定量反演，因此必须予以校正，以消除或减弱辐射误差。

辐射误差产生的原因有以下几种。

1. 传感器响应特性引起的辐射误差

(1)光学摄影机引起的辐射误差　这种误差主要是由光学镜头中心和边缘的透射光强度不一致造成的，它使同一类地物在影像上不同位置有不同的灰度值。

(2)光电扫描仪引起的辐射误差　光电扫描仪引起的辐射误差主要包括两类：一类是光电转换误差，即在扫描方式的遥感数字影像处理器中，传感器接收系统收集到的电磁波信号需经光电转换系统变成电信号，这个过程所引起的辐射量误差；另一类是探测器增益变化引起的误差。

2. 大气影响引起的辐射误差

传感器接收的电磁能量包括三部分：

(1)地物反射的太阳辐射　太阳光经大气衰减后照射到地面，经地面反射后，又经大气第二次衰减进入传感器的能量。

(2)地物自身的电磁辐射　地面本身辐射的能量经大气衰减后进入传感器的能量。

(3)与地物无关的程辐射　一部分太阳辐射在到达地面目标前就直接被大气散射到太空并被传感器接收的能量，也叫路径辐射。这部分能量会影响传感器成像，但它们并不携带任何有关目标地物的信息。

从辐射数据处理的角度看，进入传感器的辐射误差成分包括大气的吸收和散射以及路径辐射。这些都是需要被去除的误差成分。

5.4.2 辐射传输的定量分析

进入大气的太阳辐射会发生反射、折射、吸收、散射和透射。如果没有大气存在，传感器接收的辐照度只与太阳辐射到达地面的辐照度和地物的反射率有关，由于大气的存在，辐射经过大气吸收和散射，透过率小于1，从而减弱了信号的强度。同时，大气的散射光也有一部分直接或经过地物反射进入传感器，这两部分又增强了传感器的接收信号强度。

设 $E_{0\lambda}$ 为波长为 λ 的电磁波垂直入射的辐照度，θ 为入射方向的天顶角，当无大气存在的时候，地面的辐照度为 $E_{\lambda}=E_{0\lambda}\cos\theta$(图 5-14)。假如地面是朗伯面，根据朗伯余弦定律，理想的漫反射表面的辐射强度与入射光的方向与表面法线之间的夹角 θ 的余弦成正比：

$$L_{0\lambda}=\frac{R_{\lambda}}{\pi}E_{\lambda}=\frac{R_{\lambda}}{\pi}E_{0\lambda}\cos\theta \tag{5.21}$$

式中，R_{λ} 为地物的反射率；$L_{0\lambda}$ 为随波长变化的辐亮度，表示单位投影面积、单位立体角上、单位波谱波长的辐射功率，单位为 W/(m^2 · μm · sr)。辐亮度是遥感中的最重要的基本物理量，其特点之一是与距离无关。

当传感器接收信号时，受仪器的影响还有一个系统增益系数 S_λ，这时，进入传感器的辐亮度为：

$$L'_{0\lambda} = \frac{R_\lambda}{\pi} E_{0\lambda} \cdot S_\lambda \cdot \cos\theta \tag{5.22}$$

由于大气的存在，在入射方向有与入射天顶角 θ 和波长 λ 有关的透过率 $T_{\theta\lambda}$；反射后，在反射方向上有与反射天顶角 φ 和波长 λ 有关的透过率 $T\varphi_\lambda$。因此，进入传感器的辐亮度为：

$$L_{1\lambda} = \frac{R_\lambda T_{\varphi\lambda}}{\pi} E_{0\lambda} \cdot T_{\theta\lambda} \cdot S_\lambda \cdot \cos\theta \tag{5.23}$$

这是进入传感器的第一部分辐射能量，记为 $L_{1\lambda}$。除了太阳直射地物外，大气对辐射散射后，来自各个方向的散射又以漫入射的方式照射地物，其辐照度为 E_D，经过地物的反射及其在反射路径上大气的衰减作用后进入传感器，其亮度值为：

$$L_{2\lambda} = \frac{R_\lambda T_{\varphi\lambda}}{\pi} E_D \cdot S_\lambda \tag{5.24}$$

这是进入传感器的第二部分辐射能量，记为 $L_{2\lambda}$。除了上述两部分的辐射，相当部分的散射光并不照射地物而是直接向上进入传感器，这部分辐射被称为程辐射或者路径辐射，其辐亮度记为 L_p。所以由于大气的存在，实际到达传感器的辐射亮度 L 是三部分之和，即：

$$L = L_{1\lambda} + L_{2\lambda} + L_p \tag{5.25}$$

$$L = \frac{RT_\varphi}{\pi} S(E_0 T_\theta \cos\theta + E_D) + SL_p \tag{5.26}$$

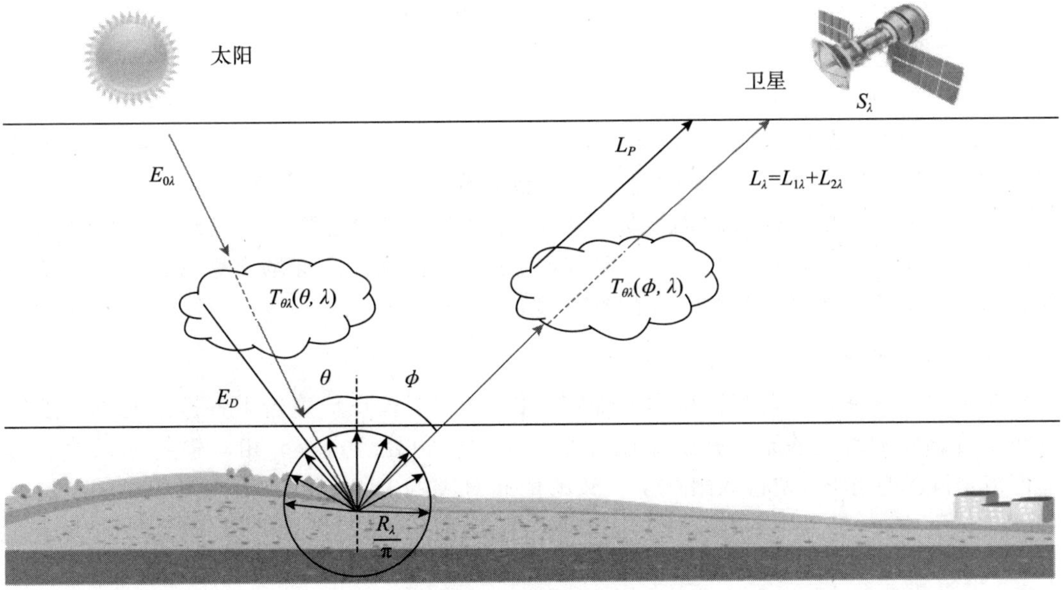

图 5-14　辐射传输模型

此外，大气状况非常复杂，并不是一个均匀分布的系统，因此辐射误差实际上还有一部分随机误差成分。

通过以上的分析可知，大气对太阳辐射和地物辐射的吸收和散射作用减弱了进入传感器的地物辐射能量，但与地物无关的程辐射又增强了传感器接收的辐射能量。二者结合，使得遥感影像在大气的影响下对比度降低。

5.4.3 辐射定标

传感器辐射定标就是根据像元 DN 值与辐亮度之间的定量关系，将 DN 值还原为辐亮度的过程。但此处的辐亮度并不是地物的实际辐亮度，而是在传感器入瞳处的辐亮度。也可以将入瞳处辐亮度转换为入瞳处的地物反射率，称为地物表观反射率。辐射定标分为绝对定标和相对定标。

1.绝对定标

绝对定标要建立传感器测量的数字信号与对应的辐亮度之间的数量关系。可在实验室、星上和定标场进行标定。

(1)传感器实验室定标　在卫星发射前，要对传感器进行模拟太空环境的实验室定标，将仪器的输出值转换为辐射值。同时，检验仪器的波谱响应的灵敏度和稳定性。传感器在太空中受到的温度、气压、重力等变化都有可能对其工作稳定性造成影响。而且随着工作时间的不断增加，系统性能衰退，感应元件老化都会使得传感器的精度和效率降低。随着仪器的老化，原有的定标系统将不再适用，所以必须在飞行过程中进行实时的定标和校准。

(2)传感器星上定标　光学遥感的星上内定标一般采用灯定标、太阳定标及黑体定标。对于可见光和近红外一般采用太阳或灯定标，而对于热红外波段则采用黑体定标。根据稳定的已知辐射源和仪器输出值的关系建立实时的辐射值与输出值的数学关系。不足的是大部分星上定标都只是部分系统和部分口径定标，没有模拟传感器的成像状态。同时，星上定标系统不够稳定也会影响定标精度。

(3)定标场定标　在传感器飞越辐射定标场上空时，在定标场选择若干典型的大面积均匀稳定像元区，用高精度仪器测量地物在各波段的波谱反射率和大气波谱参量，建立地面和空间遥感数据间的数学关系，最后确定它与传感器输出的数字量化值的数量关系，来消除传感数据中大气和仪器的影响。地面定标需要有大面积均匀的地物和大气环境。同时需要高精度的地面测量，各种测量误差将直接影响辐射定标的精度。定标场定标实现了对传感器运行状态下与获取地面影像完全同条件的绝对校正。

2.相对辐射定标

相对辐射定标又称为传感器探测元件归一化，是为了校正传感器中各探测元响应度差异而对卫星传感器测量到的原始亮度值进行归一化的一种处理过程。相对辐射定标的目的就是降低或消除这些影响，使得入射能量一致的像元对应的 DN 值也一致。当相对辐射定标方法不能消除影响时，可以用一些统计方法如直方图均衡化、均匀场景影像分析等方法来消除。

5.4.4 大气校正

大气校正是消除由大气影响造成的辐射误差，反演地物真实的反射率、发射率或辐亮度等物理量的过程。根据校正原理,可以分成以下几种方法。

1.基于图像特征的大气校正

这类方法不考虑辐射传输过程中大气的作用原理,而是利用图像本身的统计特征,对各波段的像元进行运算,从而去除或减弱大气的影响。这样的校正无法得到真实的地物反射率等物理量,只能实现相同的像元值代表相同的物理量,使得影像在一定范围内可比,属于相对大气校正。

(1)平场域法　该方法要求影像中具有一个面积大、亮度高、波谱响应曲线变化平缓均一的区域,称之为平场域(flat field)。该方法有两个重要的假设条件:①平场域的平均波谱没有明显的吸收特征;②平场域辐射波谱主要反映的是当时大气条件下的太阳波谱。将每个像元值与平场域平均值的比值作为地表反射率,以此来消除大气的影响,即为平场域校正。计算公式为:

$$\rho_\lambda = \frac{R_\lambda}{F_\lambda} \tag{5.27}$$

式中,ρ_λ为相对反射率;R_λ为像元值;F_λ为定标点(平场域)的平均值。

平场域通常通过人机交互来选择。因为在自然景观中具有完全平坦的反射波谱的物质很少,所以从影像中选择一个合适的"平场"较为困难,只能选择相对理想的区域。例如,对包括沙漠的影像来说,结盐的干湖床呈现出相对平的波谱;在城市中,明亮的人造材料如混凝土可作为平场。平场波谱中的任何显著的波谱吸收特征都将造成相对反射率计算结果的失真。如果存在显著的海拔变化,转换的结果也包括了地形阴影和大气程辐射差异的残余影响。

(2)内部平均法　假定一幅影像内部的地物充分混杂,整幅影像的平均波谱基本代表了大气影响下的太阳波谱信息。把影像 DN 值与整幅影像的平均辐射波谱值的比值作为相对反射率,即:

$$\rho_\lambda = \frac{R_\lambda}{M_\lambda} \tag{5.28}$$

式中,ρ_λ为相对反射率;R_λ为像元值;M_λ为整幅影像的平均值。

内部平均法可以消除地形阴影与整体亮度之间的差异。但是,该方法假设地面变化是充分异构的,波谱反射特性的空间变换会相互抵消。如果这个假设不成立,得到的反射波谱会有虚假性。

类似的方法还有对数残差(log residuals)法。对数残差法是将数据除以波段几何均值后再除以像元几何均值,也可以在一定程度上消除光照、大气传输、仪器系统误差、地形影响和星体反照率对数据辐射的影响。

(3)不变目标线性校正法　该方法针对的是同一个空间范围不同时相影像的大气校正,目的是校正后两幅影像可比。假设两幅影像中存在一些波谱特征随时间变化很小的地物,如深海水体、裸土、岩石和大屋顶等,这些点被称为伪不变特征(pseudo-invariant features, PIFs)。

由于 PIFs 随时间变化很小,不同时相图像的 PIFs 由于大气条件的不同而具有不同的辐射值或亮度值,但它们之间满足线性关系。这样就可以通过线性等式来描述不同时相间的灰度关系，用 x 表示参考图像，y 表示待校正图像，他们之间的线性关系可描述为：

$$y=ax+b \tag{5.29}$$

式中，a 和 b 分别为增益和偏移量。

线性校正的关键就是确定式(5.29)中的 a 和 b。根据两时相图像中的 PIFs 的 DN 值，利用线性回归的方法就可以求出参数 a 和 b。这样就可以用式(5.29)对图像的各波段 DN 值做线性变换，完成相对大气校正。

根据上述原理，完成不变目标线性相对校正需要以下 3 个步骤：①在两幅图像中搜寻波谱稳定的地物样本点 PIFs；②运用这些伪不变特征点的 DN 值，利用线性回归的方法求解公式(5.29)中的参数，得到图像间的线性关系；③根据该关系式，通过波段运算，得到与参考图像具有相同或相近辐射值的结果图像，完成相对大气校正。整个过程的关键是 PIFs 的选择。

另外一种类似的基于不变目标的相对大气校正方法是直方图匹配法，即将待校正影像的直方图与基准影像的直方图进行匹配，使两幅图像具有相同或相近的灰度值概率分布。该方法非线性地调整了待校正影像的亮度值，适用于影像中不变目标占比较大的情况。

(4)简化暗像元法　简化暗像元法主要用于去除大气程辐射的影响。如果影像中存在一些全波段反射率都很低的暗像元，如深水体、山体和建筑物巨大阴影等地物类型。那么在理论上，这些像元在各波段的反射率都接近 0。但由于程辐射的存在，暗像元的 DN 值并不为 0，那么附加在暗像元上的这部分不为 0 的值就是程辐射的影响。通过暗像元获得程辐射的影响值，从而把所有像元都减去该值就可以去除程辐射对影像的影响。

基于暗像元获取程辐射的影响值是该方法的关键，一般通过两种方法进行计算得到：①直方图最小值去除法。如果影像内包括暗色地物或地形阴影，可从影像各波段的直方图中得到最小的亮度值，或者暗像元地区的平均亮度值。然后各个波段各像元减去直方图最小值或者暗像元平均值就可达到大气程辐射校正的目的。②通过回归分析确定校正参数。在受大气影响较小的波段和待校正的某一波段影像中，选择最黑区域(通常为高山阴影、深的清洁的水体、茂密的森林)中的一系列目标，将每一目标的两个待比较的波段亮度值提取出来进行一元线性回归分析，线性公式中的截距就是程辐射的影响值。

例如在 TM 影像中，蓝光 *B*1 波段的大气散射最强，红外 *B*7 波段的散射最弱。影像中的大面积水体与地形阴影在 *B*7 中是暗的，但由于 *B*1 波段程辐射的影响，其值要高于 *B*7。

*B*1 与 *B*7 存在线性关系。若对 *B*1 进行校正，首先在 *B*1 上的最黑区域中选择一系列暗像元，再找出 *B*7 对应的像元，以这两个波段做散点图，并作回归分析，以确定偏移量。回归方程为：

$$B_1=b_0B_7+a_0 \tag{5.30}$$

式中，B_1 和 B_7 分别为遥感影像 1 波段和 7 波段目标的灰度值；b_0 和 a_0 分别为直线的斜率和截距。截距 a_0 即为校正偏移量。校正后的 B_1 值为 B_1'：

$$B_1'=B_1-a_0 \tag{5.31}$$

注意：作为暗像元的区域一定是类似于高山阴影区的所有波段反射率低的区域。因为地物的波谱响应在各波段是不同的，一个波段反射率低并不意味着在另一个波段的反射率也低。如果选定的暗像元不是在各个波段全暗，回归分析得到的拟合曲线就加进了地物波谱特性因素而不全是散射的影响，结果是无意义的。

2. 基于地面数据线性回归的大气校正

该方法需要借助实际的地面目标。本方法需要影像中具有两个以上波谱均一、有一定面积大小的目标，假定影像 DN 值与反射率 r 之间存在线性关系：

$$DN = kr + b \tag{5.32}$$

通过实测定标点的地面反射率，利用线性回归分析确定反射率与像元值之间的关系，求出系数 k、b，最后借此关系式计算像元的反射率(图 5-15)。校正后为绝对的反射率值。该方法主要考虑的是大气的加性贡献。该方法在应用过程中，对定标点有如下要求：①要选择尽可能各向同性的均一地物，且面积足够大；②地物在波谱上要跨越尽可能宽的反射波谱段，明暗目标之间要有足够的差异；③要尽可能地与研究区域保持同一海拔高度。

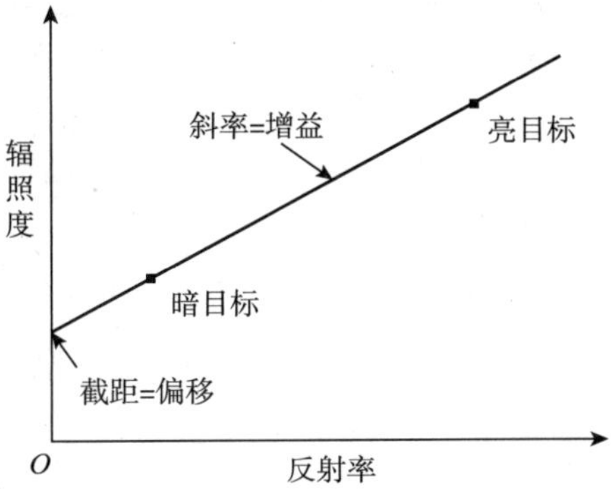

图 5-15　利用已知目标反射率的值进行转换

类似地，野外波谱测量也可以与卫星成像同步进行。通常选用同类仪器测量，将地面测量结果与卫星影像中对应像元亮度值进行回归分析。

在获取地面目标影像的同时，也可以预先在地面设置反射率已知的标志，或事先测出若干地面目标的反射率，把由此得到的地面实况数据和传感器的输出值进行比较，以消除大气的影响。由于遥感过程是动态的，在地面特定地区、特定条件和一定时间段内测定的地面目标反射率不具有普遍性，因此该方法仅适用于包含地面实测数据的影像。

3. 基于物理模型的大气校正

此类方法利用电磁波在大气中的辐射传输原理，建立起辐射传输模型对遥感影像进行大气校正。由于具有明确的物理意义，因而该类方法具有较高的校正精度。物理模型同时考虑了太阳光与地表的相互作用以及电磁辐射与大气的相互作用。

太阳辐射与地表的相互作用视地表形态而定，可以假定地表为均匀或非均匀体(即朗伯面或者非朗伯面)。在地表均匀时，可以忽略邻近地物(像元)之间的交叉辐射；而地表不均匀时，则需要考虑邻近地物(像元)之间的交叉辐射。在假设地面为朗伯面时，可以认为各个方向的反射强度是一样的，而非朗伯面时，则须提供双向反射率分布函数(bidirectional reflectance distribution function, BRDF)，或者半球—方向和方向—半球反射函数。

大气对地物辐射传输的影响分成四个部分：一是大气的吸收作用；二是大气的单次散射和多次散射作用；三是大气的发射作用；四是大气的程辐射。大气的发射作用在可见光和短波红外波段可以忽略，而大气的吸收作用在全波段最为复杂，是模型中需要重点考虑的部分。

在可见光和近红外波段，大气的影响主要来自气溶胶引起的散射；在热红外波段，大气的影响主要来自于水蒸气的吸收。为了消除大气的影响，需要测定可见光和近红外区的气溶胶的密度以及热红外区的水蒸气浓度，但是从影像中很难准确获得这些数据。

在缺乏实际大气条件测量资料的情况下，须对一些参数进行估计，如散射媒介的数量和分布。充分混合的气体（如 CO_2 和 O_2）导致的吸收被认为是均匀的，但由水汽引起的吸收通常是空间变化的。利用包含水汽吸收波段的波谱可以估计水汽吸收的影响。

根据上述辐射传输方程，在不同的地表和大气假设以及模型不同程度简化的情况下，产生了很多基于辐射传输方程的大气校正的模型。在遥感领域较为典型的辐射传输模型有：6S（second simulation of the satellite signal in the solar spectrum），LOWTRAN（low resolution transmission）和 MORTRAN（modern resolution transmission）等模型。

（1）6S 模型　1986 年，由法国里尔科技大学大气光学实验室 Tanre D. 等研发了 5S（simulation of the satellite signal in the solar spectrum）模型。该模型模拟计算海平面上的均匀朗伯体目标的反射率，模拟地气系统中太阳辐射的传输过程，并计算卫星入瞳处的辐亮度，且假定大气吸收和散射作用可以耦合。

6S 模型是美国马里兰大学地理系的 Vermote 等于 1997 年在 5S 模型的基础上研发的。该模型很好地模拟了地气系统中太阳辐射的传输过程，适用于辐射波长 200 nm 到 4000 nm 的大气辐射传输模型。

6S 模型的主要缺点是不能处理球形大气和 limb（临边）观测。6S 模型的输入参数主要有几个部分组成：几何参数、气溶胶模式、气溶胶浓度、地面高度、遥感器高度、遥感器的波谱条件、地表特性和表观反射率。

6S 模型应用范围广，精度较高，且不受研究区域、目标类型等因素的影响，适用于近红外与可见光波段的大气校正。

（2）LOWTRAN 模型　LOWTRAN 系列模型由美国空军地球物理实验室研发，能以单参数谱带模式计算 0 cm^{-1} 到 50000 cm^{-1} 频率范围，即 0.2 μm～∞波长范围的大气透过率和大气辐射等参数。其中 LOWTRAN7 的波谱分辨率为 20 cm^{-1} 频率增量。LOWTRAN7 考虑了多次散射，且在计算光线几何路径时把大气当作球面分层，考虑了每层大气的折射效应。

（3）MODTRAN 模型　MODTRAN 模型是由美国空军地球物理研究室在 LOWTRAN7 模型的基础上开发的，可以计算 0.2 μm 以上波长电磁波的大气透过率和辐射亮度。MODTRAN 在波谱分辨率方面做了改进，把 LOWTRAN7 的波谱分辨率从 20 cm^{-1} 频率增量减少到 2 cm^{-1} 频率增量；谱带间隔由 5 cm^{-1} 改进为 1 cm^{-1}，并改进了相应的分子吸收算法。MODTRAN 更新了对分子吸收的气压温度关系的处理，由 LOWTRAN 的单参数谱带模式改进为使用 3 个与温度相关参数的 3 参数谱带模式。MODTRAN 模型在处理多次散射辐射传输问题上具有更好的灵活性以及更高的精度，但维持了 LOWTRAN7 模型的基本程序和使用结构。ENVI 中集成的 FLAASH 大气校正模块就是基于改进的 MODTRAN 模型的代码开发的。

上述 3 个模型在不同的波谱范围内使用，LOWTRAN 和 MODTRAN 都可以在非常宽的波谱范围内（0.2 μm～∞）使用，同时考虑了雨和云的模式；而 6S 只能处理 0.2～4 μm 的紫外、可见光与近红外波段，也无法对雨和云的情况进行模拟；LOWTRAN 和 MODTRAN 适用于均一朗伯面地表条件，而 6S 在地表非均一和非朗伯面的情况下也适用。

◈ 思考题

1. 影响卫星遥感图像变形的因素有哪些？
2. 遥感影像几何纠正的方法有哪些？
3. 大气校正的方法主要有哪些？
4. 什么叫几何纠正后的重采样？

第 6 章　遥感影像特征选择与提取

本章讲述遥感影像的特征类型和常用的特征提取方法。通过本章的学习，应重点掌握光谱指数特征构造、主成分变换特征提取、缨帽变换特征提取和纹理特征提取方法。

6.1　特征与特征空间

特征(feature)是遥感影像中用于刻画地物的基本信息，其中一些特征可用于区别地物类型。在遥感成像过程中，地物的特征会转化为对应影像的特征。影像特征加上其他辅助特征成为遥感影像解译和属性反演的依据。地物的所有特征构成特征向量，所有特征向量形成的空间就是特征空间。遥感影像的特征类型包括以下几类。

6.1.1　波谱特征

所谓波谱特征，就是遥感影像能够直接提供的多个波段的波谱信息。这些波谱信息可以是辐射校正后具有明确意义的物理量，也可以是原始的像元值。影像有几个波段，就能提供几维的波谱信息。可以把波谱特征看作是整个特征空间的子空间，其维度等于影像的波段数。

遥感影像可以理解为由不同波段组合而成的栅格(Raster)数据，其栅格像元 DN 值的大小反映了地物波谱信号的强弱。因此，我们可以通过分析 DN 值的统计特征，分析得到遥感影像中所体现的客观规律，进而揭示出地物的本体属性及其蕴藏的信息。原始波段是遥感影像最基本最直接的特征，通过波段运算或空间运算，还可以得到各种波谱指数、波谱导数和波谱变换特征等衍生波谱特征。

波谱特征主要反映的是像元不同波段的相对信号强度及其比例关系。比如我们人眼识别物体时所用的颜色特征，其本质就是一种波谱特征，色彩反映了物体红绿蓝三波段间的比例关系和总体亮度。

像元的波谱特征不同于地物波谱特征。前者指的是同一位置的像元在不同频率电磁波成像时所记录信号的相对强弱大小，即像元亮度值及其代表的物理量的大小。通过对像元波谱特征随对应波段变化的波形分析，可以识别像元所属的地物类型。而地物波谱特征描述的是特定地物的波谱反应随波长的变化规律，分为地物反射波谱特征和发射波谱特征等。遥感影像解译的过程就是像元波谱特征与地物波谱特征进行匹配，并选择最优匹配对象的过程。

6.1.2 空间特征

影像的空间特征，主要指纹理特征。纹理是影像的重要特征之一，反映了图像灰度模式的空间分布，具有局部的随机性和整体的统计规律性，是影像中一个重要而又难以描述的特性。与其他影像特征相比，纹理特征是一种不依赖于物体表面色调或亮度，反映影像灰度的空间排列分布模式，能够反映影像中同质现象的视觉特征。纹理特征可以通过对原始各波段计算灰度共生矩阵来提取。纹理特征既可以基于像元也可以基于对象进行提取。

6.1.3 形状特征

影像的形状特征是基于对象的形状进行描述和表达的。基本形状特征包括面状对象的边界周长、面积、紧致度和形状系数等。形状系数可以用对象的最小外接矩形、最小外接圆和最小外接椭圆等来描述，常用指标有圆度、长宽比和放置角度等。

6.1.4 地学特征

地学特征主要指位置、高程、坡度、坡向和地形起伏度等地学要素。地学特征一般以高程提取为基础，高程提取属于摄影测量的主要内容，一般是基于立体像对来提取的。

遥感影像提供的原始特征是波谱特征，其他特征都是在波谱特征的基础上提取的，也称为衍生特征。

6.2 遥感影像特征选择

在进行遥感影像分类和反演时，并不是特征越多越好。例如高光谱影像有很多波段，可以提供丰富的波谱信息，但是过多的波谱特征数增加了分类、反演和变化检测算法的复杂度，会导致运算效率下降甚至求解失败。所以，波谱特征空间的减少和优化十分必要。特征选择是从给定的一组特征集中选择一组能为分类起良好作用的特征子集，同时特征选择也可以有效地减少特征空间的维度。优秀的特征集可以提高机器学习的准确性并且缩短分类器建模的时间。相反，使用不相关的、冗余的特征会使得学习结果大打折扣。

6.2.1 特征选择的目的

高光谱波段之间具有很高的相关性，无论在定量遥感应用，还是属于地物分类的应用中，都会考虑利用其中具有代表性的波段作为“特征波段”，一是较少运算量，二是剔除对研究无用的波段，其中涉及的技术主要有波段提取和波段选择。前者是利用线性或非线性的方式对原始高维波段进行变换，达到降维的目的，其“特征波段”中的信息是原始所有数据信息的综合；而波段选择，是通过某些准则或方式在原始的高维波段中选择出若干个波段。相对于波段提取技术，波段选择具有以下优势：

（1）物理意义保留　从原始数据选择出的波段，没有进行其他处理，依旧保持波段代表的物理意义，在一些定量遥感应用中，如植被参数反演和水质参数反演等，保留波段的物理意义极为重要。

(2)与多光谱遥感数据可比　与高光谱数据相比,多光谱具有数据量低、空间分辨率高等特点。很多多光谱传感器只针对某种特殊应用,这种情况下,一些特定波段就可以解决问题,而波段的设置是十分关键的问题。通过对高光谱图像波段选择,可以模拟得到这些关键的波段。不仅如此,这些波段组合在应用中的效果还可以得到可靠的评估。反观波段提取,由于得到的特征失去了物理意义,对波段设置难以提供有价值的参考。

(3)地物的精准刻画　一般而言,不同的物质在光谱上会有不同的表现,但也可能由于光谱分辨率及光谱范围的限制表现为异物同谱。在数百个波段中,往往只有少数波段在地物彼此区分中起到了关键作用。通过波段选择,可以找到这些特定波段,从而提高对地物性质的认识。

6.2.2　特征选择的过程

特征选择通常由五个步骤组成:特征搜索、特征评价、子集优化、终止判断和结果验证。框架图如图 6-1 所示。

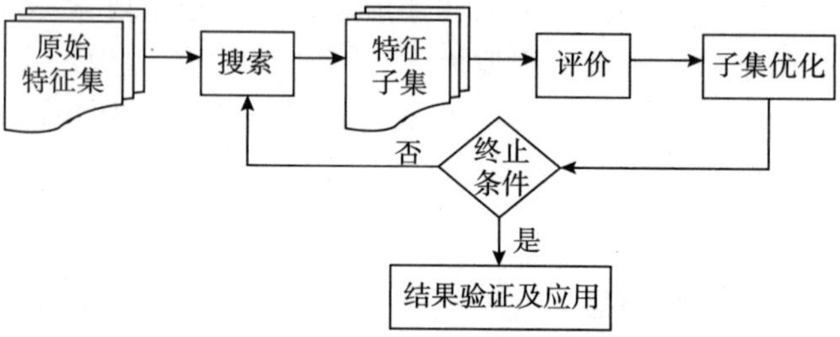

图 6-1　特征选择流程

由图 6-1 可知,原始特征集使用搜索策略生成特征子集,这些特征子集将用评价函数进行评价,若评价的结果符合预先设定的条件则结束特征选择的算法,并对生成的特征子集的有效性实施验证操作。若不满足先前设定的条件则返回搜索策略的步骤,循环构建特征子集,直至符合预先设定的条件。以下是常用的几种终止条件:①候选特征子集中包含的特征总数目超过了我们在特征选择之前设置的最大值;②特征选择在循环的过程中搜索的总次数超过我们在之前设定的最大次数;③所选用评价函数的值为最优值;④所选用评价标准函数值超过特征选择过程执行之前设定的最大值。

上述过程中,搜索策略和评价策略的确定是其关键技术。

1.搜索策略

搜索策略包括启发式搜索、穷举搜索和随机搜索。

(1)启发式搜索　根据某种特征选择方向找到近似最优解的特征子集。通常它只是对搜索空间局部进行搜索,一般是在空集和全集之间的一条路径。因为它能够快速地搜索到一个可行解,因此可以解决大规模搜索问题,但它搜索的解不能够保证为最优解。通常,启发式搜索策略包括前向序列增加方法、后向序列删除方法和序列浮动搜索方法等。

前向序列增加方法:由空的候选集合出发,依据剩下的特征集合中所有特征对应的评价函数值,挑选值最大的特征放入候选特征集合,同时将该特征从原始集合剔除。当特征选择过程满足预先设定的终止条件时，迭代结束。

后向序列删除方法：从原始特征全集出发，将原特征集所有特征中使评价函数值最小的特征剔除，即剔除对分类任务贡献最小的特征。达到预先设定的候选特征子集中特征个数时迭代结束。

序列浮动搜索方法：从空集开始，迭代一次就会加入1个分类信息多的特征并剔除若干个分类信息小的特征，达到迭代次数时结束循环。

(2)穷举搜索　目的是找到符合选择判据的最优特征子集，不丢失最优解。常用穷举搜索的算法有分支界限法、Focus 算法和 ABB 算法。这种搜索方法当特征数目多时，必将导致搜索空间过大，算法运行时间增加，因此穷举搜索会变得困难。

(3)随机搜索　被评估的子集随机生成，而不是顺序生成。只要新产生的子集在维度、准确性等方面比当前最佳子集更好，就会被记录下来。不确定搜索方法适用于大规模数据集的特征选择。一般情况下，这种搜索需要的计算资源较多，收敛速度较慢，并且在很多情况下得到的是局部最优解。典型的不确定搜索算法有遗传算法和模拟退火算法。

2. 评价策略

(1)监督和非监督评价　特征选择方法有多种策略和分类方法。依据是否借助于先验性的训练样本信息，可将特征选择分为非监督特征选择和监督特征选择两种策略。非监督特征选择只根据影像本身进行操作，不需要提供训练样本。非监督特征选择技术一般并不针对特定的应用，因此往往难以获得较好的应用效果。监督特征选择技术除了高光谱图像本身，还需要提供一定的训练样本或者目标等先验信息作为波段选择的辅助信息。与非监督的主要区别在于，其评价方式应用到具体的研究目的中，如分类中使用分类精度作为评价指标来进行波段选择，而这类评价指标的计算过程是需要先验知识作为辅助信息的。

(2)独立和非独立评价　对于监督特征选择策略，还可以进一步依据特征选择算法是否独立于学习算法分为过滤式(filter)、封装式(wrapper)和嵌入式(embedded)三种方式。Filter 方式的特征选择独立于学习算法，直接利用训练数据的统计特性来评估特征；Wrapper 方式利用特定的学习算法分类准确率来评价特征子集；Embedded 方式则将特征选择融入后续的分类算法中，分类的同时也实现了特征选择。

Filter 方式的特征选择方法一般使用评价准则来使特征与类别间的相关性最大，特征间的相关性最小。该方式可以很快地排除掉很多不相关的噪声特征，缩小优化特征子集搜索的规模，计算效率高，通用性好，可用作特征的预筛选器。但当特征和分类器息息相关时，该方法不能保证选择出一个优化特征子集，即使能找到一个满足条件的优化子集，其计算规模也比较大。

Wrapper 方式和 Embedded 方式都是依据所选择特征子集的实际分类效果来确定最优特征子集，一般是直接使用训练结果的准确率作为特征重要性程度的评价标准。二者的不同之处在于 Embedded 方式把特征选择算法作为学习算法的一个组成部分，而 Wrapper 方式则是独立的特征选择算法，如常用支持向量机 SVM 作为特征选择时的训练算法。这两种方式速度上都要比过滤方式慢，时间复杂度较高，但它所选的优化特征子集兼顾到了特征间的复杂关系，非常有利于关键特征的辨识。

由于 Wrapper 方式和 Embedded 方式的特征选择主要由训练算法的实际效果来决定，较少涉及对特征本身的评判，因而本章只集中介绍 Filter 方式的特征选择准则。

(3)单特征与特征子集评价　①单独选择评价，根据可分性准则函数计算 n 个特征中每个特征的可分性，然后根据各个特征的可分性大小进行排序，选择可分性最大的前 m 个特征。②特征子集评价，计算每个特征对应的所有类别的可分性，选择可分性最大的进入最优子集当中；增加一个特征构成新的特征集，重新计算特征组合的可分性，选择最大的特征组合作为新的最优子集。

(4)各类均衡与类别优先评价　在对最优子集的实际分类效果评价时，可以将不同类别间可分性的重要程度同等对待，取其可分性的平均值作为评价结果；也可以加大最难分类别间可分性的权重，或直接将最难分类别间的分类效果作为最优子集的分类效果评价结果。选择何种评价策略，可结合实际的分类目的而定。

6.2.3　特征评价准则

评价函数常用来对候选特征以及特征子集的性能进行评估。特征评价一般遵循如下两个基本准则：

(1)关联准则　即所选的特征和特征子集与分类关系密切，能够最大限度地提升分类效果。监督特征选择采用分类准确率，非监督选择采用特征子集的聚类质量。

(2)独立准则　即所选特征之间尽可能独立，减少冗余。通过训练样本的内在特征来对所选择的属性子集进行评价。

评价函数大致可以分为五种：距离度量、一致性度量、依赖性度量、信息度量和分类误差度量。

1.距离度量

距离度量的评判依据是样本间的距离，该评价函数认为样本间的距离越小，则样本之间相似度越高，越可能同属一个类别。

距离度量可以分为几何距离度量及概率距离度量(具体介绍详见本书第 8 章内容)。

几何距离度量：更具体的分为欧氏距离(典型算法：Relief 算法)及马氏距离。

概率距离度量：用概率的形式刻画样本之间距离，若某一距离度量能够实现类间距离尽可能大且类内距离尽可能小，则说明该距离度量的类别间的可分离性很强。

2.一致性度量

一致性度量的目的是找到和原特征集具有一样分类性能的最小的特征集合，它通常采用不一致率来进行评价。

若通过计算得知给定两样本的特征值相同但分别属于不同的类别，这种情况就表示它们不一致，否则认为是一致的。数据集中不一致率体现为不一致样本数和总样本数的比值。在一致性度量具体实施过程中，若删除某一特征之后，样本数据集不一致率增大幅度很明显，则证明这个特征重要性高，反之，认为该特征不重要。

3.依赖性度量

依赖性度量也称为相关性度量，该度量主要是对特征和类别之间以及特征与特征之间的相关性进行考察，也就是说，若两变量在统计学角度上是相关的，那么通过一个变量的值就可以预估另外一个的值。通常，变量之间的相关程度可以通过相关系数来确定。目前，人们已经提出了很多的相关系数，其中包括 T-test、F-measure、皮尔逊相关系数以及 Fisher 分数等。特征子集内各特征间的依赖性应尽可能小。

4. 信息度量

信息度量用信息熵、信息增益以及互信息等信息论知识来量化特征所包含的对分类有用的信息，该度量标准用特征与类标签之间信息量大小来评价特征子集分类性能的优劣程度。

特征和类标签之间互信息的值如果越大，用这些选择出来的特征构建起来的分类器会有较好的分类性能。

5. 分类误差度量

分类误差度量与以上四种评价函数都不同，一方面，以上几种度量方式均侧重特征和特征之间以及特征和类标签之间相关性的度量，没有调用分类器，而分类误差度量直接调用分类器，在分类器上有较好分类性能的特征子集会被优先选择。另一方面，以上四种评价函数是过滤式模型，而分类误差度量是包装式的。

6.2.4 常用特征评价方法

1. 基于特征信息量最大的评价

一般用信息熵(information entropy)、信噪比(signal-to-noise-ratio)及信息散度(information divergence)等表征信息量的指标定义某种单波段，然后按照该信息量排序，波段的优先次序决定了重要程度。

(1)方差　方差可以表示所有数据相对于平均值的离散程度，在图像中它表示所有像元的灰度与平均值的差异水平。其计算公式为：

$$v = \frac{1}{n-1} \sum_{1}^{n} (DN_{\text{pixels}} - m)^2 \tag{6.1}$$

式中，v 为影像的方差；m 为影像的均值；n 为影像的像元数；DN_{pixels} 为像元的亮度值。

方差描述了该特征的变异程度。一般来说，特征的方差越大，该特征所蕴含的信息量就越大。在进行地物识别分类和定量反演时，一般都希望特征的方差越大越好，这样地物的可分性会更好。

(2)熵与联合熵　1948 年香农(Shannon)在《通信的数学原理》中指出："信息是用来消除随机不确定性的东西"，并借用热力学中熵的概念，提出"信息熵"的概念，来解决信息的度量问题。对于任意特征 x，它的信息熵定义为：

$$H(X) = -\sum_{x \in \Omega} P(x) \lg P(x) \tag{6.2}$$

式中，$H(X)$为特征 X 的信息熵；x 为数据集中特征 X 的值；Ω 为特征 X 的所有取值所构成的集合；$P(x)$为特征 X 取值 x 的概率。

熵可以用来表示图像所含信息量的多少，因此可以用多个波段的联合熵衡量其所携带信息量的丰富程度。首先，找出全部可能的波段组合，并求出联合熵，然后对其排序，使其满足从大到小的规律，从而选出联合熵最大的排名靠前的几个的波段组合作为最佳组合。

如果将 X 看作是一个 p 维随机向量，表示为 $X=(x_1,x_2,\cdots,x_p)$，每一个 $x_i(i=1,2,\cdots,p)$ 都是一个随机变量，代表一个特征，则式(6.2)的 $H(X)$ 就代表联合熵，联合熵越大则波段组合携带的信息量越丰富，因而最佳波段的选择问题得以解决。

2. 兼顾特征相关性最小的评价

这些方法的一个共同特点是使用针对多波段的指标。如最佳指数(optimal index factor, OIF)法采用多个波段的方差和与它们的相关系数和之比来衡量波段的重要程度。然而当选择的波段较多时，该方法需要反复计算多个波段之间的 OIF，这样的计算对于高光谱图像来说计算量很大。

对于高光谱图像的数据而言，波段的信息冗余度与相关系数有关，而信息量与标准差有关，且均为正相关关系。Chavez 等在 1982 年提出最佳指数因子这一概念。如果组合波段有 n 个，则它们的最佳指数因子可以用如下公式表示：

$$OIF = \frac{\sum_{i=1}^{n} S_i}{\sum_{i=1}^{n}\sum_{j=i+1}^{n} |R_{ij}|} \tag{6.3}$$

式中，S_i 为第 i 个波段的标准差；R_{ij} 为波段 i 和波段 j 的相关系数。对含有多个波段的图像数据，一般选择三组合波段，分别计算其相应的最佳指数因子，然后将其按照从大到小依次排序，则可以选出最优的组合方案。

3. 基于类间可分性最大的评价

类间可分性是监督波段选择常用的一类准则。对高光谱图像进行分类时，需要对高光谱各波段与地物间的可分离性进行研究，一般地，地物的类间可分性可以针对单波段也可以针对多波段组合来计算。类间可分性判据可以基于类间距离，也可以基于概率差。常用指标包括类别间归一化距离、离散度、B 距离和 J-M 距离等。类别间归一化距离表示地物类别在单波段中的可分性，其他距离指标用于波段组合中的可分性研究。本书只介绍类别间归一化距离和离散度两个指标。

(1)基于距离的可分性——类间均值标准距离　分类时总是希望类内的离散度尽量小，类间的离散度尽量大。类别间均值标准距离可以很好地表征这一准则。其计算公式为：

$$d = \frac{|u_1 - u_2|}{\sigma_1 + \sigma_2} \tag{6.4}$$

式中，u_1 和 u_2 分别为两类样本对应区域的光谱均值。σ_1 和 σ_2 分别为两类样本对应的区域内的标准差。须注意的是，d 反映的是两类样本在单一波段内的可分性大小，d 越大，表明地物在此波段的可分性越好。

(2)基于概率分布的可分性——离散度　离散度是基于类间平均条件概率之差的概念，来表征给定特征向量下两类地物之间的可分性。离散度表示区分两类地物的总的平均信息。特征选择应使离散度尽可能大。若假定各类别的概率密度函数为正态分布，则离散度可以用均值矢量和协方差矩阵表达：

$$D_{ij}=\frac{1}{2}tr[(\boldsymbol{\Sigma}_i-\boldsymbol{\Sigma}_j)(\boldsymbol{\Sigma}_j^{-1}-\boldsymbol{\Sigma}_i^{-1})]+\frac{1}{2}[(\boldsymbol{u}_i-\boldsymbol{u}_j)^{\mathrm{T}}(\boldsymbol{\Sigma}_i^{-1}+\boldsymbol{\Sigma}_j^{-1})(\boldsymbol{u}_i-\boldsymbol{u}_j)] \quad (6.5)$$

式中，$\boldsymbol{u}_i$ 和 $\boldsymbol{u}_j$ 分别为 i，j 两类样本对应区域的光谱均值矢量；$\boldsymbol{\Sigma}_i$ 和 $\boldsymbol{\Sigma}_j$ 分别为 i，j 两类样本对应区域的协方差矩阵；$tr[\boldsymbol{A}]$ 为矩阵 $\boldsymbol{A}$ 的迹，即矩阵对角线元素之和。

式(6.5)中第一项表示仅由各协方差矩阵的差别所产生的贡献，而第二项为均值间的标准化距离。仅当两个类别的均值矢量和协方差矩阵完全相同时，D_{ij} 才等于零。

以上所定义的离散度是两个类别之间的离散度。当类别大于 2 时，目前没有一个公式来表达多类别间的离散度。常用的办法是定义一个平均离散度，即计算全部类对(pair of classes)离散度的均值。它是一个类对间离散度的类别先验概率加权平均值。

原理上，选取平均离散度最大时的遥感数据，可以使平均的类别间正确分类率最大。但由于离散度是类别间标准化距离的函数，在实际应用中会有问题，式(6.5)中第二项会随均值间标准化距离的增大而迅速增加，因此离散度会随均值间标准化距离的增大而迅速增加。但对于正确分类的概率来说，其数值最大为 100%。也就是说，离散度不能达到"饱和"。离散度达到一定程度后，离散度和正确分类的概率之间缺少对应关系，是该指标的一个缺陷。

6.3 遥感影像特征提取

特征提取(feature extraction)是从已有特征中提取出新的特征的过程，是利用遥感影像进行信息处理如分类和变化检测的基础性步骤，特征提取的正确性和有效性直接决定影像识别与信息提取的准确性。

6.3.1 波谱指数特征提取

波谱指数法是一种简单有效的特征提取方法，是在分析地物类型的实际反射波谱特征的基础上，有针对性地选择反射率反差较大的很少几个波段进行代数运算，形成具有明确指示意义的波谱指数，从而突出该地物与其他地物的差别。波谱指数是波谱特征的进一步延伸，是针对某种特定地物来构建的，如常见的植被指数、水分指数和建筑物指数等。

波谱指数是指由多个波谱波段，经过线性或非线性组合而成的一种波谱参数。构建波谱指数的思路为：基于不同地物的反射率特点，利用 2 个或多个波段的地物反射率/亮度进行组合运算，从而构建出一系列波谱指数，用以增强诸如植被、水体、人工建筑物等地物的特征或细节，或减少大气、土壤背景等因素的干扰。

由此可见，波谱指数的根本目的是用于突出不同地物的遥感影像特征。需要说明的是，在进行波谱指数计算之前，须对遥感影像进行辐射定标与大气校正，否则栅格 DN 值无明确的物理意义。

1. 植被指数

植被指数是最常见的波谱指数。由于植被在近红外波段 NIR 有强烈反射，同时在红光波段 R 有较强的吸收，因而在波谱上表现为反射峰和谷。上述特征可以认为是植物区别于其他地物的独特特征，可以用来构建植被指数。植被指数众多，其中归一化植被指数(normalized difference vegetation index, NDVI)的应用最为广泛(计算公式见表 6-1)。

2. 水体指数

天然纯净水体对 0.4～2.5 μm 电磁波的吸收明显高于绝大多数其他地物,水体的反射主要在蓝绿光波段,其他波段吸收率很高。在可见光范围内,水体的反射率总体上比较低,不超过 10%,一般为 4%～5%,并随着波长的增大逐渐降低。在红外波段,水体吸收的能量高于可见光波段,纯净水体吸收了近红外及中红外波段内几乎全部的入射能量,反射能量很少;而植被和土壤在这两个波段吸收的能量较小,具有较高的反射率,这使得纯净水体在这两个波段与植被和土壤有明显区别。

基于水体光谱特征分析,选取与水体识别密切相关的波段,可以构建一系列水体指数模型来分析水体与光谱值之间的关系,并给定相应的阈值,实现对水体信息的提取,其中归一化水体指数应用较多。

3. 其他遥感指数

除了植被指数和水体指数,裸土指数和城市建筑物指数等也应用较多。此外,还有专门针对地物属性的指数,如燃烧指数、雪被指数、热度指数、湿度指数、干度指数、不透水指数等用以反映地物某一方面特性。

针对某一特定研究对象和目标,也可以将多个遥感指数结合起来,形成综合性的指数。如遥感生态指数 RSEI,就是将多个生态指数结合起来,通过主成分变换而得到的一个评价生态环境质量的综合性指数。目前,国内外学者已经建立了上百种波谱指数,一些常用的波谱指数见表 6-1。

表 6-1　常用波谱指数

波谱指数	公式 *	特点	参考文献
归一化植被指数 normalized difference vegetation index	$NDVI=\frac{\rho_{nir}-\rho_r}{\rho_{nir}+\rho_r}$	当前应用最广泛的植被指数	Tucker (1979)
增强型植被指数 enhanced vegetation index	$EVI=\frac{2.5(\rho_{nir}-\rho_r)}{\rho_{nir}+6\rho_r-7.5\rho_b+1}$	增强植被信息,减小植被过饱和问题;削弱土壤背景和大气气溶胶的干扰	Huete et al. (2002)
双波段增强型植被指数 2-bands enhanced vegetation index	$EVI2=\frac{2.5(\rho_{nir}-\rho_r)}{1+\rho_{nir}+2.4\rho_r}$	增强植被信息,减小植被过饱和问题	Jiang et al. (2008)
比值植被指数 simple ratio index	$SR=\frac{\rho_{nir}}{\rho_r}$	指数构建简单,但在植被茂密时其敏感性会降低	Chen (1996)
绿叶指数 green leaf index	$GLI=\frac{2\rho_g-\rho_r-\rho_b}{2\rho_g+\rho_r+\rho_b}$	增强植被的绿度信息	Louhaichi (2001)
大气阻抗植被指数 atmospherically resistant vegetation index	$ARVI=\frac{\rho_{nir}-(2\rho_r-\rho_b)}{\rho_{nir}+(2\rho_r-\rho_b)}$	削弱大气散射的影响	Kaufman and Tanre (1992)

续表 6-1

波谱指数	公式 *	特点	参考文献
土壤调节植被指数** soil adjusted vegetation index	$SAVI=\frac{(\rho_{nir}-\rho_r)(1+L)}{\rho_{nir}+\rho_r+L}$	削弱土壤背景的影响	Huete (1988)
归一化建筑指数 normalized difference built-up index	$NDBI=\frac{\rho_{mir}-\rho_{nir}}{\rho_{mir}+\rho_{nir}}$	提取地表人工建筑物信息	Zha et al. (2003)
归一化水指数 normalized difference water index	$NDWI=\frac{\rho_{nir}-\rho_{swir}}{\rho_{nir}+\rho_{swir}}$	提取地表水体信息	Gao (1996)

注：* ρ_r、ρ_g、ρ_b、ρ_{nir}、ρ_{mir}、ρ_{swir} 分别为地物在红、绿、蓝、近红外、中红外和短波红外波段的波谱反射率；

** L 为土壤调节系数，取值范围 0～1。当 $L=0$ 时，表示植被覆盖度为零；$L=1$ 时，表示土壤背景的影响为零，即植被覆盖度非常高，通常出现在树冠浓密的高大乔木覆盖区域。

6.3.2 正交变换特征提取

正交变换特征提取法应用一个正交矩阵 **A** 作用于原始影像的多个波谱特征，使得原始特征重新组合，形成一系列新的特征。不同于波谱指数特征提取法，特征变换法一般不是针对特定的地物类型进行特征提取，而是对原有特征的重新优化表达。变换后的特征可能是降低了原有特征空间的维数，可能是减轻了原有特征的噪声干扰，或者突出了地物的某种属性，如全波段亮度、边缘属性和波段差等。常见的正交变换特征提取法有主成分变换（principal component analysis, PCA）、小波变换（wavelet transform, WT）、最小噪声分离变换（minimum noise fraction, MNF）和独立成分变换（independent component analysis, ICA）等。

多光谱影像的每个像元对应一个 n 维向量（n 为波段数）。每个波段上的单位向量构成一组基底，其分量就是其对应像元在各波段上的取值，向量可以由这组基底线性表出。实际上该向量也可以由另外一组基底线性表出。该方法就是要找到一个满足条件的变换矩阵 A，使得其所有列向量构成空间的另一个基底。变换的实质就是将向量从原有基底变为新基底的线性组合，但向量本身不变。向量在新基底的取值是其在每个基向量的投影值（图 6-2）。

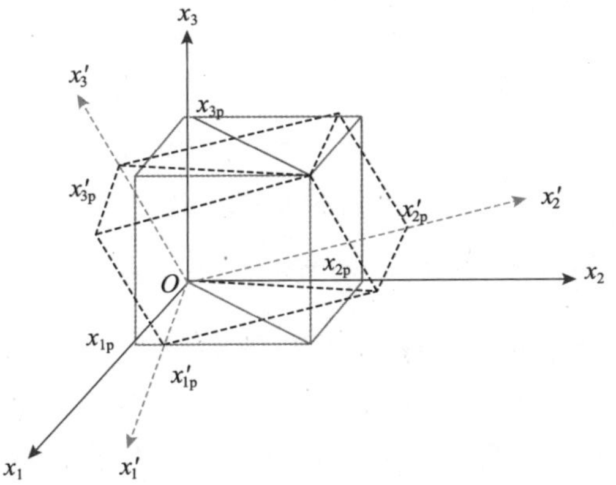

图 6-2 特征的正交变换

投影向量的构建是该类方法的核心，基于对影像原始各波段的多元统计来构建投影向量是常用的一种方法。投影方向的选择是由投影指标(projection index)决定的，比如主成分分析(PCA)选择数据方差为投影指标，最小噪声分离变换 MNF 选择数据的信噪比为投影指标，独立成分分析 ICA 以随机变量的非高斯性和相互独立为投影指标。这类方法的第一步是建立度量投影指标的目标函数，然后对目标函数进行优化，从而找出投影矩阵。

特征提取是建立在多波段的重新组合和优化基础上的，该类算法需要所有的波段参与运算，而且须结合实际情况分析提取后得到的新特征的物理意义。

1. 主成分变换特征提取

主成分变换也称为 K-L 变换、PCA 变换或者霍特林变换，是一种正交投影变换。影像的特征波段间经常存在较强的相关性，特征间有较强的冗余性，表达信息的能力不够集中。通过特征变换，可由影像原有特征生成一组新的特征，使得每个新的特征都能独立地表达影像的某一方面信息，且尽可能将有效信息集中在其中的几个新特征上，去掉信噪比较低的无效特征。

(1)PCA 变换的原理　以二维特征空间(图 6-3)为例，影像 Band 1 和 Band 2 的像元亮度值相关性较强。如果将坐标轴 X 旋转到椭圆的长轴方向，像元的散点分布就不再有明显的相关关系。此时，像元在旋转后的 X 轴上的投影值就是其第一主成分。可以看出，此时所有像元在旋转后的 X 轴上取值的极差变大了，且所有像元取值的离差平方和最大。符合这样条件的旋转向量就是主成分的变换向量。

为了简化运算，首先需要对原始数据中心化。本例中，两波段的平均值分别为 x 和 y[图 6-3(a)]，将像元原值减去均值，可将原影像的 X 和 Y 轴平移至数据中心点，形成 X' 及 Y' 轴，平移后的坐标原点即为原始波段数据的平均值(x, y)[图 6-3(b)]。将 X' 和 Y' 绕着新的坐标原点(x, y)旋转一定的角度，使得 X' 轴落在原始数据方差最大的方向。旋转后的 X' 轴即为第一主成分 PC1 的变换向量[图 6-3(c)]。

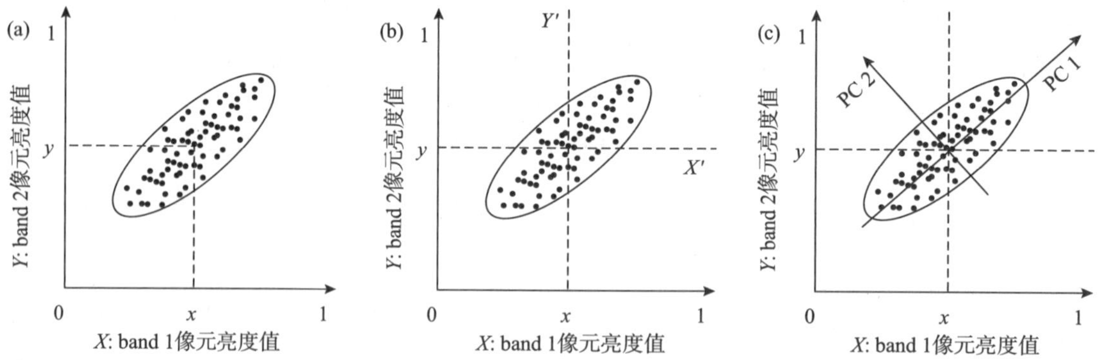

图 6-3　遥感影像的主成分分析原理示意图

推广到一般的情况：影像有 r 个波段，每个波段 m 行 n 列，则按行或按列将每一个波段展开为一个列向量，通过将每一个像元 DN 值减去该波段的均值完成中心化后记为向量 $\boldsymbol{X}_i$，所有波段按列组合形成一个 $m \times n$ 行，r 列的矩阵 $\boldsymbol{X}$。设要找的旋转向量为 $\boldsymbol{p}$，则应有：每个像元对应的向量到旋转向量 $\boldsymbol{p}$ 的投影向量模之和最大，同时约束 $\boldsymbol{p}$ 为单位向量。此时，优化目标和约束可由下式给出：

$$\max_{p} (\boldsymbol{X}^{\mathrm{T}}\boldsymbol{p})^{\mathrm{T}}(\boldsymbol{X}^{\mathrm{T}}\boldsymbol{p}) \Leftrightarrow \max_{p} \boldsymbol{p}^{\mathrm{T}}\boldsymbol{X}\boldsymbol{X}^{\mathrm{T}}\boldsymbol{p}$$
$$\text{s.t.} \ \|\boldsymbol{p}\|^2 = 1 \Leftrightarrow \boldsymbol{p}^{\mathrm{T}}\boldsymbol{p} = 1 \tag{6.6}$$

式中，max 函数表示调整向量 $\boldsymbol{p}$ 使得 max 之后的表达式返回最大值；s. t. 表示约束条件。

引入拉格朗日乘子 λ，构建拉格朗日函数 $L(\boldsymbol{p}, \lambda)$，则该优化问题转化为：

$$\max_{p,\lambda} L(\boldsymbol{p}, \lambda) = \boldsymbol{p}^{\mathrm{T}}\boldsymbol{X}\boldsymbol{X}^{\mathrm{T}}\boldsymbol{p} - \lambda(\boldsymbol{p}^{\mathrm{T}}\boldsymbol{p} - 1) \tag{6.7}$$

根据拉格朗日乘子法求极值的必要条件，对函数 $L(\boldsymbol{p}, \lambda)$ 求关于向量 $\boldsymbol{p}$ 的偏导数，并且令其为 0，则符合以下等式条件的 $\boldsymbol{p}$ 即为满足条件的最优解：

$$\boldsymbol{X}\boldsymbol{X}^{\mathrm{T}}\boldsymbol{p} = \lambda\boldsymbol{p} \tag{6.8}$$

根据本征值和本征向量的定义，从式(6.8)可以看出，符合要求的 λ 是矩阵 $\boldsymbol{X}\boldsymbol{X}^{\mathrm{T}}$ 的本征值，而 $\boldsymbol{p}$ 是矩阵 $\boldsymbol{X}\boldsymbol{X}^{\mathrm{T}}$ 对应于 λ 的本征向量。$\boldsymbol{X}\boldsymbol{X}^{\mathrm{T}}$ 实际上是 $\boldsymbol{X}$ 的协方差矩阵。$\boldsymbol{X}$ 与 $\boldsymbol{p}$ 的内积 $<\boldsymbol{X}, \boldsymbol{p}>$ 生成了一个新的向量，称为一个主成分。依据上述原理可以依次生成其他主成分。

(2)PCA 变换的步骤　设影像有 r 个波段，每个波段有 m 行 n 列。则影像 PCA 变换的一般步骤为：①将影像的 r 个波段集中表示为一个 $m \times n$ 行 r 列的矩阵，并按列中心化；②求上述矩阵的协方差矩阵 $\boldsymbol{C}$；③求矩阵 $\boldsymbol{C}$ 的本征值和单位本征向量；④将本征值按从大到小的顺序排列，对应的本征向量组成的矩阵就是变换矩阵；⑤数据矩阵 $\boldsymbol{X}$ 左乘变换矩阵，可得到主成分矩阵。

(3)PCA 变换的特点　主成分变换具有如下两个显著特点：①经过变换后新的成分与原变量的总方差相等，但总方差在新成分中被重新分配，其中第 1 主成分方差最大，然后第 2 主成分至第 n 主成分所占方差量依次递减；②各主成分之间线性独立。

以一幅 7 波段遥感影像为例。该影像的真彩色合成如图 6-4a 所示，通过 PCA 变换，一共得到 PC_1、PC_2、…、PC_7 共 7 个主成分，可以看出前 3 个主成分具有很大的本征值[图 6-4(d)]。将 PC_1、PC_2、PC_3 合成 RGB 显示，可以发现比原波段的色彩更加饱满[图 6-4(b)]，即前 3 个主成分集中了原影像 7 个波段的绝大部分信息。再选择 PC_5、PC_6、PC_7 合成 RGB 显示，可以看到结果出现了很多噪声[图 6-4(c)]，排序靠后的主成分根据情况可以剔除。

2. 缨帽变换特征提取

缨帽(tasseled cap)变换又称 K-T 变换，是一种根据土壤和植被信息在多维波谱空间中的分布结构对影像做的经验性线性正交变换。

(1)K-T 变换的原理　1976 年，Kauth 和 Thomas 在用 Landsat MSS 影像研究农作物生长过程时发现，MSS 四个波段构成的波谱空间中，从暗色土壤到浅色土壤其点集构成从坐标原点向外的辐射线(土壤线)。而植物随着出苗、茂盛、衰落和枯萎，其点集构成一个从土壤线开始又回到土壤线的缨帽形态。反映植被成长的“绿色”方向、植被枯萎的“黄色”方向和土壤线三者互相垂直，从而可以通过正交线性交换将它们变换到由这三个轴和另一个“其他”轴组成的新的特征空间中。变换后的四个分量分别称为“亮度”“绿色物”“黄色物”和其他。

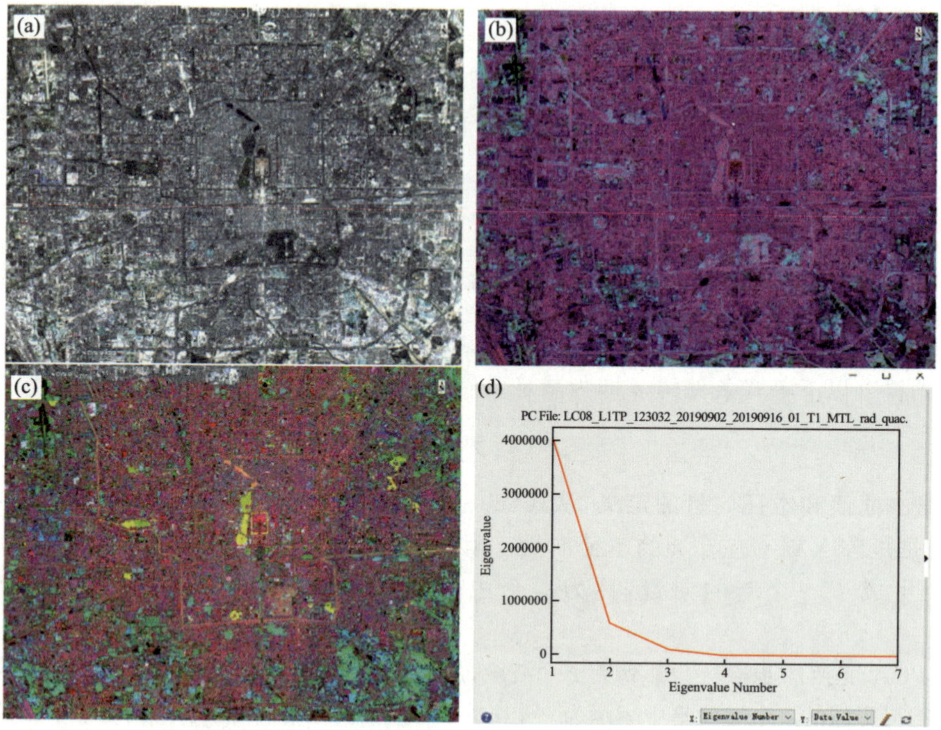

(a)原始真彩色影像;(b)前 3 个主成分合成;(c)后 3 个主成分合成;(d)主成分分析特征窗口

图 6-4 影像主成分分析结果

1984 年,Crist 和 Cicone 发现 Landsat TM 影像 6 个波段的数据也有类似的结构,可用三维空间中的植被线、与之垂直的土壤线和它们之间的过渡带表示,变换后前三个分量分别定名为“亮度”“绿度”和“湿度”,它们分别反映了土壤岩石、植被及土壤和植被中的水分信息。

(2)K-T 变换的应用　缨帽变换与主成分分析不同的是,其变换向量是独立于影像的固定值,因此不同影像产生的土壤亮度和绿度可以互相比较。随着植被生长,绿度维的信息增强,土壤维的信息减弱;当植被成熟到逐渐凋落时,其在绿度维的特征点减少,在黄度维上的信息增强。这种解释可以应用于不同区域的不同植被。缨帽变换无法突出非绿色植被,也不宜区分不同的土壤类型,同时它依赖于遥感器,因此其变换系数对于每种遥感器是不同的。

缨帽变换能够体现植被长势及土壤方面的信息,且这种变换既可以实现信息压缩,又可以突出农业或生态环境的特征,因此有很大的应用价值。图 6-5 所示为在典型的生长季,植被像元在红光近红外波谱空间特征的变化规律。从图中可以看出,湿裸土和干裸土都沿着土壤线分布。冠层郁闭度或生物量越大,近红外波段的反射率越强,红光波段的反射率越弱,植被像元沿垂直方逐渐远离土壤线。对于农作物而言,在作物生长季,当作物出苗后,作物像元就逐渐远离土壤线,直到冠层完全郁闭。此时,近红外反射率较高而红光反射率较低。作物收割以后,原作物像元可能会再次出现在土壤线上,但可能处于更干的土壤线位置。

缨帽变换的功能主要集中在对 Landsat 遥感数据的应用分析。图 6-6 展示了 Landsat 8 OLI 影像经过缨帽变换的前后对比。针对 OLI 的缨帽变换共输出 6 个波段,依次为亮度、绿度、湿度、第四分量、第五分量和第六分量。从图中可以看出,经缨帽变换后,亮度图斑主要为裸土及建筑物等高反射率地物；绿度图斑主要为林地及人工绿地等植被景观；湿度图斑主要为湖泊、河流、湿地等水域。

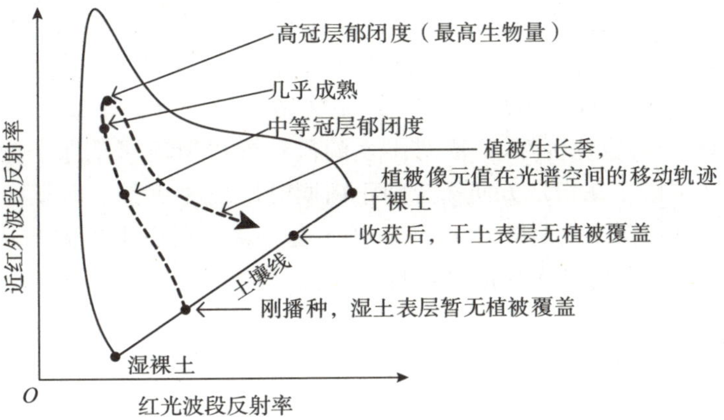

图 6-5 植被像元在红光-近红外波谱空间特征示意图

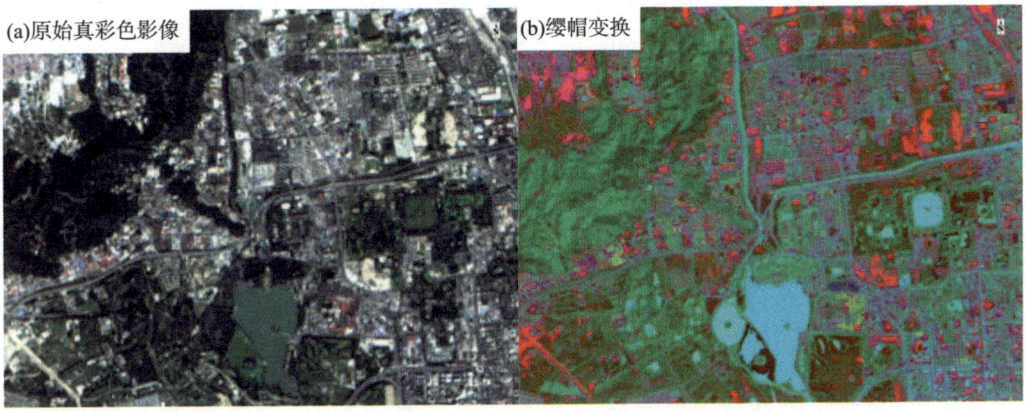

图 6-6 中国农业大学-百望山周边 Landsat 8 OLI 影像缨帽变换前后对比

* 注：缨帽变换后影像的 RGB 波段合成方式为亮度(brightness)、绿度(greenness)、湿度(wetness)

6.3.3 空间统计纹理特征提取

纹理特征反映了像元间的空间关系，因而可以利用基于空间统计的特征提取法进行提取。不同于投影变换，这类方法不是对原有特征波段的重新组合，而是基于单一波段的亮度位置关系提取的。由于纹理是由灰度分布在空间位置上反复出现而形成的，因而在影像空间中相隔一定距离的两像素之间会存在一定的灰度关系，即影像中灰度的空间相关特性。灰度共生矩阵就是一种通过研究灰度的空间相关特性来描述纹理的常用方法。

1. 灰度共生矩阵

灰度共生矩阵也叫灰度共现矩阵，是像元距离和角度的矩阵函数，它通过计算影像中一定距离和一定方向的两点灰度值各种组合成对出现的频数或频率(概率)，来反映影像在方向、间隔、变化幅度及快慢上的综合信息。灰度共生矩阵表达为：

$$G(d,\theta) = (g_{i,j})_{n\times n} \tag{6.9}$$

式中，$G(d,\theta)$为灰度共生矩阵；d为像元间距；θ为代表方向的角度；$g_{i,j}$为第i行j列的取值；n为灰度共生矩阵的行列数，等于影像的灰度级数。$g_{i,j}$的取值为在指定方向和指定像元间隔内，整个影像的(i,j)灰度级组合出现的次数。例如，在指定自左向右水平方向上相距一个像元时，灰度级0和灰度级5成对出现了8次，则$g(0,5)=8$。为了计算上的统一，常取其归一化后的结果，即$g(i,j)$的取值为(i,j)成对出现的次数除以所有可能组合出现的次数。此时$g_{i,j}$是灰度级i和灰度级j在指定方向指定间距内同时出现的联合概率分布。

考察图6-7(a)的灰度共生矩阵$G_a(1,0)$，其元素为从左到右水平方向，像元间距为1时，各种灰度级同时出现的次数或联合概率，即：

$$G_a(1,0) = \begin{bmatrix} g(0,0) & g(0,1) \\ g(1,0) & g(1,1) \end{bmatrix} = \begin{bmatrix} 0 & 32 \\ 32 & 0 \end{bmatrix}$$

写成概率形式为：

$$G_a(1,0) = \begin{bmatrix} p(0,0) & p(0,1) \\ p(1,0) & p(1,1) \end{bmatrix} = \begin{bmatrix} 0 & 0.5 \\ 0.5 & 0 \end{bmatrix}$$

从灰度共生矩阵$G_a(1,0)$可以看出：在水平方向上，间隔1个像元灰度组合(0,0)出现了0次，0之后出现0的概率为0；灰度组合(0,1)出现了32次，0之后出现1的概率为50%；灰度组合(1,0)出现了32次，即1之后出现0的概率为50%。

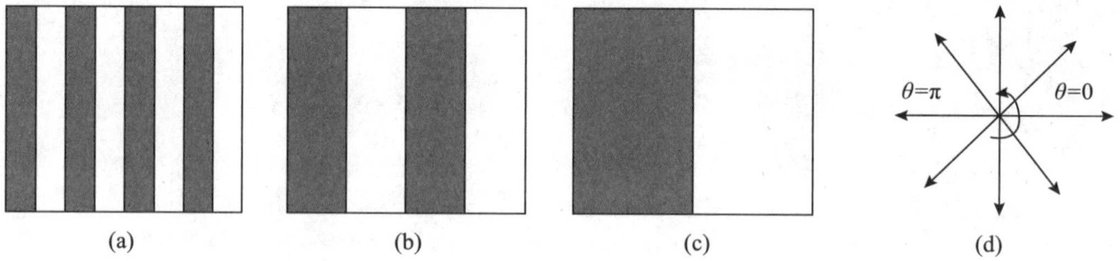

图6-7　纹理粗细不同的影像

图(b)和图(c)的灰度共生矩阵分别为：

$$G_b(1,0) = \begin{bmatrix} 16 & 16 \\ 16 & 16 \end{bmatrix} = \begin{bmatrix} 0.25 & 0.25 \\ 0.25 & 0.25 \end{bmatrix},\ G_c(1,0) = \begin{bmatrix} 24 & 8 \\ 8 & 24 \end{bmatrix} = \begin{bmatrix} 0.375 & 0.125 \\ 0.125 & 0.375 \end{bmatrix}$$

可以看出：图6-7(a)具有最细的纹理，反映在灰度共生矩阵上，其对角线元素为0，而远离对角线的元素很大，对角线元素与非对角线元素的反差大；图6-7(b)具有中等粗细的纹理，反映在其灰度共生矩阵上，其对角线元素为16，非对角线的元素也为16，对角线元素与非对角线元素的反差很小；图6-7(c)具有最粗的纹理，反映在其灰度共生矩阵上，其对角线元素为24，非对角线元素为8，对角线元素远大于非对角线元素。可见，分析灰度共生矩阵不同位置元素的取值，可以获得影像纹理粗细的信息。

2. 灰度共生矩阵的描述指标

常常通过以下指标来描述灰度共生矩阵所反映的纹理信息：

(1)对比度　对比度(contrast)也称为反差,记为 Con,是指影像指定方向指定间距间像元对的平均灰度差,为避免负值,计算时采用灰度差的平方。灰度差大的像元对越多,对比度指标就越大。计算式如下:

$$\text{Con} = \sum_{i=0}^{L-1} \sum_{j=0}^{L-1} (i-j)^2 p(i,j) \tag{6.10}$$

式中,$p(i,j)$为灰度级 i 和灰度级 j 同时出现的联合概率(密度);L 为灰度级个数。纹理沟纹越深,Con 值越大,视觉效果越清晰;反之,Con 小,则沟纹浅,影像视觉模糊。灰度共生矩阵中远离对角线的元素值越大,Con 就越大。

(2)角二阶矩　角二阶矩(angular second moment, ASM)又称灰度共生矩阵的能量,是灰度共生矩阵各元素值的平方和,是对影像纹理的灰度变化稳定程度的度量,反映了影像灰度分布均匀程度和纹理粗细度。能量值大表明当前纹理是一种规则变化较为稳定的纹理。ASM 的计算式为:

$$\text{ASM} = \sum_{i=0}^{L-1} \sum_{j=0}^{L-1} (p(i,j))^2 \tag{6.11}$$

角二阶矩是影像灰度分布均匀程度和纹理粗细的一个度量,当影像纹理较细致、灰度分布均匀时,ASM 值较大;反之,影像纹理粗糙、灰度分布不均匀时,ASM 值较小。

(3)熵　熵(entropy, ENT)在物理学中的含义就是群体的规则度,群体越有序熵越小,越无序熵越大。此处熵同样表示影像的信息量,当共生矩阵中所有元素有最大的随机性、共生矩阵中所有值几乎相等、共生矩阵中元素分散分布时,熵较大。它表示影像中纹理的非均匀程度或复杂程度。其计算式为:

$$\text{ENT} = -\sum_{i=0}^{L-1} \sum_{j=0}^{L-1} p(i,j) \log_2 (p(i,j)) \tag{6.12}$$

(4)逆差矩　逆差矩(inverse different moment, IDM)反映了纹理的清晰程度和规则程度,影像纹理清晰、规律性较强、易于描述时,IDM 值较大;影像杂乱无章,难以描述时,IDM 值较小。反映影像纹理的同质性,度量影像纹理局部变化的多少。其值大则说明影像不同区域间的纹理缺少变化,局部非常均匀。IDM 的计算式为:

$$\text{IDM} = \sum_{i=0}^{L-1} \sum_{j=0}^{L-1} \frac{p(i,j)}{1+(i-j)^2} \tag{6.13}$$

如果灰度共生矩阵对角元素有较大值,IDM 就会取较大的值。因此连续灰度的影像会有较大的 IDM 值。

(5)自相关　自相关(correlation)反应了影像纹理的局部一致性,或称同质性,它度量空间灰度共生矩阵元素在行或列方向上的相似程度,反映了影像中局部灰度相关性。计算式如下:

$$\text{Corr} = \sum_{i=0}^{L-1} \sum_{j=0}^{L-1} \frac{(i-u_i)(j-u_j)(p(i,j))}{\sigma_i \sigma_j} \tag{6.14}$$

$$\mu_i = \sum_{i=0}^{L-1}\sum_{j=0}^{L-1} i \cdot p(i,j) \tag{6.15}$$

$$\mu_j = \sum_{i=0}^{L-1}\sum_{j=0}^{L-1} j \cdot p(i,j) \tag{6.16}$$

$$\sigma_i^{\ 2} = \sum_{i=0}^{L-1}\sum_{j=0}^{L-1} p(i,j) \cdot (i-\mu_i)^2 \tag{6.17}$$

$$\sigma_j^{\ 2} = \sum_{i=0}^{L-1}\sum_{j=0}^{L-1} p(i,j) \cdot (j-\mu_j)^2 \tag{6.18}$$

如果影像中有水平方向纹理，则水平方向灰度共生矩阵的 Corr 大于其余矩阵的 Corr 值。当灰度共生矩阵元素值均匀相等时，Corr 值就大；相反，如果灰度共生矩阵像元值相差很大则 Corr 值小。

6.3.4 空间—频率变换特征提取

空间—频率变换是特征提取中常常用到的工具。傅里叶变换是频率变换的基础，其他类似的变换还有余弦变换、沃尔什-哈达玛变换、斜变换和小波变换等。这些变换的共同点是将原有的特征波段投影到事先已知的且具有不同频率的新向量上，从而形成一组新的特征。其本质也是一种投影变换，而且大部分都是正交投影变换。但不同于统计投影变换，这类变换的新基底是事先设计好的，而基于多元统计的投影变换则是需要根据数据的多元统计结果来构造新基底。由于新的基底由不同频率的向量组成，因此提取的特征都是和频率相关的特征，可以进一步与影像的纹理、内部反射率和边缘等信息进行关联。

在这些频率变换中，由于小波变换具有多分辨率分析的特点，而且在空频两域都具有表征信号局部特征的能力，是一种空间窗和频率窗都可以改变的空频局部分析方法，在影像特征提取方面受到越来越多的关注。

思考题

1. 什么是遥感影像的波谱特征？
2. 遥感影像的纹理特征有什么意义？
3. 简述 PCA 变换的原理。
4. 缨帽变换和 PCA 变换的异同点有哪些？

第 7 章　遥感影像增强与融合

影像增强是数字影像处理的基本内容。当一幅影像的目视效果不太好，或者有用的信息不够突出时，就需要做影像增强处理，以便使影像更易判读。影像增强的实质是增强感兴趣目标和周围背景影像间的反差。但影像增强并不能增加原始影像的信息，有时反而会损失一些信息。本章主要介绍影像拉伸、影像融合、直方图调整、空间域滤波和频率域滤波等影像增强方法以及影像融合。

7.1　影像对比度增强

影像对比度增强主要用来改善影像的视觉质量，便于利用视觉探测影像中的地物性质，或突出感兴趣的地物信息，提高影像的目视解译效果。影像对比度增强的方法主要有灰度变换法和直方图调整法。

7.1.1　灰度变换

灰度变换是一种逐点增强的算法，通过改变影像像元的灰度值来提高影像像元对比度，从而改善影像的质量。通过灰度变换可增大影像的对比度（图 7-1）。常用方法有线性拉伸、分段线性拉伸和非线性拉伸。

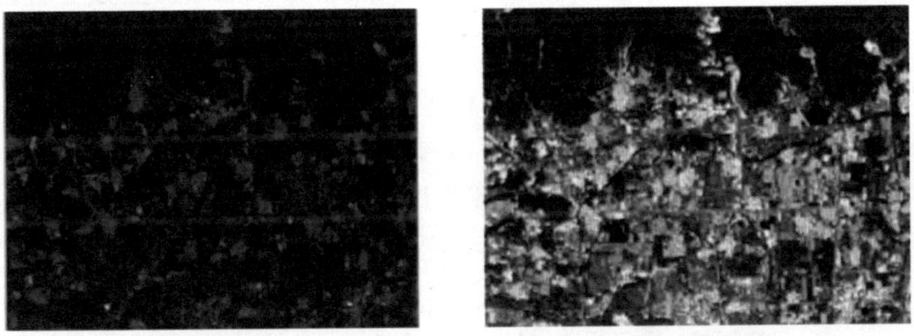

(a)原始影像　　(b)变换后影像

图 7-1　灰度变换效果对比

1.线性拉伸

线性拉伸是按比例拉伸原始影像灰度等级范围，通过线性函数[（图 7-2(a)]来实现变换。其数学表达式为：

$$d'_{ij}=a\times d_{ij}+b \tag{7.1}$$

式中，d'_{ij}为线性变换后输出像元的灰度值；d_{ij}为原始影像像元灰度值；斜率 a 和截距 b 根据变换前后灰度值的范围确定：

$$a=\frac{d'_{\max}-d'_{\min}}{d_{\max}-d_{\min}} \tag{7.2}$$

$$b=-a\,d_{\min}+d'_{\min} \tag{7.3}$$

式中，$d'_{\max}$和 $d'_{\min}$分别为变换后影像的灰度最大值和最小值；$d_{\max}$、$d_{\min}$分别为原始影像的灰度值最大和最小值。图 7-1 即为原始影像线性变换以后的效果。

在实际应用中，有时为了更好地调节影像对比度，需要在不同灰度段做不同程度的拉伸，这种变换称为分段线性变换[图 7-2(b)]。

2. 非线性拉伸

当变换函数是非线性函数时，即为非线性变换。常用的非线性变换函数有指数变换、对数变换、平方根变换和标准偏差变换等。

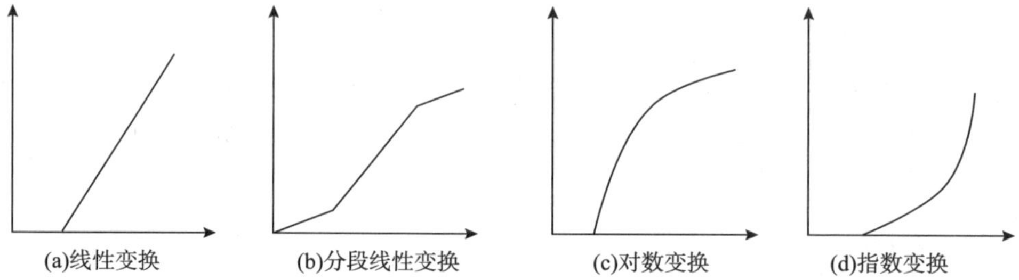

图 7-2　灰度变换

对数变换是指输入影像像元灰度值按对数函数关系[图 7-2(c)]变换为输出影像。变换效果为原图像灰度值较低的部分被拉伸，灰度值较高的部分被压缩。其数学表达式为：

$$d'=a\times\lg(d)+b \tag{7.4}$$

式中，d 为原始灰度值；d'为变换后灰度值；a 和 b 为参数。

指数变换也称为伽马变换或者幂次变换，是指输入影像像元灰度值按指数函数关系[图 7-2(d)]变换为输出影像。变换效果为原图像灰度值较高的部分被进一步拉伸，灰度值较低的部分被压缩。其数学表达式为：

$$d'=a\times e^{d}+b \tag{7.5}$$

式中，d 为原始灰度值；d'为变换后灰度值；a 和 b 为参数。

7.1.2　直方图调整

1. 灰度直方图

影像的灰度直方图能给出影像灰度范围、每个灰度的频率(或频数)及灰度的整体分布。灰度直方图横坐标是灰度级 r，纵坐标是该灰度级出现的像元个数，即频数 $P(r)$。常常将频数除以影像的总像元数,即归一化后转化为频率。从灰度直方图可以得到整幅影像的平均明暗和对比度等概貌性描述,若大部分像元集中在低灰度区域,影像呈现暗的特性;若像元集中在高灰度区域,影像呈现亮的特性。

图 7-3 显示了几种类型影像的直方图。从图中可以看出:(a)影像直方图向低灰度区偏斜,影像为低反射率影像;(b)影像直方图靠近高灰度区,影像为高反射率影像;(c)影像与(d)影像相比反射率反差较小;(e)影像直方图呈现出多峰,表明有多种亮度差异较大的地物高频率出现;(f)影像高亮度地物出现频率高。

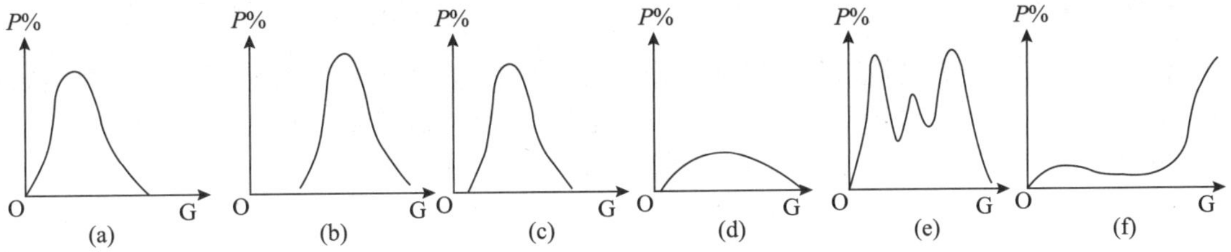

图 7-3 不同类型的灰度直方图

2. 直方图均衡化

直方图均衡化(histogram equalization)又称直方图平坦化,实质上是重新分配影像像元值,使不同灰度级像元的数量大致相等,从而实现对影像的非线性拉伸。

直方图均衡化的原理概括为:将随机分布的影像直方图修改成均匀分布的直方图,即对原始影像的像元灰度做某种映射变换,使变换后影像灰度的概率密度呈均匀分布。这意味着影像灰度的动态范围得到了增加,影像对比度随之提高(图 7-4)。

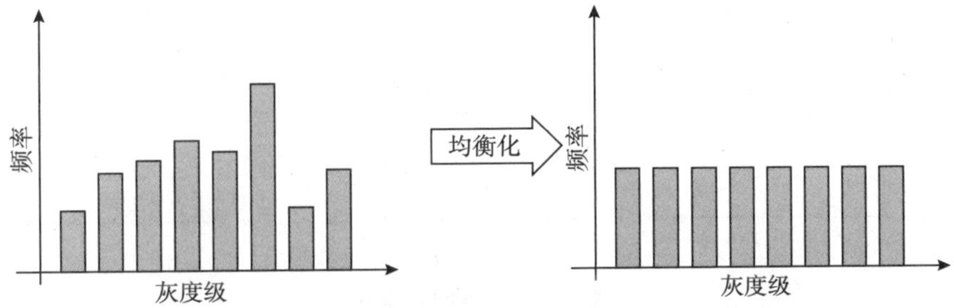

图 7-4 直方图均衡化

设图像有 L 个灰度级,为了便于计算,先将灰度级归一化。设变量 r 为影像归一化处理后的像元灰度级,即 $0 \leqslant r \leqslant 1$,最小值 0 代表黑色,最大值 1 代表白色。为了有利于数字影像处理,引入离散形式。在离散形式下,用 r_k 代表离散灰度级,用 $p(r_k)$ 代表 r_k 这个灰度级出现的频率,即:

$$p(r_k)=\frac{n_k}{n} \tag{7.6}$$

式中,n_k 为影像中出现 k 这种灰度的像元数;n 为影像中的像元总数。显然有 $0 \leqslant p(r_k) \leqslant 1$,$k=0,1,2,\cdots,L-1$。令 s_i 为灰度级 r_i 均衡化以后的新灰度级,则其变换函数为:

$$s_i = T(r_i) = \sum_{i=0}^{k-1} p(r_i) \tag{7.7}$$

这里的 s_i 是归一化后的灰度级，其值在 0～1。如想得到 0～$L-1$ 的灰度级，须将 s_i 乘以 $L-1$ 再取整。

在均衡化的过程中，不同的 r_i 有可能对应相同的 s_i，此时实际上是将频率较小的灰度级合并到了一起。影像直方图均衡化通过合并频率较小的灰度级，减少灰度级总数，但保持灰度级的极差来达到提升影像灰度对比度的目的。

3. 直方图规定化

直方图均衡化的优点是能自动增强整个影像的对比度，但它的增强效果不够灵活，处理的结果总是得到全局的均衡化的直方图。实际工作中，有时需要通过调整像元灰度值使其直方图分布符合给定的形状，这时可采用比较灵活的直方图规定化方法。

直方图规定化(histogram specification)又称直方图匹配，是指通过一个灰度映射函数调整像元灰度值，使一幅影像的直方图变成规定形状直方图的增强方法。直方图修正的关键就是灰度映像函数。

直方图规定化的基本思路是：对变换前后两个直方图都做均衡化，变成归一化的均匀直方图；以均匀直方图为中介，建立原直方图与目标直方图的映射关系，即直方图均衡化是直方图规定化的桥梁(图 7-5)。

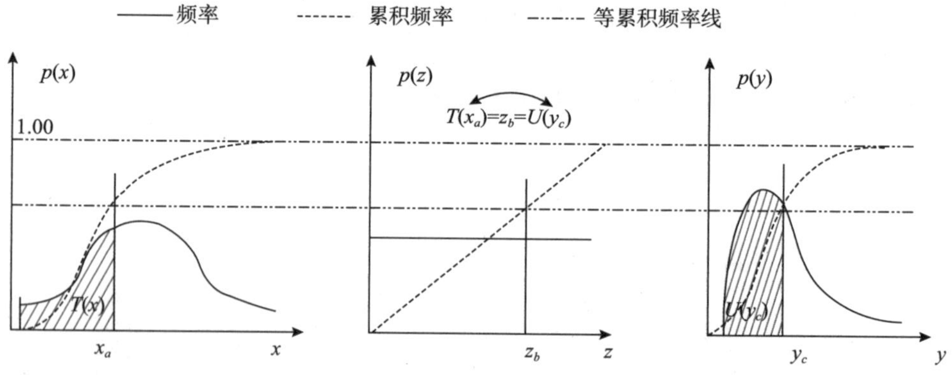

图 7-5 直方图规定化

直方图调整法是一种非线性的对比度增强方法。除了用于对比度增强，改善视觉效果外，在遥感影像处理很多方面都有应用，如可以用在影像波谱锐化和大气校正方面。

7.2 影像彩色增强

人眼对影像黑白差异的分辨能力有限，大致只有 10 个灰度级，而对彩色影像的分辨能力则要高得多。如果以平均分辨率计算，人眼可察觉出数百种颜色差别。这还仅仅是色调一个要素，如果加上颜色的其他两个要素：饱和度和亮度，人眼能够辨别彩色差异的级数要远远大于黑白差异的级数，因而彩色变换可大大增强影像的目视判读性。

7.2.1 伪彩色增强

伪彩色增强是针对单幅灰度影像进行的加工处理，目的是为了突出某些特定地物。常用的方法有密度分割和灰度彩色变换。

1. 密度分割

密度分割也叫灰度分割或灰度分层，是将单波段遥感影像按灰度分级，对每级赋予不同的色彩，使之变为彩色影像的处理方法。灰度级和色彩之间有多种映射关系可供选择，例如，灰度值 0～10 为第一层，赋给值 1；灰度值 11～15 为第二层，赋给值 2；灰度值 16～30 为第三层，赋给值 3，等等。再给 1、2、3 分别赋不同的颜色，从而生成一幅彩色影像。

经过密度分割后，影像的分辨力得到明显提高。遥感影像处理中，密度分割是常用且有效地提高目视判读效果的方法。利用密度分割可快速获得地物和波谱特征之间的关系。例如水体，对近红外光吸收强，在影像上表现为暗色。这时，若取某一低灰度值为分割点，并分别赋予分割点两侧不同的颜色，即可突出影像中的水体。因此，只要掌握地物波谱特点，就可以通过密度分割获得目视效果较好的地物分类影像。

2. 灰度彩色变换

根据色度学原理，任何一种颜色都可以由色光三原色红绿蓝叠加合成，将原影像 $f(x, y)$ 施以红色变换 $TR(f(x, y))$、绿色变换 $TG(f(x, y))$ 和蓝色变换 $TB(f(x, y))$ 三个映射，变成三原色分量 $IR(x, y)$、$IG(x, y)$、$IB(x, y)$，然后在显示器上叠加显示，便可以在彩色显示器的屏幕上合成一幅彩色影像（图 7-6）。三原色也可称为三基色。

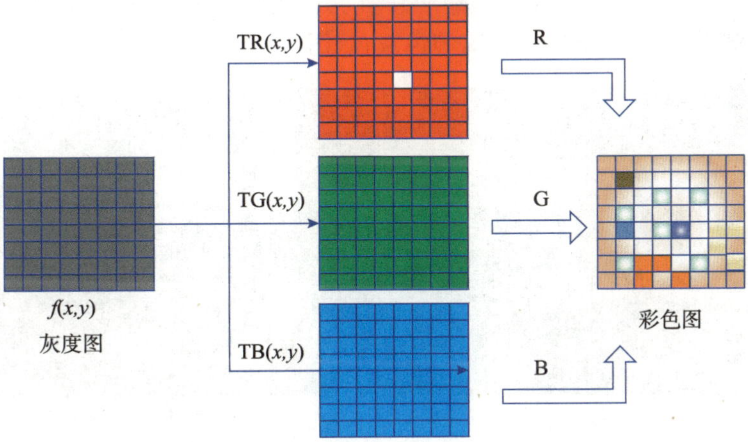

图 7-6 灰度-彩色变换伪彩色合成

7.2.2 假彩色合成

不同于伪彩色合成，假彩色合成是将三个波段分别赋予红绿蓝三原色来实现彩色合成的。根据三层影像的成像光学波段与三原色的对应关系，可以把假彩色合成分为自然彩色合成和假彩色合成两类。

1. 自然彩色合成

自然彩色合成实际上就是真彩色合成。如果彩色合成中代表三基色的三个波段的波长与实际颜色的波长相同或接近，那么合成后的影像颜色就会与目视的色彩相近，这种合成方式就叫作自然彩色合成或真彩色合成。

如 Landsat 8 OLI 的 Band 2、Band 3 和 Band 4 的波长范围分别为 0.43～0.51 μm，0.53～0.59 μm 和 0.64～0.67 μm，其中心波长分别落入蓝、绿和红光波段范围。将上述三波段分别以蓝、绿和红三基色叠加显示，则会呈现出与人眼感觉相近的彩色效果。

在各波段信号失真较小的情况下，真彩色合成后的影像颜色接近自然色，与人对地物的视觉相一致，更容易对地物进行识别。但对于卫星影像而言，波长较短的蓝光波段往往容易受到大气的影响，对比度下降明显，真彩色合成后的色彩比在地面人眼直接观察地物时的色彩要灰暗很多。因此，对于卫星遥感影像的目视判读，往往不采用自然彩色合成的方法。

2. 假彩色合成

选择遥感影像的任意三个波段（可重复），分别赋予红、绿、蓝三基色，就可以合成为彩色影像。由于所选择的三基色波段并不是真实的三基色，所以合成以后的彩色不是地物的目视颜色，因此把这种彩色合成叫作假彩色合成。假彩色合成是最常用的影像彩色合成方法。

多波段影像彩色合成时，配色方案决定了彩色影像能否突出所关心的地物信息。在 Landsat TM 影像的 7 个波段中，波段 2 是绿光波段（0.52～0.60 μm），波段 3 是红光波段（0.63～0.69 μm），波段 4 是近红外波段（0.76～0.90 μm），4、3、2 波段被分别赋予红、绿、蓝基色的彩色合成被称为标准假彩色合成，是较常用的一种合成方案。标准假彩色影像突出了不同地物的差异，尤其适合植被遥感。标准假彩色合成影像中，植被呈现为不同饱和度的红色，水体为黑色或靛蓝色，道路房屋城镇等为灰色（图 7-7）。

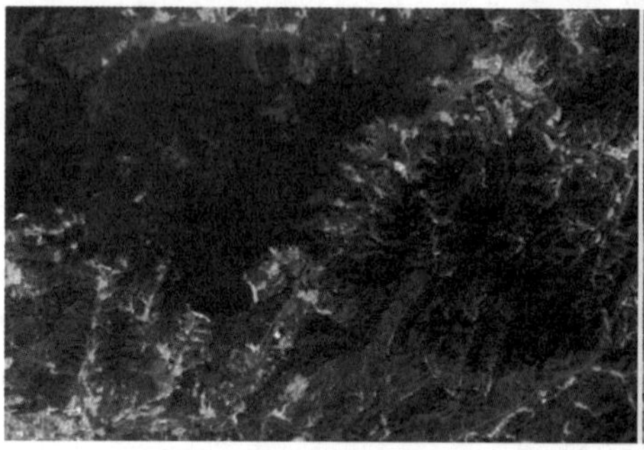
(a)原始影像

(b)标准假彩色合成影像

图 7-7　标准假彩色合成

实际应用时，为突出某一方面的信息，获得较好的目视效果，应根据不同的应用目的经实验和分析，寻找最佳合成方案，以达到最好的目视效果。通常，合成后影像应具有较大信息量，且波段间的相关性应尽可能小。

图(a-1)、(b-1)、(c-1)分别为(a)、(b)、(c)的功率谱。可以看到 4 方格图功率谱的中心最亮，代表影像的直流成分和低频成分最多。功率谱中两条明亮的正交线，表示原影像中存在大量清晰的水平和垂直边缘。随着方格的增多[图 7-13(b 和 c)]，代表低频信息的中心亮度也随之降低，而高频分量在逐渐变亮。说明影像里的细节部分会对高频分量的值有正向贡献。

需要注意的是，原影像不同位置的地物，经过傅里叶正变换，若其有频率相同的分量，它们被记录在频率谱的同一位置。说明频率谱上的点与原影像的位置信息无关，也不存在与地物一一对应的关系。频率谱上的每一个点都是原影像整体的综合，代表这一频率在原影像的显著程度。

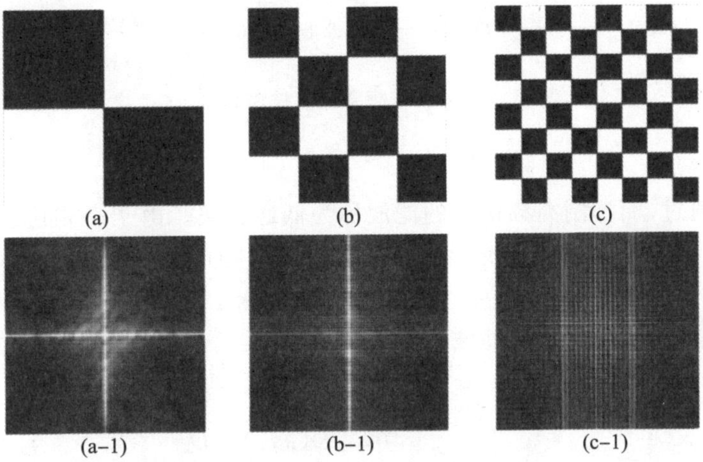

图 7-13　不同网格影像傅里叶变换结果

图 7-14(a)为一幅 QuickBrid 全色影像，对它进行傅里叶正变换得到的功率谱[图 7-14(b)]。从功率谱可以看出，这幅影像的能量大部分集中于低频部分，但在水平和垂直方向有较多高频信息，即存在较多水平和垂直向边缘。事实上大多数自然影像的功率谱在统计上呈现 $1/f^2$ 分布，也就是能量与频率的平方成反比。所以从数值上看，低频能量通常是要高于高频能量的。

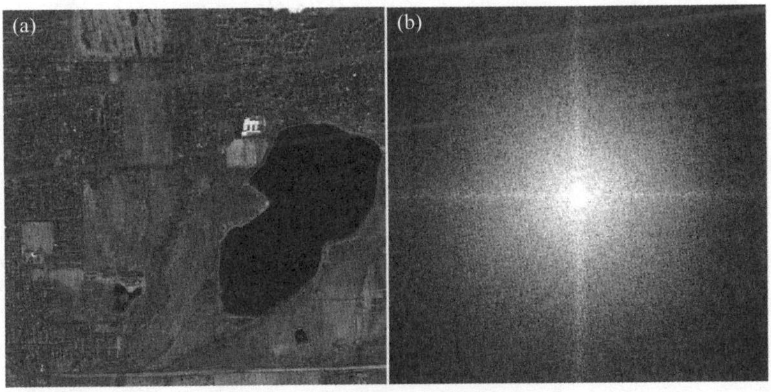

图 7-14　遥感影像傅里叶变换

7.4.4 频率域滤波

频率域滤波的一般过程是：首先把影像变换到频率域，保留感兴趣的频率分量，抑制需弱化的频率分量，再逆变换回到空间域得到增强后的影像(图 7-15)。频率域滤波需要定义一个滤波器 $H(u, v)$。滤波就是令 $F(u, v)$与 $H(u, v)$在频率域做乘积，实现对频率成分的保留或抑制。根据待滤除的频段范围可以把频率域滤波分为低通滤波、高通滤波和自定义滤波。

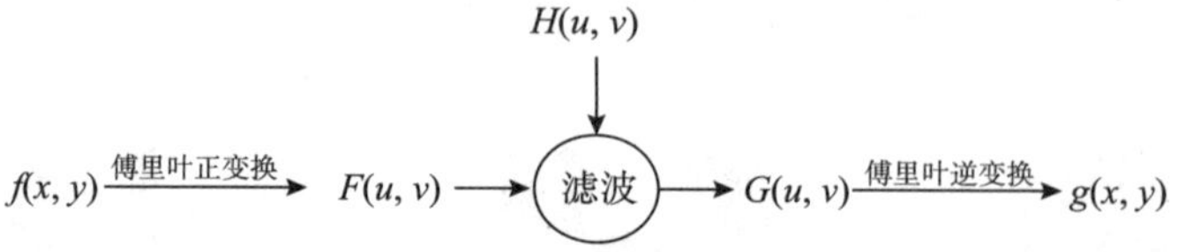

图 7-15 频率域滤波流程

1. 低通滤波

让低频信息通过，而抑制高频信息的滤波称为低通滤波。由于高频信息大多代表影像的边缘和细节，所以低通滤波能够平滑影像。又因为影像噪声主要集中于高频部分，所以低通滤波能起到降噪的效果。

(1)理想低通滤波　理想低通滤波器的滤波函数为：

$$H(u,v)=\begin{cases}1, & D(u,v)\leqslant D_0\\ 0, & D(u,v)>D_0\end{cases} \tag{7.31}$$

对应的滤波函数影像为图 7-16(a)。式中，$D(u, v)$为点(u, v)到原点的欧氏距离，D_0为给定的通带半径或称截止频率。这样的 $H(u, v)$只允许小于等于 D_0的频率通过，截断了高频信息。由于高频成分包含大量的边界信息，所以低通滤波后，影像更平滑，但边缘较原图像模糊。理想低通滤波器的截止频率过渡剧烈，会产生振铃现象。

(2)巴特沃斯滤波器　巴特沃斯低通滤波器的函数为：

$$H(u,v)=\frac{1}{1+\left[\frac{D(u,v)}{D_0}\right]^{2n}} \tag{7.32}$$

与式(7.31)类似，D_0也称作通带半径。但不同于理想低通滤波器，巴特沃斯低通滤波器中大于 D_0的频率成分不会被完全截断，而是被赋予很小的权重系数。上式中的 n 为形状参数：n 值越大，滤波器越平坦，越接近于理想滤波器[图 7-16(b)]。巴特沃斯滤波器的特点是通频带($D(u, v) \leqslant D_0$)内的频率响应曲线最大程度平坦，没有起伏，而在阻频带($D(u, v) > D_0$)响应曲线则逐渐下降为零，当阶数 n 较小时不会出现理想低通滤波器的振铃现象。但巴特沃斯低通滤波器有较长的过渡带，在过渡带上容易造成信号失真。

(3)高斯滤波器　高斯低通滤波器的滤波函数为：

$$H(u,v)=\mathrm{e}^{\frac{-D^2(u,v)}{2D_0^2}} \tag{7.33}$$

高斯低通滤波器的过渡特性非常平滑，且随着通带半径 D_0的增大，高斯滤波器的过渡越发平坦[图 7-16(c)]。理想低通滤波器的滤波函数过渡非常尖锐,而高斯低通滤波器的滤波函数过渡则非常平滑,因此能够抑制振铃现象。巴特沃斯低通滤波器则介于两者之间,当巴特沃斯低通滤波器的阶数较高时,接近于理想低通滤波器,阶数较低时,则接近于高斯低通滤波器。

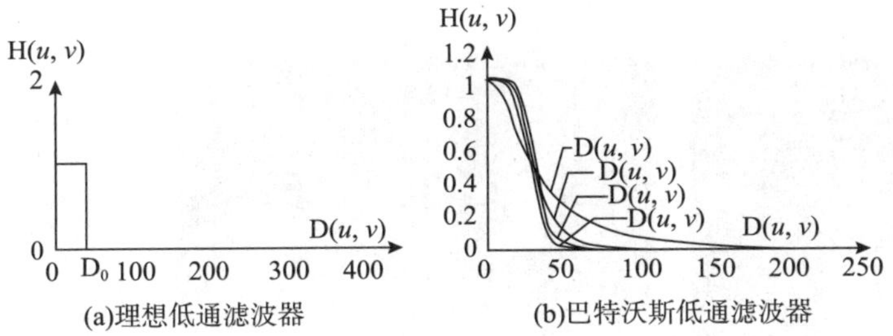

图 7-16 低通滤波函数

2. 高通滤波

与低通滤波相对应,让高频信息通过,抑制低频信息的滤波称为高通滤波。高通滤波突出了影像的边缘和轮廓,是影像锐化的方法。

上一节所讲的低通滤波器稍作改动就可以变为对应的高通滤波器:

$$H_{hp}(u,v)=1-H_{lp}(u,v) \tag{7.34}$$

式中,H_{hp} 和 H_{lp} 分别为高通和低通滤波函数;u 和 v 分别为水平和垂直方向的频率。

图 7-17 展示了理想高通滤波函数、巴特沃斯高通滤波函数和高斯高通滤波函数,其通频与截频过渡特性与对应的低通滤波函数相同。

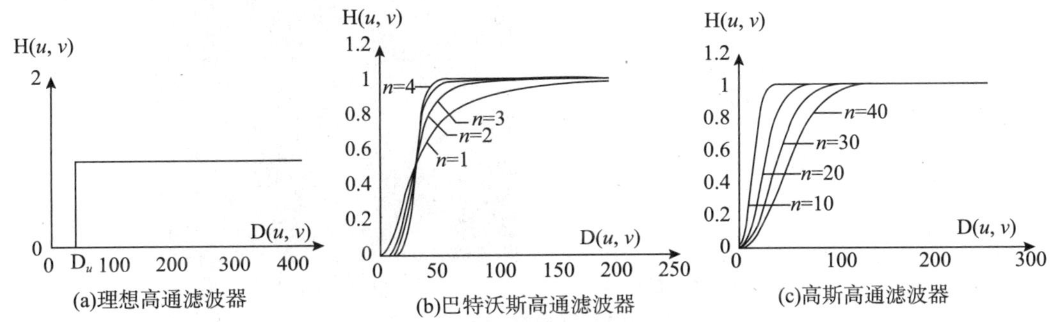

图 7-17 高通滤波函数

3. 自定义滤波

在实际工作中,往往要根据情况灵活地选择滤波的频率范围,称这样的滤波器为自定义滤波器。只保留指定频率范围的滤波称为带通滤波;相应地,只阻碍指定频率范围的滤波称为带阻滤波。当带阻滤波器的阻带很窄时,被称为陷波滤波器。一个理想陷波滤波器的频率响应是在要消除的频率点上赋 0 值;而在其他频率处赋值为 1。要满足这一条件,陷波滤波器的阶数必须是二阶(含二阶)以上。陷波滤波常常用于去除固定频率分量或阻带很窄的地方。

如用于去除直流分量,或去除某些特定频率分量,能够起到很好的降噪作用。

可以用二维影像的方式表示理想低通和高通滤波器:亮色代表通过,像元值取 1;暗色表示截断,像元值取 0。图 7-18(a)为理想低通滤波器,它只允许圆圈内的信息保留,经此滤波的影像变为图 7-18(b),可以看出影像丢失了很多细节信息,只保留了影像的平均灰度和地物的大致分布情况。

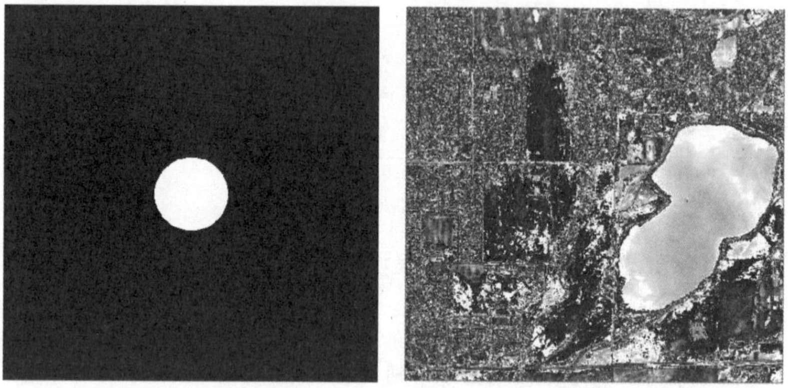

(a)理想低通滤波模板　　(b)低通滤波后的影像

图 7-18　影像理想低通滤波

图 7-19(a)为理想高通滤波器。经过高通滤波,我们得到了图 7-19(b),可以看到影像的边缘信息,如房屋、道路和地物边界较为明显。

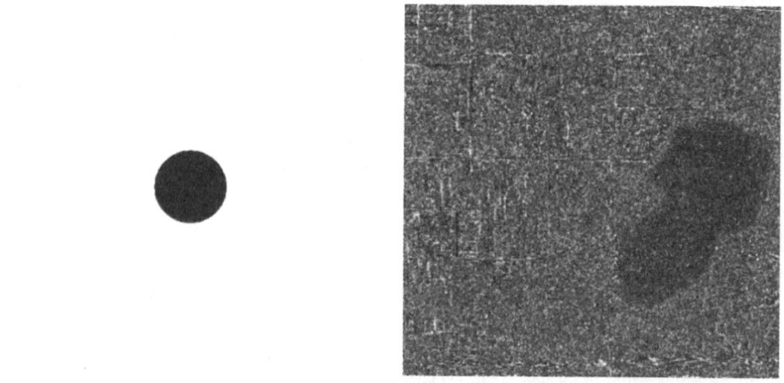

(a)理想高通滤波模板　　(b)高通滤波后的影像

图 7-19　影像理想高通滤波

图 7-20 为一个自定义的滤波器滤波,它允许图中白色覆盖区域的频率通过,截断其他频率。滤波器中心的白色椭圆,类似低通滤波,它很好地保持了影像主要结构和平均灰度,同时保留了水平、垂直线上的频率,使得部分高频信息也能保留下来。通过图 7-19 与图 7-20 的比较,可以看出道路等边缘信息更加明显了。

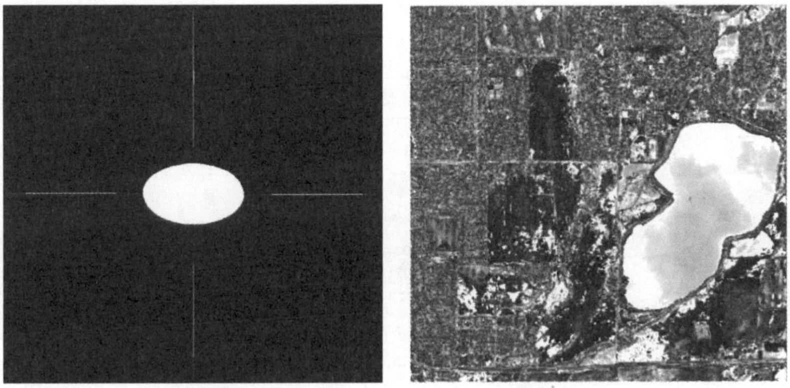

(a)自定义滤波模板　　(b)自定义滤波后的影像

图 7-20　自定义影像高通滤波

7.5　影像融合

不同的遥感影像之间往往存在信息互补或信息冗余。通过影像融合,可以将在时间、空间、波谱上存在信息互补或冗余的两幅或多幅遥感影像按照某种算法进行运算,产生出信息更丰富的影像。

影像融合是图像超分辨率重建的一种。所谓图像超分辨率重建,是指将分辨率较低的图像,通过一定的技术手段,生成分辨率较高的图像。在遥感图像融合中,常常是借助于高分辨率的全色影像,来提升多光谱影像的空间分辨率。

全色遥感影像就是对地物辐射中的全色波段成像。全色波段一般使用 0.5～0.75 μm 左右的单波段,即从绿色往后的可见光波段(为防止大气散射对影像质量的影响,大多将蓝色光滤去)。相较于多光谱影像,全色遥感影像成像光谱带宽更高,因而其一般具有比多光谱影像更高的空间分辨率。为了影像融合更为方便,传感器设计中,一般将同一平台的多光谱影像和全色影像的分辨率设为 4∶1 的关系,如 GF-1 全色影像的空间分辨率为 1 m,而多光谱影像的空间分辨率为 4 m。

7.5.1　影像融合的层次

一般来说,遥感影像融合划分为三个层次,分别为像元级融合、特征级融合和决策级融合(图 7-21)。像元级融合针对影像在像元级别进行融合;特征级融合首先对不同的影像数据分别进行特征提取,然后对提取的特征进行融合,生成新的特征集;决策级融合首先根据不同影像数据的特征属性分别进行地物解译,再利用一定的决策规则对解译结果进行融合,从而提高分类的可靠性。

与其他两个级别的影像融合相比,像元级影像融合是三个层次中最低级别的融合,也是应用最多的融合。在像元级影像融合中,原始影像的信息利用率是最高的,它能够有针对性地保留原始影像特征,使得融合后的影像在信息量或细节上有所增强。

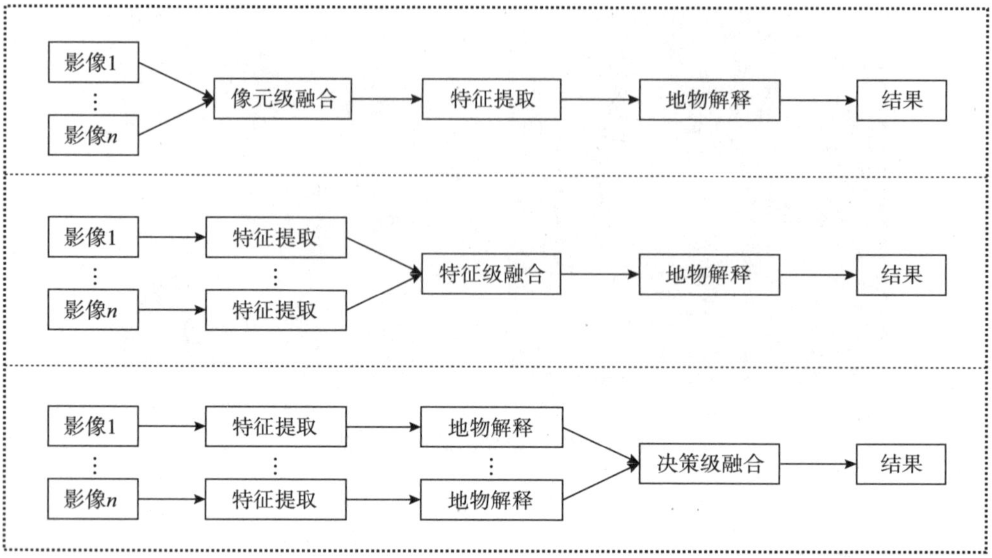

图 7-21 遥感影像融合的三个层次

本节将详述像元级融合，即将较高分辨率的全色影像和较低分辨率的多光谱影像进行融合，该操作也被称为影像全色波谱锐化。影像融合时需要对待融合影像进行配准，且须将多光谱影像向上重采样，使其在形式上具有与全色影像相同的空间分辨率。

高分辨率的全色影像与低分辨率的多光谱影像进行融合须达到 2 个目标：①融合后的影像尽可能多地保留其多光谱特征；②提高影像的空间分辨率，使多光谱影像的空间分辨率提升至全色影像的分辨率水平。针对目标①，需要在融合时，尽量把各波段的特有信息提取出来，并加以保留；针对目标②，需要将高分辨率的全色影像以恰当的方式融入结果影像中。要提高空间分辨率，既可以把全色影像的全部信息引入融合过程中，也可以先提取全色影像的细节信息，只把细节引入融合过程，做局部细节替换。

在影像融合过程中，多光谱影像和全色影像的地位是不对等的：多光谱影像包含了较多的波谱信息，是主要的融合信息源；全色影像具有更高的空间分辨率，可以辅助提升融合后影像的空间分辨率，是次要的融合信息源。根据全色影像在融合过程中所发挥的作用，可以把影像融合的方法分为三类：细节注入法、细节替换法和邻域权重法。

7.5.2 细节注入图像融合

这一类的融合方法，是将全色影像作为细节信息注入多光谱影像信息中去。一般是以简单的四则运算的方式组合在一起，所得结果综合了二者的信息。

1. 图像代数法

图像的代数运算通常是指两幅图像，或者多幅图像通过加、减、乘、除代数运算以得到输出图像的方法，其中乘法运算可以用于图像融合，基本运算形式为：

$$f(x,y)=h(x,y)\times g(x,y) \tag{7.35}$$

式中，$f(x,y)$为融合后影像，$h(x,y)$和 $g(x,y)$为参与融合的两幅影像。运算结果体现了全色影像和多光谱影像二者共同的作用。该算法的运算结果不可控，不利于图像的进一步处理。针对该问题，也可以构造更复杂的线性运算，达到融合的同时图像拉升到指定范围的目的，其计算式为：

$$f(x,y)=\mathrm{a}\times h(x,y)\times g(x,y)+b \tag{7.36}$$

式中，a 和 b 分别为增益和偏移量。

这种融合方法虽然同时考虑了多光谱影像和全色影像的作用，但机理和可解释性不强。

2. Brovey 变换法

Brovey 变换也称为色彩标准化变换，因由 R. L. Brovey 建模而得名。其计算式如下：

$$\begin{aligned} R' &= \frac{R}{R+G+B}\times \mathrm{Pan} \\ G' &= \frac{G}{R+G+B}\times \mathrm{Pan} \\ B' &= \frac{B}{R+G+B}\times \mathrm{Pan} \end{aligned} \tag{7.37}$$

式中，R、G、B、Pan 分别为多光谱影像的红、绿、蓝波段和全色波段数据；R'、G'和 B'分别为多光谱影像融合后的红、绿、蓝波段。

Brovey 变换法实际上是在简单乘法运算结果的基础上进行了调整，调整系数为 RGB 三波段亮度值累积量的倒数，相当于对全色影像乘积的一种补偿，使结果回归到原有的量级。

Brovey 融合算法计算简单、处理速度快。融合前后的影像保留了每个像元的波谱比例关系，但总体亮度由全色影像决定。在全色波段的波谱范围与参与融合的多光谱影像的波谱范围相差不大时，该方法机理明确，效果较好。然而，在全色影像与多光谱影像波谱范围相差较大时，融合效果较差，不宜选择此方法。

3. 高通滤波法

上述 2 个融合算法都是将全色影像的全部信息全部注入多波段影像中。高通滤波的遥感融合算法(high pass filter resolution merge)是只利用全色影像细节信息，做部分注入的一种融合方法。对影像进行高通滤波可以滤除影像的低频信息，同时将空间细节信息保留下来。利用一些多尺度分析工具，如基于拉普拉斯金字塔、小波变换或滤波等方式，将多光谱和全色影像的空间信息分割成多个通道；然后，将全色影像的高频成分注入多光谱影像中；最后进行信息重建以产生融合影像。

高通滤波融合算法的一般过程是利用高通滤波器来提取全色影像中的高频分量，再通过权重模型将提取的高频信息注入上采样后的多光谱影像的每个波段中，最终得到高空间分辨率的多光谱影像，之后再将新的波段与原始多光谱影像的各波段进行直方图匹配。其计算式为：

$$\begin{aligned} PSI_{ij} &= \mathrm{MSI}_{ij}+\mathrm{HPFI}_{ij}\times W \\ W &= \frac{\sigma_{\mathrm{MSI}}}{\sigma_{\mathrm{HPFI}}\times M} \end{aligned} \tag{7.38}$$

式中，i 和 j 是影像像元的行号和列号，PSI 是融合后的高分辨率多光谱影像；MSI 是上采样后的低分辨率多光谱影像；HPFI 是对原始全色影像进行高通滤波的结果；W 是注入权重；σ_{MSI}、σ_{HPFI} 分别是多光谱影像的方差以及全色影像高通滤波后的方差；M 是调整参数，它的取值由原始多光谱影像与全色影像的像元大小比例决定。

高通滤波融合可以增强影像的边缘特征，而且很好的保存了原影像的波谱信息。但是由于滤波器的大小固定，对不同粒度的地物很难同等适配。因此，融合结果受滤波器的影响很大，需要根据具体情况进行多方尝试和选择。

7.5.3 细节替换图像融合

替换法是将全色影像的全部或者部分替换多光谱影像的一部分的一种融合方法。首先须通过图像变换将多光谱影像解构为波谱近似信息和波谱细节信息，然后将全色影像的全部或者一部分作为波谱近似信息替换多光谱影像的波谱近似信息，然后与多光谱影像的波谱细节信息结合在一起，进行反变换，生成高分辨率的融合影像。其过程一般为：正变换→直方图匹配→成分替换→逆变换。需要注意的是成分替换前一般都要做直方图匹配，以使替换前后的平均亮度基本保持不变。多光谱影像解构的方法有很多，因而该类融合方法也非常丰富。

1. 基于色彩空间变换的遥感影像融合

IHS(intensity hue scoturation)变换是一种色彩空间变换，变换后获得多光谱影像的亮度和色度，其中的亮度信息可看作波谱近似信息。然后，以全色影像来替换 IHS 变换所得到的亮度，再进行反变换，就可以得到融合后的影像。

色彩学构建了多种色彩模型，以一维、二维、三维甚至四维空间坐标来表示色彩，这种坐标系统所能定义的色彩范围即颜色空间。常用的 RGB(red green blue)就是“颜色空间”的一种。RGB 具有红、绿、蓝三个通道，通过三个颜色组合呈现出不同的颜色。RGB 是对机器友好的色彩模式，源于相机传感器和显示荧光粉的工作方式，便于机器的存储与显示。

IHS 也是一种颜色空间，其中亮度(I)表示色彩的明亮程度，与被照物体的反射率成正比；色调(H)表示影像的主要颜色，由物体反射的波谱中占优势的波长组合所决定；饱和度(S)表示影像颜色的纯度，表示色彩远离白色而接近纯色的程度。三个元素中，饱和度和色调一起被称为色度。IHS 颜色模型(图 7-22)与人的视觉系统对颜色和空间等信息的感知相似，而且它的各个分量之间相关性很低，便于被单独处理，弥补了 RGB 彩色空间中各个通道相互干扰的缺陷，因此常常用其对彩色影像进行色彩调整。

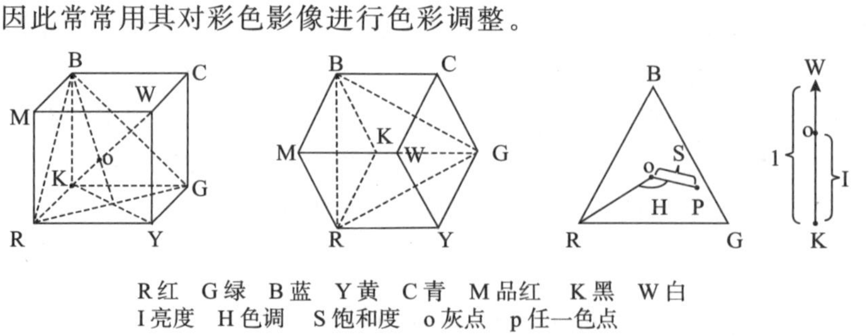

图 7-22 IHS 与 RGB 系统的关系

RGB 空间到 IHS 空间的转换可以有多种投影模型,因而有多种对应的转换方法,以下是其中的一种线性变换方法。

$$\begin{bmatrix} I \\ V_1 \\ V_2 \end{bmatrix} = \begin{bmatrix} \frac{1}{3} & \frac{1}{3} & \frac{1}{3} \\ \frac{-\sqrt{2}}{6} & \frac{-\sqrt{2}}{6} & \frac{2\sqrt{2}}{6} \\ \frac{1}{\sqrt{2}} & \frac{-1}{\sqrt{2}} & 0 \end{bmatrix} \begin{bmatrix} R \\ G \\ B \end{bmatrix} \tag{7.39}$$

$$H = \tan^{-1}\left(\frac{V_1}{V_2}\right) \tag{7.40}$$

$$S = \sqrt{V_1^2 + V_2^2} \tag{7.41}$$

式中,V_1 和 V_2 是中间变量。从 IHS 空间变换到 RGB 空间的逆变换如下所示:

$$V_1 = S\cos(H) \tag{7.42}$$

$$V_2 = S\sin(H) \tag{7.43}$$

$$\begin{bmatrix} R \\ G \\ B \end{bmatrix} = \begin{bmatrix} 1 & \frac{-1}{\sqrt{2}} & \frac{1}{\sqrt{2}} \\ 1 & \frac{-1}{\sqrt{2}} & \frac{-1}{\sqrt{2}} \\ 1 & \sqrt{2} & 0 \end{bmatrix} \begin{bmatrix} I \\ V_1 \\ V_2 \end{bmatrix} \tag{7.44}$$

在遥感影像融合算法中,IHS 变换融合算法是经典的融合方法之一,包含三个步骤,首先对低空间分辨率的多光谱影像进行 IHS 正变换,从 RGB 颜色空间变换到 IHS 空间;然后以 IHS 空间中的 I 分量作为基准对高空间分辨率的全色影像进行直方图匹配;并将匹配后的全色影像代替原 I 分量,最后对组合后的波段进行 IHS 逆变换得到新的 RGB 影像(图 7-23)。

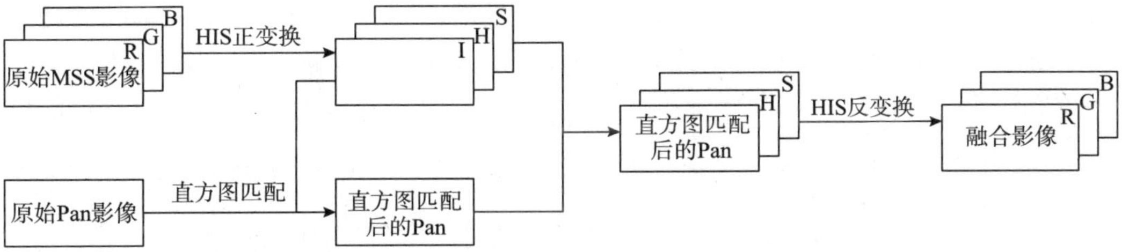

图 7-23　IHS 影像融合过程

IHS 融合保留了影像的高频信息,但同时会出现不同程度的波谱损失。经 IHS 融合的影像地面细节有所提高而地面色调有不同程度的改变。且它只适用于三个波段的数据融合。

2. PCA 变换遥感影像融合

该方法通过 PCA 变换,获得多光谱影像的整体亮度,作为波谱近似信息,然后以全色影像来替换 PCA 变换所得到的亮度,再进行反变换。

主成分分析通过正交变换将具有一定相关性的特征转化成一组新的正交特征。通常大部分方差都保存在前面几个主成分中，第一主成分所含信息最多，通常是各波段亮度的组合。PCA 融合方法就是首先将下采样后的多光谱影像进行 PCA 正变换，得到若干个主成分分量；然后，将高分辨率的 Pan 波段与第一主成分分量进行直方图匹配；最后，用匹配后的 Pan 波段替换原先的第一主成分，并进行 PCA 逆变换得到融合结果影像(图 7-24)。

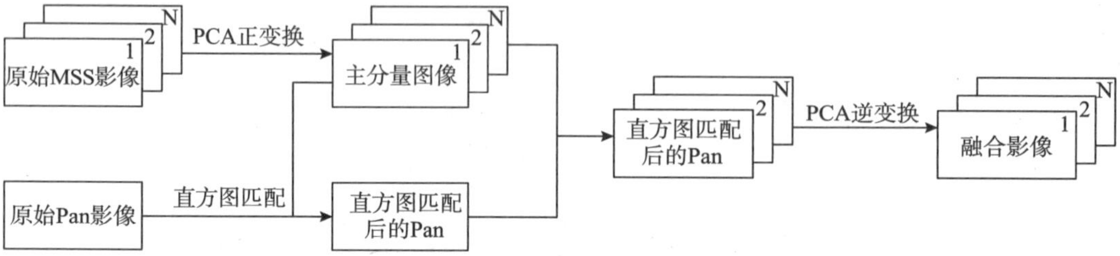

图 7-24　PCA 影像融合过程

PCA 变换融合结果可以同时保留原始多光谱影像高光谱分辨率和全色影像高空间分辨率的特征，使得目标细节信息更清晰，波谱信息也更丰富。与 IHS 变换融合方法相比，PCA 方法克服了 IHS 变换对融合影像波段数量的限制，它可以对三个及以上波段数的多光谱影像进行操作。由于经 PCA 变换的第一主成分信息量最大，常常是各个波段的加权和，因此能够代表多光谱数据的平均灰度。但是第一主成分所占的信息量比例较大，经常会导致波谱畸变。

3. Gram-Schmidt (GS)变换图像融合

该方法通过 GS 变换，获得多光谱影像的亮度和细节，然后以全色影像来替换 GS 变换所得到的亮度，再进行反变换。

GS 变换是线性代数中常用的方法，它和 PCA 变换一样，都能通过对矩阵或多维影像进行正交化，来消除冗余信息。GS 变换后的第 1 分量 $\boldsymbol{v}_1$ 就是变换前的 $\boldsymbol{u}_1$；GS 变换后的第 2 分量 $\boldsymbol{v}_2$，是变换前的 $\boldsymbol{u}_2$ 减去其在 $\boldsymbol{v}_1$ 方向上单位向量的投影；变换后的第 3 分量 $\boldsymbol{v}_3$，是 $\boldsymbol{u}_3$ 减去其在 $\boldsymbol{v}_1$ 和 $\boldsymbol{v}_2$ 方向上的单位向量的投影，以此类推。通过依次减去与前边向量重复的投影信息，获得剩下的独立信息(图 7-25)。

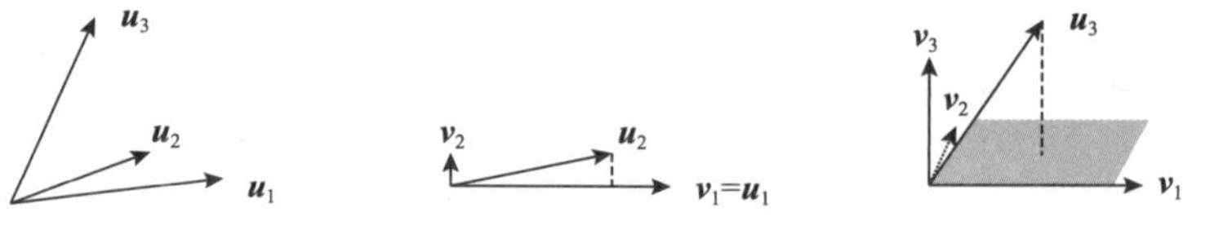

(a)原始向量　(b)v2 正交化　(c)v3 正交化

图 7-25　Gram-Schmidt 正交化

GS 正交化的通用表达式为：

$$\boldsymbol{v}_1 = \boldsymbol{u}_1$$

$$\boldsymbol{v}_2 = \boldsymbol{u}_2 - \mathrm{proj}_{\mathrm{span}<\boldsymbol{v}_1>} \boldsymbol{u}_2$$

$$\boldsymbol{v}_3 = \boldsymbol{u}_3 - \mathrm{proj}_{\mathrm{span}<\boldsymbol{v}_1,\boldsymbol{v}_2>} \boldsymbol{u}_3$$

$$\boldsymbol{v}_i = \boldsymbol{u}_i - \mathrm{proj}_{\mathrm{span}<\boldsymbol{v}_1,\boldsymbol{v}_2,\cdots,\boldsymbol{v}_{i-1}>} \boldsymbol{u}_i \tag{7.45}$$

式中，span$<v_1, v_2, \cdots, v_{i-1}>$表示由向量 v_1，v_2，$\cdots v_{i-1}$张成的空间。$\mathrm{Proj}_{\mathrm{span}<v_1, v_2, \cdots, v_{i-1}>} u_i$表示向量$u_i$在空间 span$<v_1, v_2, \cdots, v_{i-1}>$上的投影。

GS 融合算法可概括为以下几个步骤：首先将多光谱影像向上重采样，使其在形式上具有与全色影像相同的空间分辨率，再利用多光谱影像的各波段加权求和生成一个低分辨率的全色影像，权重系数可由全色影像与多光谱影像的波谱响应关系来确定；将生成的低分辨率的模拟全色影像作为第一个波段，多光谱影像各波段依次作为 2，3，…，n 波段，一起进行 GS 正变换；将高分辨率的 Pan 波段与第一波段进行直方图匹配；最后，用匹配后的 Pan 波段替换 GS 变换后的第一个波段，并进行 GS 逆变换，得到空间分辨率增强的多光谱影像（图 7-26）。

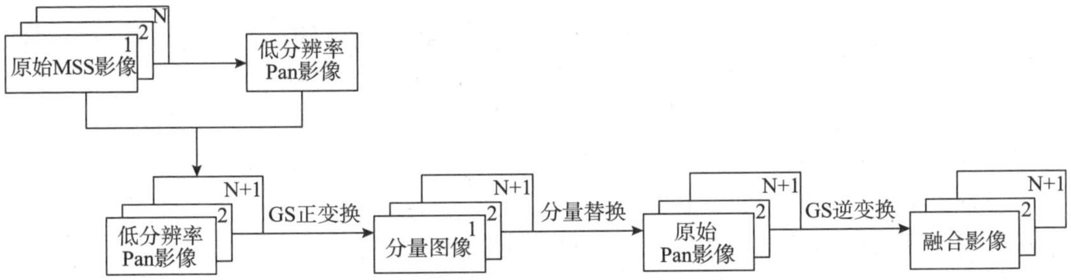

图 7-26 Gram-Schmidt 影像融合过程

GS 融合算法对融合波段没有数量限制，可以一次性对所有的多光谱波段进行融合处理，融合后的影像能够很好地保留原始多光谱影像的波谱信息。它与 PCA 变换的区别在于：PCA 变换的第一分量 PC_1 包含信息最多，后面的分量信息含量依次减少；而 GS 变换产生的各个分量只是正交，各自的独立信息分散在各分量中，避免了 PCA 变换后信息分布过于集中的问题。由于 GS 变换后的第一分量就是变换前的第一分量，所以合理构造 GS_1 是保证融合效果的关键。

7.5.4 邻域加权影像融合

上述的细节注入法和细节替换法都是将全色影像的光谱信息直接融合到多光谱影像中，而本节所讲的邻域权重法则是将融合结果看成是多光谱影像超像元邻域的加权和，全色影像只用来计算超像元邻域的权重，其光谱信息并不直接参与融合运算。

邻域权重法的代表方法是基于最近邻弥散的影像融合算法（nearest-neighbor diffusion-based pan-sharpening，NNDiffusion）。NNDiffusion 算法是一种基于邻域的快速波谱锐化方法，邻域为目标像元周边的 9 个超像元。所谓超像元，指的是以高分辨率影像的视角出发，按照低分辨率影像的像元大小划分的像元块（图 7-27）。

用 x 和 y 代表融合后多光谱影像的行列号，$h(x, y)$表示(x, y)处的像元值，$m_i(x, y)$表示(x, y)的第 i 个邻域超像元在多光谱影像上的取值。采用 NNDiffusion 法，$h(x, y)$可表达为：

$$h(x,y) = \sum_{i=1}^{9} w_i(x,y) * m_i(x,y) \tag{7.46}$$

式中，$w_i(x, y)$表示(x, y)的第 i 个邻域超像元的权系数。

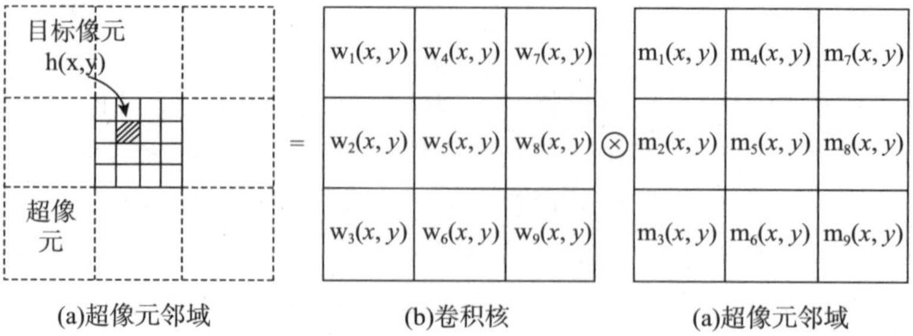

图 7-27　NNDiffuse 影像融合过程中的卷积

上式表明,融合后(x, y)处的像素值$h(x, y)$是其超像元邻域在多光谱影像中所有像元值的加权和,这实际上是一种空间卷积操作。权系数$w_i(x, y)$不但与(x, y)有关,而且随着i的变化而变化,其值的大小代表目标像元与其邻域超像元的接近程度,二者越接近,权系数越大。NNDiffusion 方法正是通过权系数的动态调整来体现超像元内部亚像元值的变化。邻域像元的权系数实际上就构成了一个卷积核。

从上面的描述可以看出,NNDiffusion 融合的过程类似于空间平滑滤波。但其与空间平滑滤波不同的是:①目标像元与邻域像元分辨率不同:目标像元与全色影像像元大小一样,邻域像元与多光谱影像的像元大小相同。②卷积模板大小固定,但其取值是不固定的,会随着模板中心的移动而变化,即模板W是中心点(x,y)的函数。③卷积模板是一个指数模板,其元素取值由全色影像中目标像元与其邻近超像元的波谱距离和空间距离决定,波谱距离和空间距离共同构成指数模板的指数项(图 7-28)。波谱距离加空间距离越小,说明目标像元与邻近超像元的关系越密切,模板元素的值就越大。

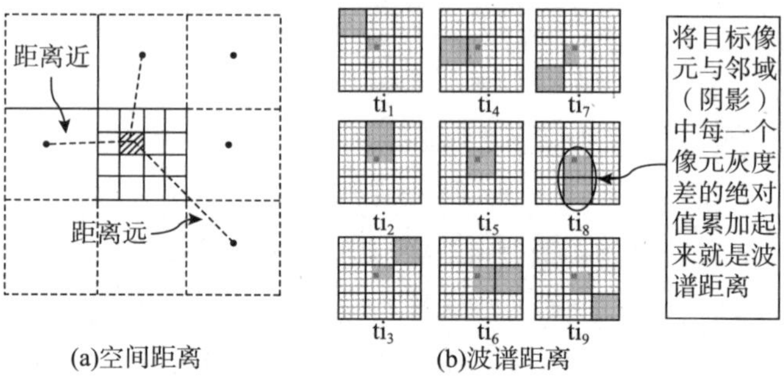

图 7-28　NNDiffuse 影像融合过程中的波谱距离与空间距离

在计算距离时,需要差别化对待波谱距离和空间距离,因此在计算中须分别引入波谱平坦因子和空间平坦因子。平坦因子一方面控制模板的平坦程度,同时也控制波谱距离和空间距离的权重。因子的设置可以自适应计算,也可以根据经验来设置。

多波段融合完成后,最后一步需要进行归一化处理。基本思路为:融合以前,多光谱影像的多个波段和全色影像构成一种多元线性关系;融合以后,这种线性关系保持不变。利用这种不变形,可以对融合以后的多光谱影像生成一幅模拟全色影像,将真实全色影像和模拟全色影像之间的比值看作是归一化因子,该因子反映了融合后多光谱影像的亮度是否有系统性的整体增强或减弱。将上述融合后的多光谱影像乘以归一化因子,就可以恢复多光谱影像的平均亮度水平，使得融合后的多光谱影像在增强空间分辨率的同时，尽可能保持原有的波谱特性。

NNDiffuse 融合方法的流程为：①全色影像下采样，生成与多光谱影像分辨率相同的全色影像；②低分辨率全色影像为因变量，多光谱影像的多个波段为自变量，进行多元回归，求出误差项和系数项；③针对全色影像，以固定行列数划分超像元（如 3×3）；④利用全色影像，计算像元与其 9 个邻近超像元的波谱距离；⑤计算像元与其 9 个邻近超像元的空间距离；⑥波谱距离与空间距离组合，构成目标像元与邻近超像元的距离；⑦构造高斯模板，以波谱距离和空间距离为指数项，通过引入波谱平坦因子和空间平坦因子，控制各自的权重；⑧多光谱影像与高斯模板卷积，生成融合后多光谱影像；⑨利用第 2 步求出的回归系数，用融合后的多光谱影像生成一个低分辨率的全色影像；⑩利用生成的全色影像和真实全色影像的比值，归一化所有多光谱影像。

这种融合方法，融合后像元的取值完全是由原多光谱影像的像元值加权求和得到，全色影像的像元值没有直接参与融合后像元的取值计算，而是用于衡量目标像元与其邻域的接近程度，通过接近程度调整邻域的权重，从而间接参与运算。这样的处理方法，避免了全色影像像元直接参与运算对结果的影响，在逻辑上更为合理。

7.5.5　融合影像质量评价

在很多应用场景中，影像融合的目的往往都是服务于人的视觉感受，特别是涉及自然彩色影像与灰度影像之间的融合问题，人眼能够直观地观察融合结果，通过融合前后色调变化程度来判断波谱畸变是否严重。但主观评价有其局限性，观察环境，设备及观察者的个人喜好都会影响评价结果。因此，需要一些指标来客观评价影像融合的效果。

1. 基于影像本身的指标

(1)平均梯度　平均梯度(average gradient, AG)可以用于衡量融合后影像的清晰程度，平均梯度越大，影像清晰度越好，融合质量越好。其计算式如下：

$$AG = \frac{1}{(M-1)(N-1)}\sum_{i=1}^{M-1}\sum_{i=1}^{N-1}\sqrt{\frac{(H(i+1,j)-H(i,j))^2+(H(i,j+1)-H(i,j))^2}{2}} \tag{7.47}$$

式中，H 为融合后的影像；M 与 N 分别为影像的行数和列数。

(2)空间频率　空间频率(spatial frequency, SF)反映影像灰度的变化率，空间频率越大表示影像越清晰，融合影像质量越好。其计算式如下：

$$SF = \sqrt{RF^2 + CF^2}$$

$$RF = \sqrt{\frac{1}{MN}\sum_{i=1}^{M}\sum_{j=1}^{N}\mid H(i,j)-H(i,j-1)\mid^2} \tag{7.48}$$

$$CF = \sqrt{\frac{1}{MN}\sum_{i=1}^{M}\sum_{j=1}^{N}\mid H(i,j)-H(i-1,j)\mid^2}$$

(3)标准差　标准差(standard deviation, STD)是度量影像信息丰富程度的一个客观评价指标，该值越大，则影像的灰度级分布就越分散，影像携带的信息量就越多，融合影像质量就越好。其计算式如下：

$$\mathrm{Mean}=\frac{1}{MN}\sum_{i=1}^{M}\sum_{j=1}^{N}H(i,j)$$

$$\mathrm{STD}=\sqrt{\frac{1}{MN}\sum_{i=1}^{M}\sum_{j=1}^{N}[H(i,j)-\mathrm{Mean}]^2} \tag{7.49}$$

式中，Mean 为影像均值，STD 为标准差。

(4)信息熵　信息熵(entropy, EN)是衡量影像平均信息量的指标。熵值越大，表明融合结果影像所包含的信息越丰富，细节特征越明显。根据 Shannon 理论，EN 的计算式为：

$$\mathrm{EN}\,(A)=-\sum_{a}P_A(a)\lg P_A(a) \tag{7.50}$$

式中，a 表示灰度值；$P(a)$表示灰度 a 的概率分布。

2.借助参考影像的指标

这些指标衡量融合影像与参考影像的相似关系。然而真实的参考影像是很难获得的，退而求其次，可以用融合以前的多光谱影像作为参考影像。这种情况下，下述方法主要评价的是融合后多光谱特性的保真程度。

(1)结构相似性　结构相似性(structural similarity，SSIM)取值范围为[−1, 1]，越接近1，代表融合前后波谱相似度越高，融合质量越好。其计算式如下：

$$\mathrm{SSIM}(x,y)=\frac{(2\mu_x\mu_y+c_1)(\sigma_{xy}+c_2)}{(\mu_x^2+\mu_y^2+c_1)(\sigma_x^2+\sigma_y^2+c_2)} \tag{7.51}$$

式中，μ_x和μ_y分别为影像 x 和 y 的平均值，σ_{xx}、σ_{yy}、σ_{xy}分别为 x、y 的标准差和 x 与 y 的协方差。

(2)均方误差和均方根误差　均方误差(mean square error, MSE)和均方根误差(root mean square error, RMSE)反映的是变量间的差异程度，是一种基于像元误差的影像质量客观评价指标，用于衡量融合影像和理想参考影像之间的差异，MSE 和 RMSE 越小，表示融合影像质量越好。其计算式为：

$$\mathrm{MSE}=\frac{1}{MN}\sum_{i=1}^{M-1}\sum_{j=1}^{N-1}(x(i,j)-y(i,j))^2 \tag{7.52}$$

$$\mathrm{RMSE}(x,y)=\sqrt{\mathrm{MSE}(x,y)} \tag{7.53}$$

式中，x，y 分别为两幅影像；M 与 N 分别表示影像的行数和列数。

(3)峰值信噪比　峰值信噪比(peak signal to noise ration, PSNR)用于衡量影像有效信息与噪声之间的比率，能够反映影像是否失真。其计算式如下：

$$\mathrm{PSNR}=10\ \lg\left(\frac{z^2}{\mathrm{MSE}}\right) \tag{7.54}$$

式中，z 表示理想参考影像灰度最大值与最小值之差，通常为 255。PSNR 的值越大，表示融合影像的质量越好。

7.5.6 影像融合实例

QuickBird 全色影像空间分辨率为 0.7 m，波长范围 450～900 nm；它的多光谱影像空间分辨率为 2.8 m，有 4 个波段：蓝波段 450～520 nm，绿波段 520～600 nm，红波段 630～690 nm，近红外波段 760～900 nm。分别采用 Brovey、IHS、PAC、GS 和 NNDiffuse 进行影像融合。

从融合以后的结果(图 7-29)可以看出，所有方法对影像的整体空间分辨率都有所提升。在原本低分辨率多光谱影像上模糊不清的道路，变得清晰了。但是从视觉效果看，IHS 和 Brovey 融合算法色调变化最大，NND 算法色调变化最小。

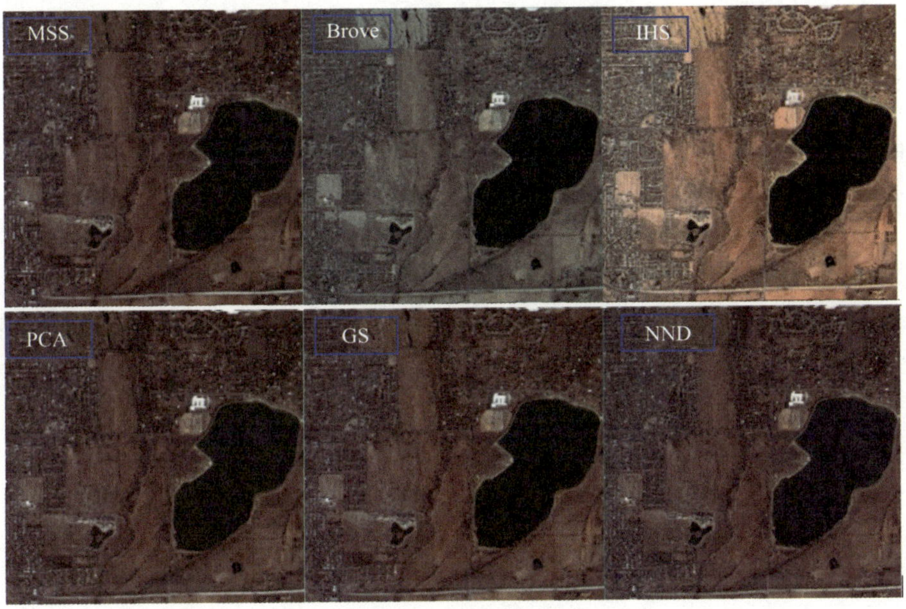

图 7-29 影像融合方法效果比较

表 7-1 列出了影像融合后的量化评价指标。从表中可以看出，NNDiffuse 融合算法的各项指标的表现均为最优，和目视评价的结论一致。与图像本身相关的指标(如 AG 值)，Brovey 方法劣于 IHS 方法，与影像的目视清晰度感受较为吻合。但是与参考影像相关的指标，如 PSMR 等，Brovey 的表现就比 IHS 好，这一点从影像的色调上也能够观察到。这说明遥感影像融合评价须多种指标结合在一起综合考虑。基于影像的指标更关注融合影像本身的信息量，它能很好地度量影像的空间信息。但是可能会忽略其波谱结构。实际工作中，常常没有参考影像可供比较，所以在关注融合结果信息量变化的同时，也应该关注多光谱影像的色调变化，即多光谱各波段间的比例。

表 7-1 影像融合不同方法评价指标对比

算法	AG	SF	MEAN	STD	EN	SSIM	PSMR	MSE	RMSE	EN
Brovey	16.48	35.26	153.9	49.44	7.31	0.51	5.14	21657.75	144.26	7.31
IHS	19.62	41.17	114.11	56.62	7.48	0.36	3.23	37068.72	184.5	7.48
PAC	27.49	59.12	307.71	83.75	7.96	0.67	17.28	1529.16	37.04	7.91
GS	26.47	56.56	307.86	83.08	7.96	0.71	18.31	1336.55	33.85	7.91
NND	32.52	70.53	313.33	91.75	7.96	0.89	22.21	480.38	20.94	8.16

思考题

1. 什么叫图像灰度变换？
2. 直方图匹配法是一种非线性增强方法吗？
3. 空间域滤波的作用有哪些？
4. 彩色增强的目的是什么？
5. 什么叫图像融合？

第 8 章　遥感影像分类

本章将学习遥感影像机器分类的主要方法。通过本章的学习，应重点掌握监督分类和非监督分类的区别；监督分类中最小距离分类、最大似然分类、支持向量机分类、决策树分类和随机森林分类的基本原理；非监督分类中 K-Means 方法和 ISODATA 的基本原理；分类后处理的主要方法和原理；分类精度检验的方法和指标。

遥感影像分类是指依据一定的规则或算法将遥感影像中的像元按照波谱、空间结构、纹理等信息，划分为不同地物类型的过程。特征是影像中地物赖以区分的指标或属性，多个特征构成特征向量。影像的每个像元称为一个样本，由所有样本的特征向量所张成的空间称为特征空间。如多光谱影像有 n 个波段，则每一个像元在各个波段的灰度值即构成一个向量，用 $\boldsymbol{x}=(x_1, x_2, \cdots, x_n)$表示，$\boldsymbol{x}$ 可以称作像元的特征向量，$\boldsymbol{x}$ 所在的 n 维空间就是特征空间。

遥感影像分类可以通过目视来解译，也可以通过计算机进行分类。根据分类过程中的人工的参与程度，可以把机器分类分为监督分类及非监督分类。

8.1　监督分类

监督分类(supervised classification)是指根据训练区的样本，选择特征参数，通过训练或学习建立起判别函数，并将该判别函数应用于整幅影像，对所有像元进行分类和识别的过程，其数学形式为：

$$y = \mathrm{clf}(\boldsymbol{x}), \boldsymbol{x} = (x_1, x_2, \cdots, x_l); y \in \Omega; \Omega = \{\omega_i \mid i = 1, 2, \cdots, N; N \in \mathbb{N}\} \quad (8.1)$$

式中，y 为输出的类别；clf 为判别函数，或称为分类器；$\boldsymbol{x}$ 为待定像元的特征向量；l 为特征向量的维度；x_i 为第 i 个特征的取值；Ω 为类别集合；ω_i 为类别；N 为类别数。

从式(8.1)可以看出，所谓监督分类，就是利用建好的分类器 clf，输入样本的特征向量，输出该样本的类别。因为分类器的建立依赖于训练样本，而训练样本都是根据经验从影像、参考图件或者实地选择的，因此称之为监督分类。

从监督分类的定义可知，监督分类有两个关键环节：一是训练样本的选择，二是分类器的构建。本章将介绍如下几种分类器：最小距离(minimum distance)、最大似然(maximum likelihood)、支持向量机(support vector machine, SVM)、决策树(decision-making tree)和随机森林(random forest, RF)分类器。

8.1.1　最小距离分类

最小距离分类器可以表达为：

$$y = \text{clf}(\boldsymbol{x}) = \underset{\omega \in \Omega}{\text{argmin}}\ \text{dist}(\boldsymbol{\omega}, \boldsymbol{x}) \tag{8.2}$$

式中，y 为分类器输出的类别；dist 为距离函数，反映特征向量 $\boldsymbol{x}$ 所代表的样本与已知类别 $\boldsymbol{\omega}$ 的距离；argmin 函数反映类别集合 Ω 中的一个类别 $\boldsymbol{\omega}$，该类别使得函数 $\text{dist}(\boldsymbol{\omega}, \boldsymbol{x})$ 取值最小。

从式(8.2)可以看出，最小距离分类器就是计算样本到各类别的距离，并将与样本距离最小的类输出(图 8-1)。

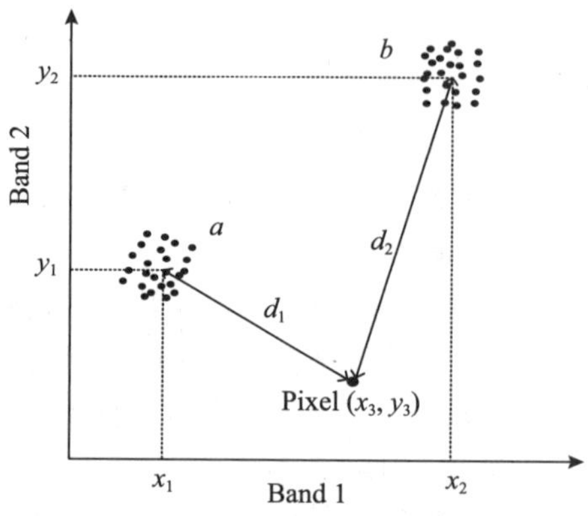

图 8-1　最小距离法示意图

最小距离分类的流程为：①由训练样本计算出每一个类别各波段的灰度平均值，构成类别均值向量，代表类别中心；②计算未知像元到各类别中心的距离，并依此决定其所属类别。以图 8-1 为例，影像包含波段 1 和波段 2，地物 A 和地物 B 在波段 1 和波段 2 所构成的点集分别为 a 和 b，其均值向量分别为(x_1，y_1)和(x_2，y_2)。待分像元(x_3，y_3)到 a 和 b 的距离分别为 d_1 和 d_2，且 $d_1 < d_2$，待分像元与 a 的距离更近，因此待分像元被划分到 A 类。

待分像元到已知类别的距离有很多种度量算法。对于像元 $\boldsymbol{p}$，$\boldsymbol{q}$ 和 $\boldsymbol{z}$，只要符合以下条件：

(1) $\text{dist}(\boldsymbol{p}, \boldsymbol{q}) \geqslant 0$，且 $\text{dist}(\boldsymbol{p}, \boldsymbol{q}) = 0$，当且仅当 $\boldsymbol{p} = \boldsymbol{q}$；

(2) $\text{dist}(\boldsymbol{p}, \boldsymbol{q}) = \text{dist}(\boldsymbol{q}, \boldsymbol{p})$；

(3) $\text{dist}(\boldsymbol{p}, \boldsymbol{z}) \leqslant \text{dist}(\boldsymbol{p}, \boldsymbol{q}) + \text{dist}(\boldsymbol{q}, \boldsymbol{z})$。

则 $\text{dist}(\boldsymbol{p}, \boldsymbol{q})$ 就可以称为距离。常用的距离有欧氏距离、绝对距离、明可夫斯基距离和马氏距离等。上述距离中前 3 种距离的度量效果基本一致，其度量值虽然可能不同，但度量序是一致的。而马氏距离则较为特殊，是传统距离概念的一种扩展。

1. 欧氏距离

欧氏距离(euclidean distance)是最常用到的距离。在 n 维欧几里得空间中，两点之间的欧氏距离为：

$$d(\boldsymbol{x}, \boldsymbol{y}) = \sqrt{(\boldsymbol{x}_1 - \boldsymbol{y}_1)^2 + (\boldsymbol{x}_2 - \boldsymbol{y}_2)^2 + \cdots + (\boldsymbol{x}_n - \boldsymbol{y}_n)^2} = \sqrt{\sum_{i=1}^{n} (\boldsymbol{x}_i - \boldsymbol{y}_i)^2} \tag{8.3}$$

式中，$\boldsymbol{x}$ 和 $\boldsymbol{y}$ 是空间中的两个点，由各自的特征向量表示；$\boldsymbol{x}_i$ 和 $\boldsymbol{y}_i$ 是特征向量中第 i 个分量。

2. 马氏距离

马氏距离(mahalanobis distance)消除了样本不同维度之间的方差差异和相关性,是一个无量纲的度量方式,它是一种有效计算两个未知样本集相似度的方法。与欧氏距离最大的不同在于:马氏距离考虑了特征之间的联系,并且独立于测量尺度。马氏距离计算公式为:

$$d(\boldsymbol{x},\boldsymbol{y}) = \sqrt{(\boldsymbol{x}-\boldsymbol{y})^{\mathrm{T}}\boldsymbol{\Sigma}^{-1}(\boldsymbol{x}-\boldsymbol{y})} \tag{8.4}$$

式中,$\boldsymbol{x}$ 和 $\boldsymbol{y}$ 同式(8.3);T 为转置;$\boldsymbol{\Sigma}$ 为 $\boldsymbol{x}$ 和 $\boldsymbol{y}$ 的方差协方差矩阵。

马氏距离的优点为:①不受量纲的影响,两点之间的马氏距离与原始数据的测量单位无关;②由标准化数据和中心化数据计算出的二点之间的马氏距离是相同的;③马氏距离可以排除变量之间相关性的干扰。

图 8-2 展示了欧氏距离和马氏距离分类效果的对比。图 8-2(a)为一组数据集,如果我们不考虑数据集的分布,直接计算欧氏距离,点 a 和点 c 的距离更为接近[图 8-2(b)];但若考虑到数据集的样本分布呈椭圆形,则点 a 和点 b 的马氏距离更小[图 8-2(c)]。由此可见,马氏距离通过方差进行了归一化,在度量距离的过程中,一方面考虑了类别的中心,另一方面兼顾了类别的离散程度。

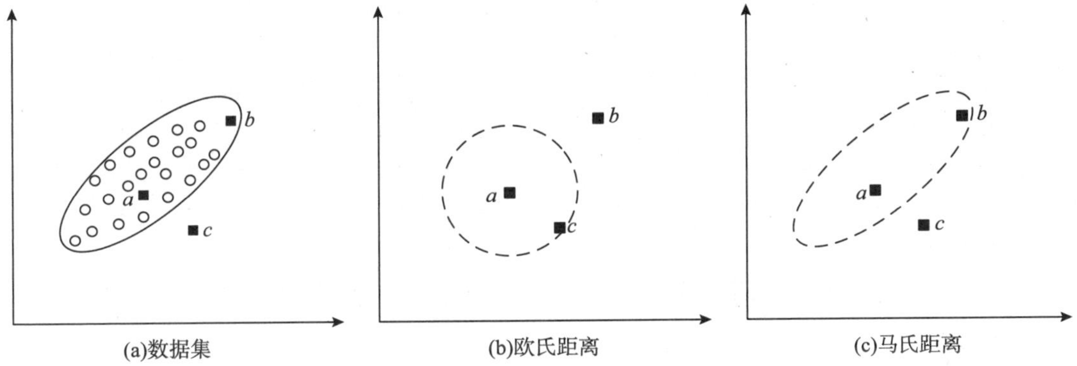

图 8-2 欧氏距离与马氏距离分类的对比

3. 波谱角距离

波谱角距离(spectrum angle distance,SAD)用待定像元的波谱和已知类别的波谱之间的夹角来度量二者之间相似程度的一种距离。

设 $\boldsymbol{x}$ 和 $\boldsymbol{y}$ 都是特征维度为 n 的样本或波谱曲线,$\boldsymbol{x}=(x_1, x_2, \cdots, x_n)$, $\boldsymbol{y}=(y_1, y_2, \cdots, y_n)$,则 $\boldsymbol{x}$ 和 $\boldsymbol{y}$ 之间的波谱角距离可表示为:

$$\mathrm{SAD}(\boldsymbol{x},\boldsymbol{y}) = \arccos\frac{\sum_{i=1}^{n} x_i y_i}{\sqrt{\sum_{i=1}^{n} x_i^2}\sqrt{\sum_{i=1}^{n} y_i^2}} \tag{8.5}$$

波谱角距离特别适用于高光谱遥感影像。高光谱影像通常有几十至上百个波段,各波段的信噪比往往较低,在特征空间中比较像元间的几何距离,往往容易导致较大的误差累积,而波谱角距离受到的影响较小。

图 8-3 展示了两类地物在二维空间的波谱角。因波谱角分类使用余弦距离作为地物类的相似性测度，避免了高光谱影像分类时低信噪比的负面影响。

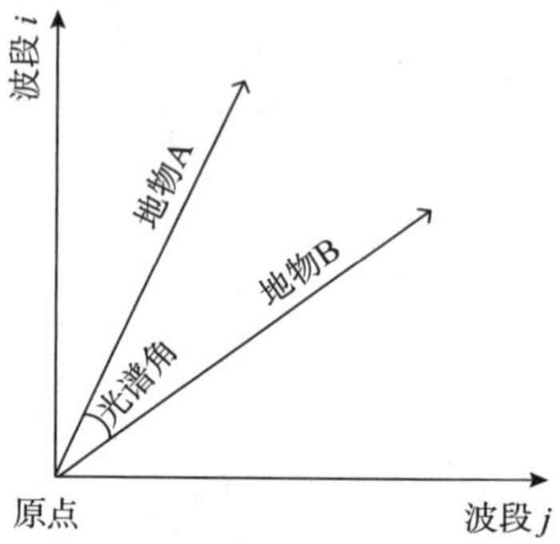

图 8-3　两类地物的波谱角示意图

另外一种情况是当两个样本在各波段均相差一个很大的常数时[图 8-4(a)]，采用欧氏距离判据很可能会将这两个像元划分为不同的两类。但因这两个像元的波段特征相似，所以波谱角较小[图 8-4(b)]，因此若使用波谱角判据，则会把它们归于同一地物类型。

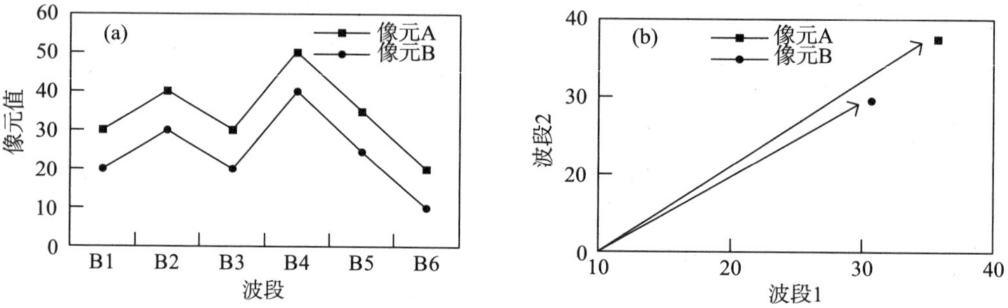

图 8-4　不同像元波谱曲线与波谱角示意图

除了上面提到的距离，相关系数和相似系数等度量指标也可用于最小距离法。

最小距离法的主要缺陷是未考虑地物类别的方差，且在类别边界处可能存在重叠时，分类误差较大；此外，如果待分像元与各分类别的距离皆超过了分析者所设定的距离限制，则将无法将其进行归类。最小距离法算法简单，往往用于快速分类，但在正式分类时并不常用。

8.1.2　最大似然分类

最大似然分类(maximum likelihood classifier, MLC)是常用的监督分类方法之一，又称为贝叶斯(Bayes)分类法，是根据 Bayes 准则对遥感影像进行分类的。它是通过求待分像元归属于各类别的概率，并将该像元分到概率最大的类别中的一种方法。最大似然分类器可以描述为：

$$y = \mathrm{clf}(\boldsymbol{x}) = \underset{\omega \in \Omega}{\operatorname{argmax}} \, L(\omega \mid \boldsymbol{x}) \tag{8.6}$$

式中，y 为分类器输出的类别；L 为似然函数，反映特征向量 $\boldsymbol{x}$ 在类别 ω 的似然度；argmax 函

数反映类别集合 Ω 中的一个类别 ω，该类别使得似然函数 $L(\omega|\boldsymbol{x})$ 取得最大值。

似然函数 $L(\omega|\boldsymbol{x})$ 是一个关于参数 ω 的函数，表示给定输入 $\boldsymbol{x}$ 时，参数 ω 出现的概率，即 $L(\omega|\boldsymbol{x})=P(\omega|\boldsymbol{x})$。具体到遥感影像分类，指的是给定待定像元的一组特征 $\boldsymbol{x}$，关于类别 ω 的概率，即归属于类别 ω 的可能性。在最大似然分类器中，每个类别 $\omega\in\Omega$ 都有一个关于特征 $\boldsymbol{x}$ 的似然值，分类器选择似然值最大的那个类别作为待定像元的类别输出。

最大似然分类中，关键环节在于比较每一个类别 $\omega_i(i=1, 2, \cdots, N)$ 的 $P(\omega_i|x)$，并择其最大者。根据 Bayes 定理：

$$P(\omega_i|\boldsymbol{x})=\frac{P(X|\omega_i)\cdot P(\omega_i)}{P(\boldsymbol{x})} \tag{8.7}$$

式(8.7)中的分母是与类别无关的常数，去掉后不影响各类别似然函数值的排序，所以可以将似然函数简化为：

$$L(\omega_i|\boldsymbol{x})=P(\boldsymbol{x}|\omega_i)\cdot P(\omega_i) \tag{8.8}$$

式中，$P(\omega_i)$ 是 ω_i 类出现的先验概率，通常根据各种先验知识给出或者通过对影像的目视解译给出，也可以先假设初始时各类相等，然后进行多次迭代，每次迭代都根据上一次的判别结果决定该先验概率。

$P(\boldsymbol{x}|\omega_i)$ 表示 ω_i 这个类别中特征 $\boldsymbol{x}$ 出现的概率，对于连续性随机变量，以概率密度 $p(\boldsymbol{x}|\omega_i)$ 代替。当已知类别 ω_i 的特征分布时，代入观察值 $\boldsymbol{x}$ 可以就可以求出 $P(\boldsymbol{x}|\omega_i)$ 或 $p(\boldsymbol{x}|\omega_i)$。现在的关键是如何确定类别 ω_i 的特征分布。最大似然分类一般假设各类别的特征服从多元正态分布，即：

$$p(\boldsymbol{x})=\frac{1}{(2\pi)^{1/2}\ |\Sigma|^{1/2}}\mathrm{e}^{-\frac{1}{2}(\boldsymbol{x}-\boldsymbol{\mu})^{\mathrm{T}}\Sigma^{-1}(\boldsymbol{x}-\boldsymbol{\mu})} \tag{8.9}$$

式中，$\boldsymbol{x}$ 为特征向量；$\boldsymbol{\mu}$ 为均值向量；Σ 为方差协方差矩阵。

为了方便计算，对式(8.9)两边取对数可得：

$$\ln(p(\boldsymbol{x}))=(-\frac{1}{2}\ln2\pi-\frac{1}{2}\ln|\Sigma|)-\frac{1}{2}(\boldsymbol{x}-\boldsymbol{\mu})^T\Sigma^{-1}(\boldsymbol{x}-\boldsymbol{\mu}) \tag{8.10}$$

由于式(8.10)这一对数函数是个单调递增函数，因此取对数后不会影响 $p(\boldsymbol{x})$ 的位序。通过进一步简化，去掉比例系数项 1/2 和常数项后，可得

$$L(\omega)=(-\ln|\Sigma|)-(\boldsymbol{x}-\boldsymbol{\mu})^T\Sigma^{-1}(\boldsymbol{x}-\boldsymbol{\mu}) \tag{8.11}$$

从式(8.11)可以看出，只要利用训练区求出各类别的均值向量和方差协方差矩阵，就可以得到各类别的似然函数并进行比较。Bayes 分类器通过把观测样本 $\boldsymbol{x}$ 的先验概率 $p(\omega_i)$ 转化为后验概率 $p(\omega_i|\boldsymbol{x})$ 来确定样本 $\boldsymbol{x}$ 的所属类别。按照 Bayes 分类器对样本 $\boldsymbol{x}$ 进行分类，可以使错误分类的概率 $P(e)$ 最小。以二分类问题为例，错误分类概率可以表示为：

$$P(e)=\int_{R_2}p(\omega_1)p(\boldsymbol{x}|\omega_1)\mathrm{d}x+\int_{R_1}p(\omega_2)p(\boldsymbol{x}|\omega_2)\mathrm{d}x \tag{8.12}$$

错误分类概率 $P(e)$ 为图 8-5 中 A 和 B 的面积之和，当区间 R_1 和 R_2 的分界线在 t 位置

时，错误分类概率 $P(e)$ 最小。若 t 的位置左移，虽然 A 区面积减少，但 B 区面积不仅完全包含 A 区减少的面积，而且还增加由两条概率曲线和 t 位置处的纵向直线围成的区域面积，反之亦然。而 t 位置正是满足"$p(\omega_1)p(\boldsymbol{x}|\omega_1)=p(\omega_2)p(\boldsymbol{x}|\omega_2)$"的判别界面。

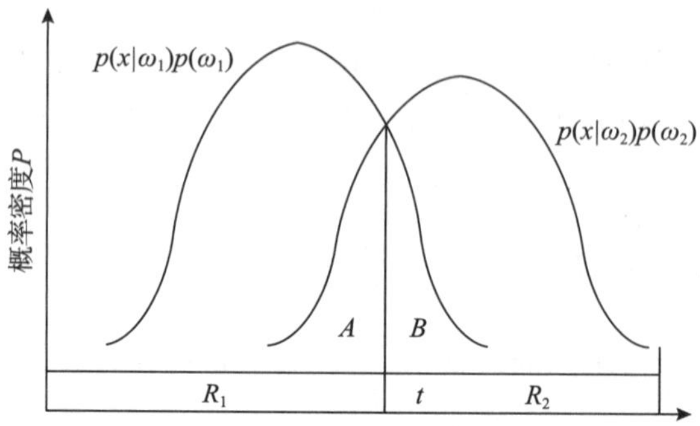

图 8-5　判别界面示意图

基于参数化概率密度分布模型的 MLC 方法是遥感影像分类的常用方法之一，与其他非参数方法如神经网络相比较，MLC 方法具有参数解释能力强、先验知识融入和算法简单等优点。但由于遥感信息的统计分布具有高度的复杂性和随机性，当类别的分布比较离散而不能服从预先假设的分布，或者样本的选取不具有代表性时，分类结果往往有较大的偏差。

8.1.3　支持向量机分类

1. 支持向量机模型

支持向量机是一个二分类器，其基本思想是：基于训练集 D，在样本空间中找到最优的超平面，从而将不同类别的样本完全区分开。

n 维空间的超平面可以由下面的方程确定：

$$\boldsymbol{\omega}^{\mathrm{T}}\boldsymbol{x}+b=0 \tag{8.13}$$

式中，$\boldsymbol{\omega}$ 和 $\boldsymbol{x}$ 都是 n 维列向量；$\boldsymbol{x}$ 为超平面上的点（向量）；$\boldsymbol{\omega}$ 为超平面的法向量，决定了超平面在空间中的方向；b 是一个实数，决定了超平面与坐标原点之间的距离。

通过 (ω, b) 可以唯一确定一个超平面。令 $f(\boldsymbol{x})=\boldsymbol{\omega}^{\mathrm{T}}\boldsymbol{x}+b$，则给定空间中任一点 x，落在该超平面上时 $f(\boldsymbol{x})=0$；落在超平面一侧时 $f(\boldsymbol{x})>0$；落在超平面的另一侧时 $f(\boldsymbol{x})<0$。因此，支持向量机分类器的分类结果 y 可以用符号函数 $\mathrm{sign}(z)$ 和 $f(\boldsymbol{x})$ 的复合函数来决定：

$$y=\mathrm{clf}(\boldsymbol{x})=\mathrm{sign}(\boldsymbol{\omega}^{\mathrm{T}}\boldsymbol{x}+b)=\mathrm{sign}(f(\boldsymbol{x}))=\begin{cases}1, f(\boldsymbol{x})>0\\0, f(\boldsymbol{x})=0\\-1, f(\boldsymbol{x})<0\end{cases} \tag{8.14}$$

定义 $|\boldsymbol{\omega}^{\mathrm{T}}\boldsymbol{x}+b|$ 为点 x 到超平面 $(\boldsymbol{\omega}, b)$ 的函数间隔。由于法向量 $\boldsymbol{\omega}$ 是用来指示方向的，其长度可以取任意大于 0 的值。所以函数间隔不唯一，会随着 $\boldsymbol{\omega}$ 的变化而变化，因此须引入几何间隔的概念。空间中任意点 x 到超平面 $(\boldsymbol{\omega}, b)$ 的几何间隔定义为：

$$\gamma=\frac{|\boldsymbol{\omega}^{\mathrm{T}}\boldsymbol{x}+\boldsymbol{b}|}{\|\boldsymbol{\omega}\|} \tag{8.15}$$

如果该超平面能将样本正确分类，那么位于超平面两侧的样本分别为正例和负例，即：

$$\begin{cases} 若\ y_i = +1,则有\ \boldsymbol{\omega}^{\mathrm{T}}\boldsymbol{x}_i + b > 0 \\ 若\ y_i = -1,则有\ \boldsymbol{\omega}^{\mathrm{T}}\boldsymbol{x}_i + b < 0 \end{cases} \tag{8.16}$$

成对出现的$(x_i,\ y_i)$代表训练样本，其中 x_i是第 i 个样本的特征向量，y_i是其分类标签，取值为+1 和−1，分别指示其归属于某一类和不属于某一类。

可以在分划超平面的两侧各找到一个平行于分划超平面的平面，使得距离分划超平面最近的样点落在这两个平面中的一个上面，这些点就被称为支持向量(support vector)。通过调整法向量 $\boldsymbol{\omega}$ 的长度，可令支持向量到分划超平面的函数间隔为 1(图 8-6)。此时所有训练样本符合以下条件：

$$\begin{cases} \boldsymbol{\omega}^{\mathrm{T}}\boldsymbol{x}_i + b \geqslant +1, y_i = +1 \\ \boldsymbol{\omega}^{\mathrm{T}}\boldsymbol{x}_i + b \leqslant -1, y_i = -1 \end{cases} \tag{8.17}$$

将 y_i乘进上述不等式中，上面的公式可以统一地表示为：

$$y_i(\boldsymbol{\omega}^{\mathrm{T}}\boldsymbol{x}_i + b - 1) \geqslant 0 \tag{8.18}$$

此时两侧支持向量的几何间隔为：

$$\gamma = \frac{2}{\|\boldsymbol{\omega}\|} \tag{8.19}$$

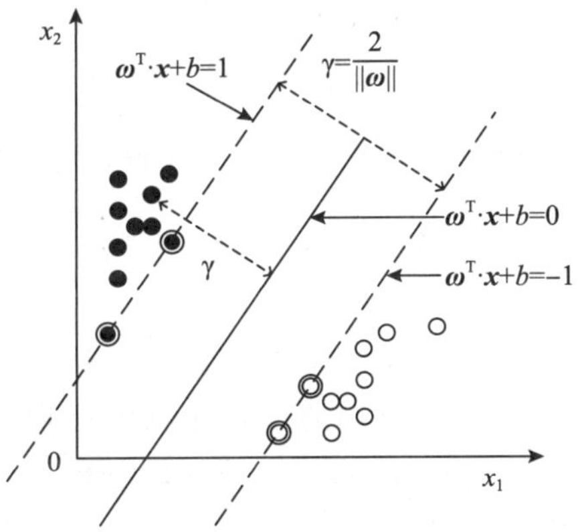

图 8-6 SVM 分划超平面完全线性可分示意

所谓最优分划超平面，就是取适当的 $\boldsymbol{\omega}$ 和 $\boldsymbol{b}$ 值，得到支持向量几何间隔最大的超平面。此时优化目标函数及其约束条件为：

$$\max_{(\omega,b)}(\gamma) = \max_{(\omega,b)}\left(\frac{2}{\|\boldsymbol{\omega}\|}\right) \Leftrightarrow \min_{(\omega,b)}(\|\omega\|) \Leftrightarrow \min_{(\omega,b)}\left(\frac{1}{2}\|\boldsymbol{\omega}\|^2\right) \tag{8.20}$$
$$\text{s. t. } y_i(\boldsymbol{\omega}^{\mathrm{T}}\boldsymbol{x}_i + \boldsymbol{b}) - 1 \geqslant 0, i = 1, 2, \cdots, n$$

按照上面的优化目标和约束条件，求解得到 $\boldsymbol{\omega}$ 和 $\boldsymbol{b}$，即是找到了分割超平面。再将样本特征向量代入式(8.14)，便可得到分类结果。

2. 松弛变量、软间隔与损失函数

前面我们讨论的支持向量机模型都是假设存在一个超平面能将不同类别的训练样本完全分开，然而由于样本选择或者类别波谱的复杂性，在实际应用中很难找到这样一个理想的超平面，使得训练样本在特征空间中完全分开；或者可能因过于追求对所有训练样本的正确分类而导致支持向量的几何间隔太小，这种情况一般称其为过拟合。过拟合的模型在实际应用中对误差较为敏感，使得分类的容错性很差。

为了解决上述问题，引入松弛变量和软间隔（soft margin）的概念，即允许支持向量机在一些样本上出错，从而换取支持向量几何间隔加大，如图 8-7 所示。

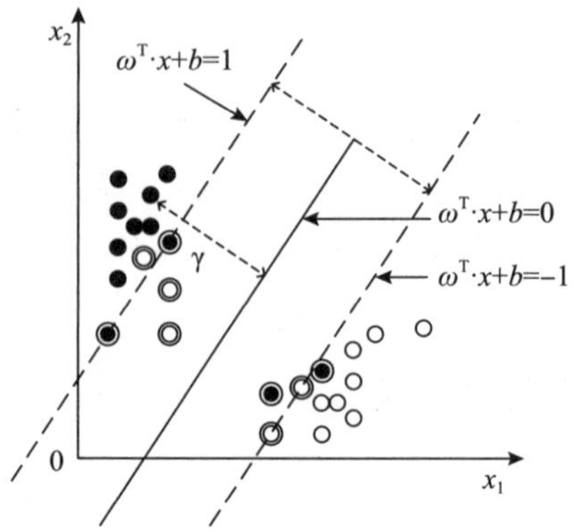

图 8-7　SVM 分划超平面与软间隔示意

通过松弛变量 ξ，放松对样本的要求，即样本只需满足以下约束即可：

$$y_i(\boldsymbol{\omega}^T x_i + b) \geqslant 1 - \xi_i \tag{8.21}$$

此时，符合上式条件的支持向量的间隔称为软间隔（图 8-7）。我们希望在软间隔尽可能大的同时，由错分样本所带来的损失也尽可能小。如何平衡间隔尽可能大和损失尽可能小之间的矛盾，需要引入一个惩罚因子 C。错分样本带来的错分损失用一个损失函数 l 表达，于是优化目标可以改写为：

$$\underset{\omega,b}{\operatorname{argmin}} \frac{1}{2} \|\boldsymbol{\omega}\|^2 + C\sum_{i=1}^{m} l_{0/1}\left[y_i(\boldsymbol{\omega}^T \boldsymbol{x}_i + b) - 1\right] \tag{8.22}$$

式中，C 是一个大于 0 的常数，称为惩罚因子；$l_{0/1}$ 是 0—1 的损失函数，表示由错分带来的损失，错分则取值为 1，正确分类则取值为 0。

损失函数可以对分类损失进行量化，但 $l_{0/1}$ 损失函数不是连续函数，不利于优化问题的求解，因此通常的选择是构造代理损失。可用的选择包括铰链损失（hinge loss）函数、Logistic 损失函数和指数损失（exponential loss）函数（图 8-8），其中 SVM 使用的是铰链损失函数。三种替代损失函数定义如下：

$$\begin{cases} l_{\text{hinge}}(z) = \max(0, 1 - z) \\ l_{\exp}(z) = \exp(-z) \\ l_{\log}(z) = \log[1 + \exp(-z)] \end{cases} \tag{8.23}$$

对替代损失的相合性研究表明，当替代损失是连续凸函数，并在任意取值下是 $l_{0/1}$ 损失函数的上界，则求解替代损失最小化所得结果也是 $l_{0/1}$ 损失最小化的解。

软间隔方法与硬间隔方法相比，优化目标函数保持一致，但在约束上有所不同。

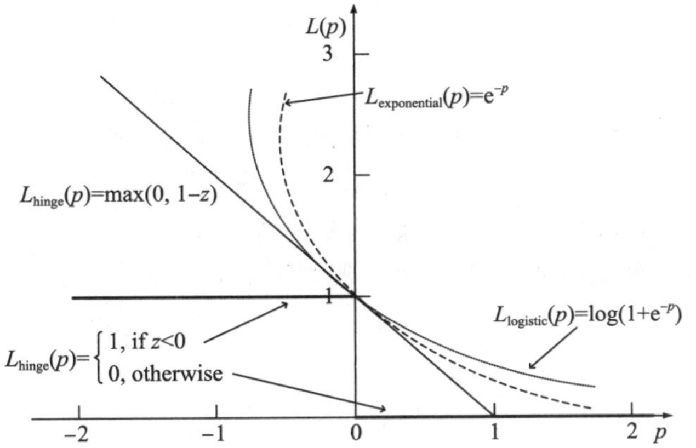

图 8-8　损失函数示意图

3. 线性不可分与核函数

在有些情况下，训练样本在其特征空间中不是线性可分的，即无论找一个什么样的超平面，其分类后的损失都很大。这种情形下需要换一种思路来进行分类，那就是将原始特征变换到维度更高的特征空间，原来空间中线性不可分的样本在更高维度空间中就有可能线性可分了（图 8-9）。设变换为 φ，将变换以后的特征 $\varphi(\boldsymbol{x})$ 代入 SVM 分类器中，即可实现分类。

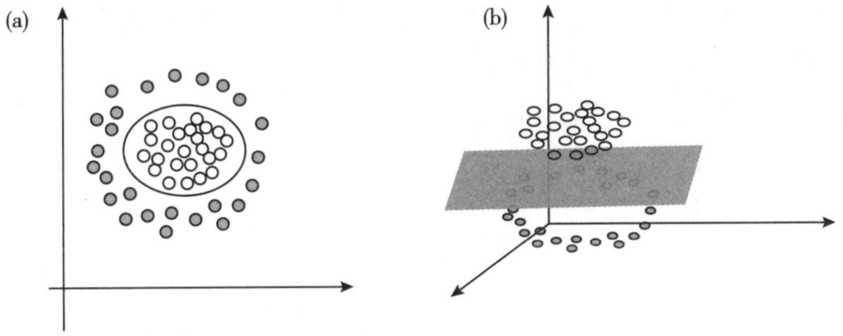

图 8-9　支持向量机法核函数变换超平面示意图

上述解决方案会面临两个问题：①什么样的变换 φ 能够使样本线性可分，是需要根据数据和经验来定的，而且大部分时候显性地定义出变换 φ 的难度很大；②变换之后的维度一般远大于原空间的维度。虽然从理论上来说，维度越高其线性可分性越好，但其运算复杂度和运算代价也相应大幅度提高。因此，一般不必显性地给出变换函数，而是采用核函数的办法来解决上述问题。核函数的定义如下：

$$K(\boldsymbol{x},\boldsymbol{y}) = \langle \varphi(\boldsymbol{x}),\varphi(\boldsymbol{y}) \rangle \tag{8.24}$$

核函数不是以特征向量为自变量，而是以成对的特征向量为自变量，其函数值为两个特征向量变换以后的内积。在核函数表达式中，不是显性地给出 φ 的具体形式，而是整体以向量内积的形式隐性地表达出来。线性和非线性 SVM 可以用一个统一的形式来表达。线性 SVM 所使用的线性核相当于没有对特征空间做任何维度扩展；而非线性 SVM 使用非线性核来对特征空间进行升维。除了核函数不同,其他步骤对于线性和非线性 SVM 完全一致。

常见的核函数列于表 8-1。采用线性核的 SVM 实际上没有对向量空间进行变换,等价于不采用核函数的 SVM 分类器。多项式核对原始的线性空间进行了升维,变换后的维数取决于指数 d 的取值,随着 d 取值的上升,其维数快速上升。例如,原空间维数是 2,特征向量为 (x_1, x_2),则当 d 取 2 时,变换后的特征向量变为 $(x_1, x_2, x_1^2, x_2^2, x_1x_2)$,维度变为五维。线性核的变换函数 φ 是可以显性地给出的,如上述的例子中:

$$\varphi\begin{pmatrix}x_1\\x_2\end{pmatrix}=\begin{pmatrix}x_1\\x_2\\x_1^2\\x_2^2\\x_1x_2\end{pmatrix} \tag{8.25}$$

高斯核又称径向基函数核,其隐性表达的变换 φ 将原空间映射到一个无限维的空间。与多项式核相比,高斯核参数更少,模型的复杂程度更低。同时,高斯核也没有数值计算方面的困难,因此高斯核应用较为广泛。

sigmoid 核最早是作为神经网络的激励函数而出现的。使用 sigmoid 核的 SVM 模型等价于一个两层感知机。高斯核和 sigmoid 核对应的变换 φ 无法显性给出。在选用核函数的时候,如果对数据有一定的先验知识,就利用先验来选择符合数据分布的核函数;如果不知道的话,则通常使用交叉验证的方法,来试用不同的核函数,误差最小的即为效果最好的核函数,或者将多个核函数结合起来,形成混合核函数。

表 8-1　SVM 常见的核函数

核函数	计算式	
线性核	$(\boldsymbol{x}_i, \boldsymbol{x}_j) = \boldsymbol{x}_i^{\mathrm{T}}\boldsymbol{x}_j$	(8.26)
多项式核	$K(\boldsymbol{x}_i, \boldsymbol{x}_j) = (\boldsymbol{x}_i^{\mathrm{T}}\boldsymbol{x}_j + b)^d$	(8.27)
高斯核(径向基函数核)	$K(\boldsymbol{x}_i, \boldsymbol{x}_j) = \mathrm{e}^{-\frac{\Vert x_i - x_j \Vert^2}{2\sigma^2}}$	(8.28)
Sigmoid 核	$K(\boldsymbol{x}_i, \boldsymbol{x}_j) = \tanh(\boldsymbol{x}_i^{\mathrm{T}}\boldsymbol{x}_j + b)$	(8.29)

8.1.4　决策树分类

决策树是一个树状预测模型,由节点和有向边组成。决策树中包含 3 种节点:根节点、内部节点、叶子节点。决策树只有一个根节点,是全体训练数据的集合;树中的内部节点是指分类的特征,也可以理解为影像分类的依据;叶子节点是带有分类标签的数据集合,即为遥感影像分类中所划分的类别。决策树可以基于专家知识人工构建,也可以基于训练样本由机器自动构建。

1. 基于专家知识的决策树

基于专家知识的决策树分类是在遥感影像及其他空间数据的基础上,通过专家经验总结，简单的数学统计和归纳等方法，获得分类规则并据此构建决策树进行遥感影像分类。

以某地苹果园种植区提取为例。本区域地形地貌相对复杂，景观格局多样，如仅使用遥感影像的波段特征，很难将苹果园地和林地及耕地区分开。通过野外考察得到苹果园地种植的海拔高度及坡度的阈值信息，同时根据苹果树和农作物在绿光及近红外波段的差异，综合构建出如图 8-10 所示的决策树，从而实现苹果园空间分布的提取。

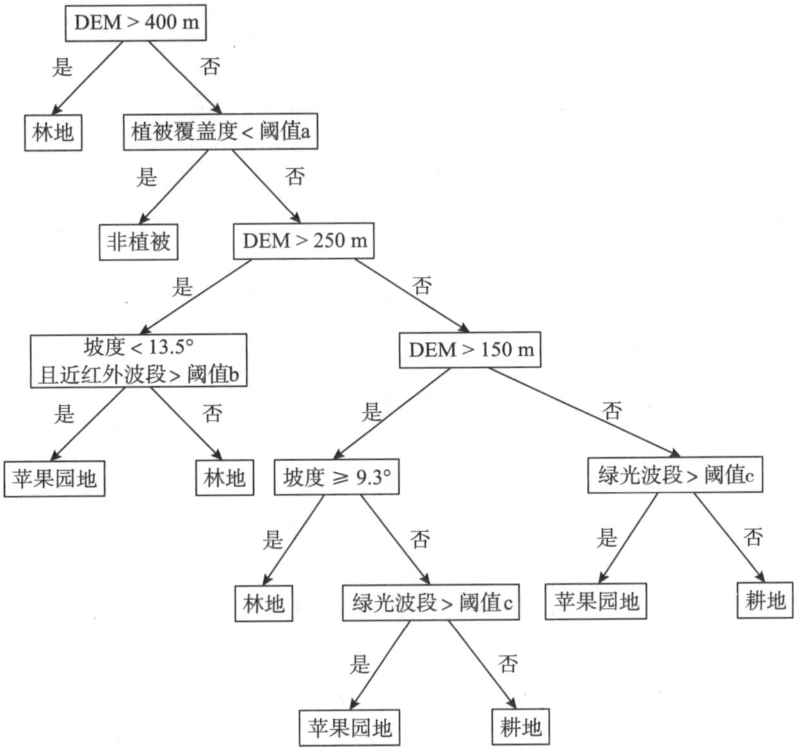

图 8-10　基于决策树分类的苹果园地提取

2. 基于训练样本的决策树自动生成

基于训练样本的决策树是利用训练样本来构造决策规则并进行决策。决策树有分类树和回归树两种基本类型：分类树用于将待分像元分划成离散的几种类型，回归树用于预测像元的某属性值。决策树自动生成可分为两个主要步骤：

(1)决策树初步构建　基于训练样本集 T 构建决策树的流程为：①将所有的特征看成单独的节点；②遍历当前特征的所有分划方案，每一个方案都将样本划分到不同的子节点 N_1，N_2，…，N_m 中，计算所有子节点的纯度信息，据此计算出最佳分划方案及其对应的纯度信息；③遍历所有特征，依据上一步的纯度信息，选择出最优特征及其最优分划方案，分裂出子节点 N_1，N_2，…，N_m；④对子节点 N_1，N_2，…，N_m 分别递归执行步骤②和步骤③，直到每个最终的子节点都足够“纯”。

从上述步骤可以看出，决策生成过程中有两个重要的问题：一是最优特征的选择；二是对样本的最优分划方案的选择。样本分划方案须根据特征的类型确定。如果特征为离散型，且不限定为二叉树，则每个离散取值都可以是一个分支；如果特征为离散型，且限定为二叉树，则可以按照“属于此子集”和“不属于此子集”分成两个分支；如果特征为连续型，可以确定一个阈值生成两个分支。

（2）剪枝　为了防止决策树对训练样本集得过度拟合，需要对决策树进行剪枝。剪枝有事先剪枝法和事后剪枝法两类基本方法。事先剪枝法是建树过程中判断当前节点是否需要继续划分的剪枝方法。通常是通过重要性检测判断是否停止分裂节点。事后剪枝法是让树充分生长之后，再判断是否将某些分支变成节点。

3.决策树节点特征的选择

在决策树自动构建过程中，如何选择最有效的分裂特征构成节点是决策树分类的关键问题。一般根据特征的信息量度量值来进行特征选择。常用的信息度量有：

（1）信息熵　1948 年香农（Shannon）在《通信的数学原理》中指出：“信息是用来消除随机不确定性的东西”，并借用热力学中熵的概念，提出“信息熵（information entropy）”的概念，来解决信息的度量问题。对于任意特征 X，它的信息熵定义为：

$$H(X)=-\sum_{x\in\Omega}P(x)\lg P(x) \tag{8.30}$$

式中，$H(X)$为特征 X 的信息熵；x 为数据集中特征 X 的值；Ω 为特征 X 的所有取值所构成的集合；$p(x)$为特征 X 取值 x 的概率。

对于整个训练样本集而言，信息熵越大，该特征所能提供的信息量就越大，越容易消除识别的不确定性，从而提高地物识别和反演的精度。信息熵也可以度量数据集对于特征 X 的纯度，特征 X 在某数据集中的信息熵越小，则该数据集对于特征 X 而言越纯。信息熵的最小值为 0，此时对应数据集中特征 X 的取值只有一个，即数据集中所有样本的特征 X 都一样，显然这样的数据集最纯。

（2）信息增益　在决策树算法的学习过程中，信息增益（information gain）是特征选择的一个重要指标，它定义为一个特征能够为分类系统带来多少增量信息，带来的信息越多，说明该特征越重要，相应的信息增益也就越大。信息增益是信息熵和条件熵的差值。信息增益的表达式为：

$$G(Y,X)=H(Y)-H(Y\mid X) \tag{8.31}$$

式中，$G(Y,X)$代表特征 X 对 Y 的信息增益；$H(Y)$为样本集在 X 未知情况下 Y 的信息熵；$H(Y|X)$为样本集在按照 X 分类后 Y 的条件熵；Y 为数据集中的样本类别；X 为特征。

条件熵的公式如下：

$$H(Y\mid X)=\sum_{x\in\Omega}P(x)H(Y\mid X=x) \tag{8.32}$$

式中，x 为特征 X 在样本集中的值；$H(Y|X=x)$代表在所有特征 X 的取值为 x 的样本所组成的子集中 Y 的信息熵。

上式表达了在特征 X 确定了的情况下，信息的不确定性减少的程度。也就是说按照特征 X 对样本进行分划之后，数据的分类确定性是否比分划之前更高。因此，我们可以通过信息增益来决定选择哪个特征作为决策树的分裂节点更合适。即信息增益越大，越适合作为分裂特征。算法 ID3 就是用信息增益来选择最佳分裂节点的。

(3)信息增益率　用信息增益作为分裂特征选择的标准有一定的缺陷，即信息增益准则总是对那些取值比较多的特征有所偏好。为了改变这种不良偏好带来的不利影响，提出了信息增益率(information gain ratio)作为选择分裂特征的标准。信息增益率公式如下：

$$\text{Gain\_ratio}(Y,X)=\frac{\text{Gain}(Y,X)}{IV(X)} \tag{8.33}$$

$$IV(X)=-\sum_{x\in\Omega}p(x)\log p(x) \tag{8.34}$$

式中，$\text{Gain_ratio}(Y,X)$为特征 X 对于分类 Y 的信息增益率；$\text{Gain}(Y,X)$为特征 X 对于分类 Y 的信息增益；$IV(X)$被称为是 X 的“固有值”，固有值实际上就反映了 X 这个特征的纯度。如果 X 只含有少量的取值，那么 X 的纯度就比较高；否则，X 的取值较多，其纯度就低，$IV(X)$的值也就越大。这样，通过特征本身的纯度可以修正信息增益准则对纯度低的特征的偏好。

需要注意的是，信息增益率准则对取值较少的属性会有偏好。通过预先筛选，把信息增益低于平均水平的特征剔除掉，之后从剩下的特征中选择信息增益率最高的。这样可以兼顾信息增益和特征取值多寡的问题。

(4)基尼指数　基尼指数(GINI index)也可以作为节点分裂的依据，其定义如下：

$$\text{GINI}=1-\sum_{x\in\Omega}p^2(x) \tag{8.35}$$

基尼指数越大，节点越不纯，熵值越大。将 T 划分为 $T_1,T_2,\cdots,T_i$后，该划分的 GINI 为：

$$\text{GINI}_{\text{split}}(T)=\sum_{i=1}^{t}\frac{N_i}{N}\text{GINI}(T_i) \tag{8.36}$$

式中，N_i为子节点 T_i的样本数；N 为节点 T 总的样本数。

通过 GINI 指数进行特征选择时，选择其中使得 $\text{GINI}_{\text{split}}(T)$ 最小的特征来作为分裂节点构造子节点。

4. 剪枝的方法

决策树是充分考虑了所有的样本而生成的复杂树，有可能出现过拟合的情况。决策树越复杂，过拟合的程度就可能越高。剪枝是指将一棵子树的子节点全部删掉，子节点样本归并到根节点，并将原来的根节点当作叶节点的操作(图 8-11)。

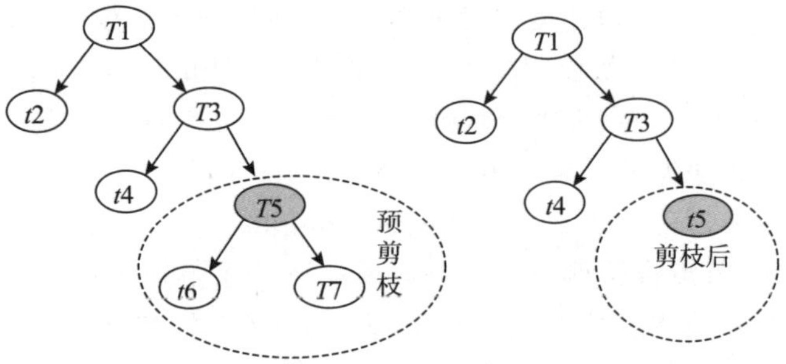

图 8-11　决策树剪枝

剪枝能够降低决策树的复杂度，降低过拟合出现的概率。通常有两种方案：先剪枝和后剪枝。先剪枝也叫预剪枝，就是提前结束决策树的增长；后剪枝是指在决策树生长完成之后再进行剪枝的过程。本书介绍三种后剪枝方案：

(1)错误率降低剪枝　错误率降低剪枝(reduced-error pruning, REP)是借助单独的剪枝数据集，根据剪枝前后剪枝数据集的错误率变化进行剪枝决策。即如果一棵子树修剪前后错误率没有下降，就可以认为该子树是可以修剪的。由于剪枝数据集没有参与决策树的构建，所以该方法能降低训练数据过拟合程度，提高预测的普适性。

以图 8-12 子树 $T3$ 为例，其剪枝步骤为：①假设已经剪枝 $T3$，则 $T3$ 下的所有样本都合并到叶节点 $T3$ 中；②用剪枝集样本测试剪枝后的决策树，如果错误率没有下降，则接受剪枝；③如果错误率上升，则不接受剪枝，恢复子树 $T3$。

REP 剪枝方法是一种自下而上的剪枝方法，实际操作时须从最下层的子树一一判断。

(2)悲观错误剪枝　悲观错误剪枝(pessimistic-error pruning, PEP)是一种较为宽松的剪枝策略。只要剪枝后的误差小于剪枝前允许误差的上限，就认为剪枝后的效果与剪枝前的效果没有明显差异，可以进行剪枝。该方法基于训练数据的误差评估，因此不用单独设立剪枝数据集。PEP 是自上而下的修剪。进行剪枝必须满足的条件：

$$E_t \geqslant E_l - S(E_t) \tag{8.37}$$

式中，E_t表示剪枝前子树的分类误差，一般用错误分类的样本数表示；E_l表示剪枝后留下节点的分类误差。两者的计算公式如下：

$$E_t = \sum_{i=1}^{m}(e_i + 0.5) \tag{8.38}$$

$$E_l = e + 0.5 \tag{8.39}$$

$$S(E_t) = \sqrt{p(1-p)} \tag{8.40}$$

式中，e_i为叶节点 i 的分类误差；m 为子树 t 的样本数；p 为子树 t 错误分类的概率。

由于所有像元的分类结果只有正确和错误，因此可以认为分类误差满足二项分布，根据二项分布的性质有：

$$p = \frac{E_t}{n} \tag{8.41}$$

上式中的 n 为样本数。上述一系列公式中，0.5 表示修正因子。由于子节点是父节点分裂的结果，从理论上讲，子节点的分类效果总比父节点好，分类的误差更小。如果单纯通过比较子节点和父节点的误差进行剪枝就完全没有意义了，因此对节点的误差计算方法进行修正。修正的方法是给每一个节点都加上误差修正因子 0.5，在计算误差的时候，子节点由于加上了误差修正因子，就无法保证总误差低于父节点。

(3)代价复杂度剪枝　代价复杂度剪枝(cost-complexity pruning, CCP)是选择表面误差率增益值最小的非叶子节点进行剪枝。令决策树的非叶子节点为$\{T_1, T_2, \cdots, T_n\}$，其剪枝过程如下：①计算所有非叶子节点的表面误差率增益值；②选择表面误差率增益值最小的非叶子节点，若多个非叶子节点具有相同小的表面误差率增益值，选择节点数最多的非叶子节点；③对选中的非叶子节点进行剪枝。

表面误差率增益值的计算公式：

$$\alpha(t)=\frac{R(t)-R(T)}{N(T)-1} \tag{8.42}$$

式中，$R(t)$为剪枝后形成的叶节点 t 的误差代价，$R(t)=r(t)p(t)$；$r(t)$为节点 t 的错分率；$p(t)$为节点 t 中的样本数占样本总数的比例；$R(T)$为以 t 及其所有子孙节点构成的子树 T 的误差代价，是子树 T 中所有叶节点的误差代价之和，即：

$$R(T)=\sum_{i=1}^{m} r(t_i)p(t_i) \tag{8.43}$$

式中，$r(t_i)$ 为叶节点 t_i的错分率；$p(t_i)$ 为叶节点 t_i的样本数占比；$m=N(T)$为子树 T 叶节点个数。

5. 剪枝算例

考虑图 8-12 的树，树种每个节点有两个数，有下划线的数为该节点下错误分类的样本数，无下划线的数为正确分类的样本数。

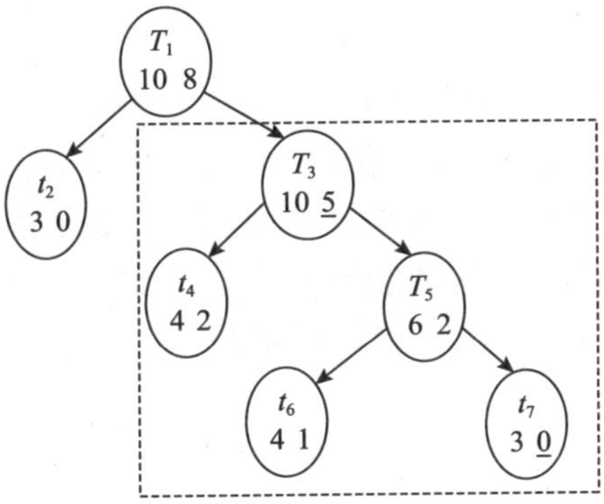

图 8-12　决策树剪枝算例

(1)用 PEP 方法判断 T_3子树是否需要剪枝。

①计算 T_3子树的分类误差数：

$$E_{T3}=2+1+0+0.5\times 3=4.5$$

②T_3子树误判概率为：

$$p=4.5/15=0.3$$

③T_3子树误判标准差为：

$$S(E_{T_3})=[15\times 0.3\times(1-0.3)]^{0.5}\approx 1.775$$

假如 T_3被剪枝，成为一个叶节点 t_3，则其分类误差数为：

$$E_{t_3}=5+0.5=5.5$$

因为 $Et_3=5.5<(E_{T_3}+1.775)=4.5+1.775=6.275$，所以 T_3子树可以被剪枝。

(2)用 CCP 方法比较 T_3和 T_5哪个作为需要剪枝的子树。

分别计算 T_3和 T_5的表面误差率增益值，涉及 3 个叶节点 t_4、t_6和 t_7。

$$r(t_4)=2/6,p(t_4)=6/18\rightarrow R(t_4)=2/18$$
$$r(t_6)=1/5,p(t_6)=5/18\rightarrow R(t_6)=1/18$$
$$r(t_7)=0/3,p(t_7)=3/18\rightarrow R(t_7)=0/18$$

如果 T_3剪枝后变为 t_3，则：

$$r(t_3)=5/15,p(t_3)=15/18\rightarrow R(t_3)=5/18$$
$$\rightarrow\alpha(\mathrm{T}_3)=[(5-(2+1+0)]/[18\times(3-1)]=1/18$$

如果 T_5剪枝后变为 t_5，则：

$$r(t_5)=2/8,p(t_5)=8/18\rightarrow R(t_5)=2/18$$
$$\rightarrow\alpha(T_5)=[(2-(1+0)]/[18\times(2-1)]=1/18$$

因为 $\alpha(T_3)=\alpha(T_5)$，$N(T_5)=8<N(T_3)=15$，所以待剪枝子树选择 T_3。

6. 主要决策树算法

ID3，C4.5 和分类回归树(classification regression tree, CART)是三种主要的决策树算法。具体算法流程本书不做详细解释，只给出三者之间的差异：

(1)特征选择的差异　ID3 使用信息增益准则优选分裂节点，该准则偏向取值多的特征；C4.5 使用信息增益率准则克服了信息增益的缺点，但也在一定程度上偏向于取值少的特征；CART 使用基尼指数准则克服了 C4.5 求对数的巨大计算量，同样偏向于特征取值较多的特征。

(2)使用场景的差异　ID3 和 C4.5 都只能用于分类问题，CART 既可以用于分类也可以用于回归问题；ID3 和 C4.5 是多叉树，运算速度较慢，CART 是二叉树，运算速度很快。

(3)样本数据的差异　ID3 只能处理离散数据且对缺失值敏感，C4.5 和 CART 可以处理连续性数据且有多种方式处理缺失值；从样本量考虑的话，小样本建议 C4.5，大样本建议 CART。C4.5 处理过程中需对数据集进行多次扫描排序，处理成本耗时较高。而 CART 本身是一种大样本的统计方法，但在小样本处理下泛化误差较大。

(4)样本特征的差异　ID3 和 C4.5 层级之间只使用一次特征；CART 可多次重复使用特征。

(5)剪枝策略的差异　ID3 没有剪枝策略，C4.5 是通过悲观错误剪枝策略来修正决策树；而 CART 是通过代价复杂度对决策树进行剪枝。

8.1.5 随机森林分类

随机森林分类器是一个包含多个决策树的分类器，其输出的类别由每棵树输出类别的众数而定。随机森林方法的提出是为了解决单个决策树的过拟合问题。通过多棵树的集成以及构建决策树过程中的两个随机操作来提高分类器的泛化能力。两个随机操作即训练样本的随机选取和备选特征的随机选取。

1.训练数据的随机选取

随机森林算法本质上是一种集成算法,其中的每一棵决策树都是基于一个训练样本集的子集构造。数据子集是原始数据集的有放回随机抽样,其特征维度和原始数据集的特征维度相同。待分类样本通过随机森林分类时,其分类结果由多棵决策树投票产生。每棵决策树都是一个分类器,那么对于一个输入样本,n 棵树会有 n 个分类结果。而随机森林集成了所有的分类投票结果,将得票数最多的类别指定为最终的输出(图 8-13)。

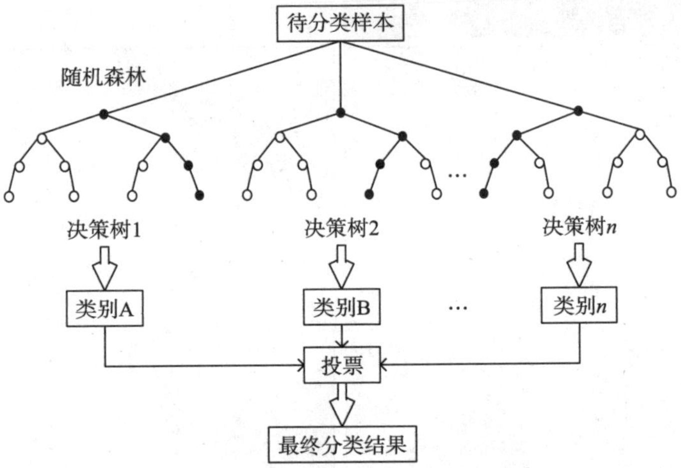

图 8-13　随机森林算法示意图

2.备选特征的随机选取

与数据集的随机选取类似,随机森林中的决策树的构造过程并非使用所有的待选特征,而是从所有待选特征中随机选取一定量的特征,之后再在随机选取的备选特征中依次选择最优特征构建决策树。随机森林中的决策树一般多采用 CART,也可以是别的决策树或者多种决策树的混合。

随机森林是一种灵活实用的分类方法,其实质是对单一决策树的一种提升,这样能够提升分类器的普适性,从而提升分类的精度。随机森林具有如下几个优点:在当前常用分类算法中,随机森林的准确率较高;能够有效地运行在大数据集上;能够处理具有高维特征的输入样本,而且不需要降维;能够评估各个特征在分类问题上的重要性;在生成过程中,能够获取到内部生成误差的一种无偏估计;对于有缺省值的情况也能够获得较好的结果。

图 8-14 展示了最小距离、最大似然、支持向量机和随机森林分类器对同一幅遥感影像的分类结果,可以看出:最小距离法的分类精度较差,大量建设用地被错分为草地;最大似然法在本案例中对水渠的分类效果不佳;支持向量机法以及随机森林法的分类效果最好,与真实地物的分布情况较为吻合。

监督分类的优点为:①可根据研究区的特点和研究目标,充分利用对研究区的先验知识,决定分类类别,避免出现一些不必要的类别。且可人为控制训练样本的选择;②可通过反复调试训练样本,来提高分类精度。

监督分类的缺点是:①分类系统的确定及训练样本的选择,均受到人为主观因素的主导,

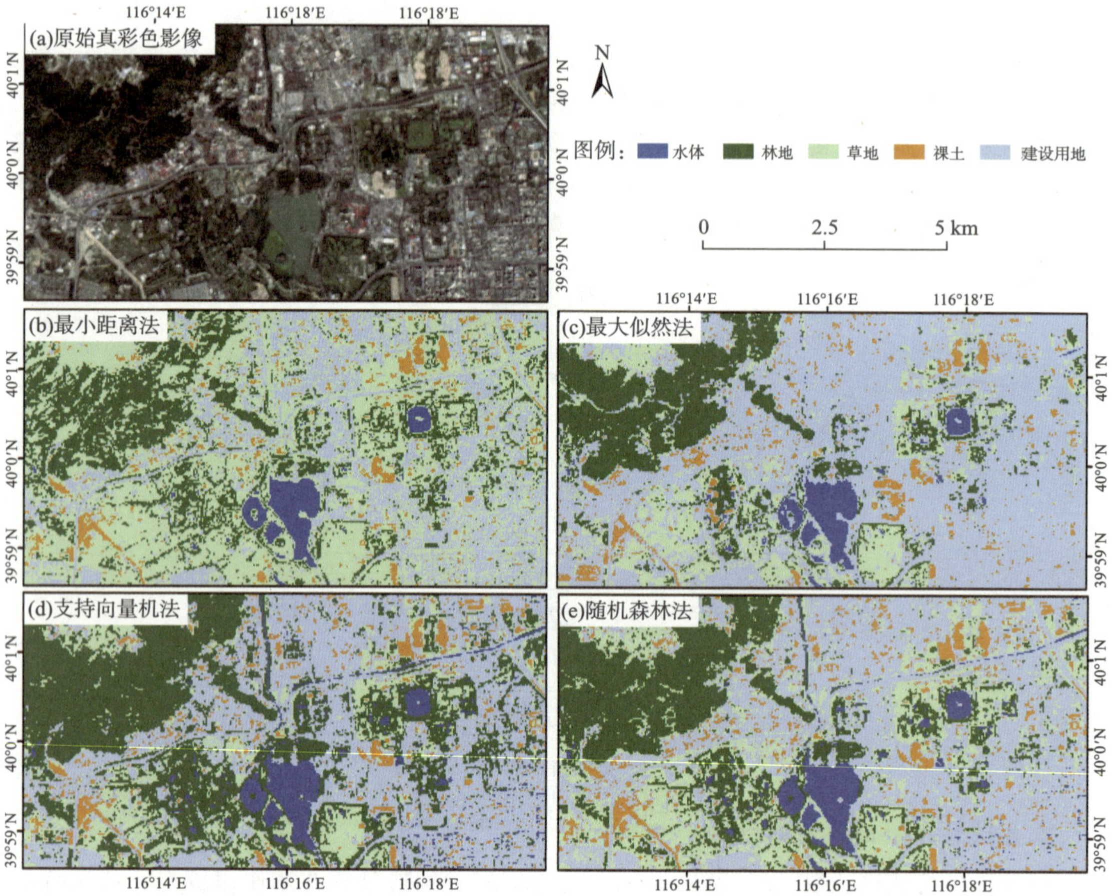

图 8-14 中国农业大学-百望山周边 Landsat 8 OLI 影像几种监督分类结果对比

分类结果与人的具体操作有很大的关系；②影像地物可能存在较大的波谱差异，如林地因林木的密度、年龄、阴影等因素的影响，致使其波谱特征方差较大，训练样本的代表性与典型性不足；③训练样本的选取和评估需花费较多的人力及时间；④只能识别训练样本中所定义的类别，未被定义的地类监督分类不能够识别。

8.1.6 训练样本的选取

监督分类往往需要通过人机交互选择样本，因此需要操作者具有一定的先验知识，对影像所代表的区域有一定的了解。训练样本通常来自遥感影像中十分明确的地物类型图斑，或通过野外考察所记录得到带有地理坐标的地物类别信息。需要强调的是，训练样本是决定监督分类精度的关键因素。所以训练样本必须具备代表性，能够体现出不同地类的波谱特征差异。因此训练样本必须是相对比较均质的“纯净像元”。还须注意的是，野外实地考察点或在遥感影像中选取的训练样本，要尽可能均匀分布于研究区内，使得所选取的训练样本有尽可能高的代表性，减少“同物异谱”及“异物同谱”的现象，从而提高监督分类的精度。

8.2　非监督分类

相比于监督分类，非监督分类(unsupervised classification)不需要训练样本，仅需少量初始输入，机器就可以根据像元波谱特征或空间特征自动地把各样本按其特征相似性聚类成不同的集群。K 均值法(K-means)和迭代自组织数据分析技术法(iterative self-organizing data analysis technique，ISODATA)是常用的两种非监督分类方法。

8.2.1　K 均值法

K 均值(K-means)法的聚类准则是优化聚类结果使像元到其所属类别中心的距离平方和最小。其基本思想是，通过迭代，逐次移动各类的中心，直到满足收敛条件。设影像中地物类数为 m，类 i 的均值为 $\boldsymbol{C}_i$，类内的像元数为 N_i、像元值为 $\boldsymbol{f}_{ij}$，那么，收敛条件是使得下式达到最小：

$$J_e = \sum_{i=1}^{m} \sum_{j=1}^{N_i} (\boldsymbol{f}_{ij} - \boldsymbol{C}_i)^2 \tag{8.44}$$

K 均值法如图 8-15 所示，具体步骤如下：

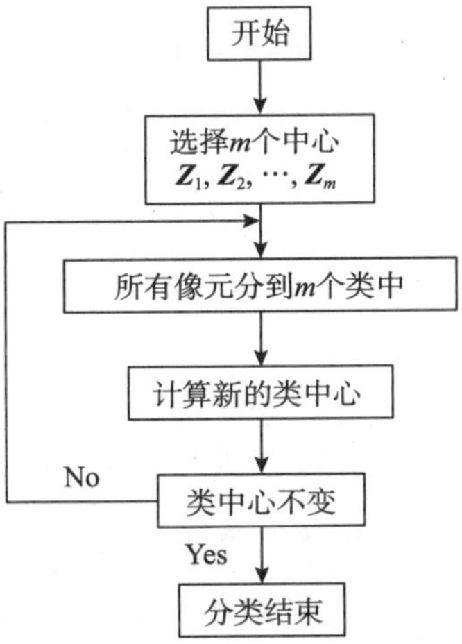

图 8-15　K 均值法流程图

(1)人为选取 m 个类的初始中心 $z_1^{(1)}, z_2^{(1)}, \cdots, z_m^{(1)}$。初始中心的选择对聚类结果有一定的影响，一般使用如下两种方法：①根据问题的性质和经验确定类别数 m，从数据中找出直观上看来比较适合的 m 个类的初始中心；②将全部样本排序后分为 m 个类别，计算每类的重心并作为 m 个类的初始中心。

(2)在第 k 次迭代中，对任一样本 X 按如下的方法调整到 m 个类别中的某一类别中去。存在一个 j，使得对于任意的 $i=1, 2, \cdots, m$ 且 $i \neq j$，都有：

$$\| \boldsymbol{x} - \boldsymbol{z}_j^{(k)} \| < \| \boldsymbol{x} - \boldsymbol{z}_i^{(k)} \| \tag{8.45}$$

则 $X \in S_j$，其中 S_j 是以 $z_j^{(k)}$ 为中心的类。

(3)遍历所有像元，待所有像元归类后，重新计算 S_j 类的中心：

$$z_j^{(k+1)} = \frac{1}{N_j} \sum_{X \in S_j} x \tag{8.46}$$

式中，N_j 为 S_j 类中的样本数。

(4)于所有的 $i = 1, 2, \cdots, m$，如果类中心不再变化，即 $z_i^{(k+1)} = z_i^{(k)}$，或者类中心变化很小，在一个预先规定的阈值之内，则迭代结束，否则转到第 2 步，进行新一轮聚类。

图 8-16 是一个应用 K 均值法进行非监督分类的例子：将待分类数据输入分类器[图 8-16(a)]；随机选择集群组及其初始中心，作为分类的基础[图 8-16(b)]；计算所有像元距类别中心的距离，按照最小距离规则划分到对应的集群中[图 8-16(c)]；重新计算每个集群的中心[图 8-16(d)]；迭代计算，每一轮都调整集群组的成员和类别中心[图 8-16(e)]，直至类中心不变[图 8-16(f)]。

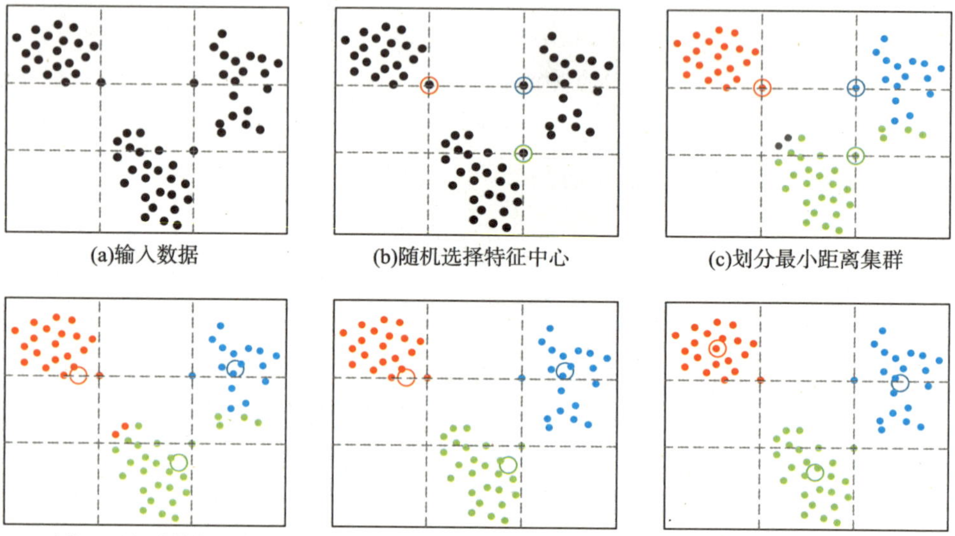

(a)输入数据　(b)随机选择特征中心　(c)划分最小距离集群

(d)迭代，重新计算集群均值　(e)迭代，重新聚类　(f)分类完成

图 8-16　K 均值法原理示意图

K 均值法的优点是实现简单，缺点是类别的初始选择对结果有影响，容易收敛于局部极值。而且该方法在迭代过程中没有调整类别数的措施，类别数、类别分布特征和像元读入次序等都对结果有影响。

8.2.2　迭代自组织数据分析法

迭代自组织数据分析技术(iterative self-organizing data analysis technique，ISODATA)算法是在 K 均值算法的基础上，增加对聚类结果的“合并”和“分裂”操作，并设定算法运行控制参数的一种聚类算法。ISODATA 的算法流程为：

(1)导入 N 个样本$\{x_i, i=1, 2, \cdots, N\}$，预选 m 个初始聚类中心$\{z_1, z_2, \cdots, z_m\}$，m 可以不等于预期的聚类数，其初始位置可以从样本中任意选取。

(2)将 N 个样本分给距离最近的类 S_j；

(3)判断是否达到终止条件，如果达到终止条件，则转到(6)，否则顺序执行；

(4)根据判据，分别执行类的删除、合并和分裂，并调整类别数 m；

(5)修正各聚类中心，转到第(2)步；

(6)退出循环，输出分类结果。

迭代结束的条件可以有多个：迭代运算次数已达到规定次数，或者现有分类结果不再需要变动，即不满足删除、合并和分裂的条件。

删除类别的条件为：如果某一类的样本数少于预设的最小样本数。被删除的类中样本分别归到最近的其他类别中。

类合并的条件为：聚类中心间的距离小于预设的阈值。

分裂类的条件为：某类内的样本标准差大于规定的阈值且满足以下二者之一。

(1)该类的平均样本距离大于所有类的平均样本距离，同时该类样本数大于预设阈值；

(2)类别总数小于预设值的一半。

图 8-17 展示的是采用 ISODATA 法经迭代 15 次得到影像分类结果，可以看出，除了影像东南部部分高大建筑物阴影被错分为水体外，其他地物的分类结果都比较准确。

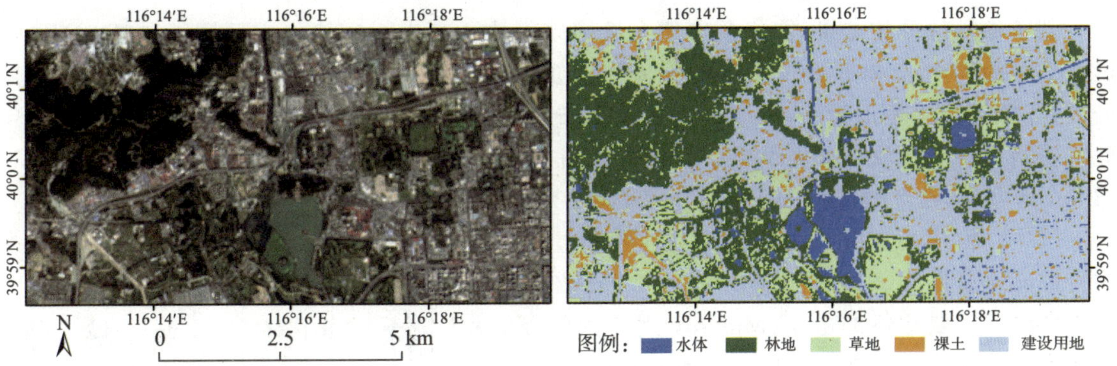

图 8-17　中国农业大学-百望山周边 Landsat 8 OLI 影像 ISODATA 法分类结果

非监督分类的优点主要体现为减少了人为因素所导致的误差，具体包括：①不需要分类者对影像所代表的区域有较多了解，仅需一定的知识来解释被聚类的集群组；②只需要定义集群组数量、迭代次数、分类误差的阈值等几个简单参数，不需定义训练样本，从而尽可能地减少了人为影响；③影像中独特的、覆盖量小的地物类别也能够被识别出来，而不会像监督分类那样由于训练样本的选择而丢失。

非监督分类的缺点来自其对“自然”的依赖性，包括：①非监督分类产生的集群组可能需要归类合并，才能得到最终分类结果；②分类者难以对产生的类别进行控制，特别是由于影像中的地物普遍存在“同物异谱”及“异物同谱”现象，致使分类集群组与目标地物类别的匹配难度加大；③影像中地物类别的波谱特征会随时间、地形等变化，不同区域、不同时段影像之间的集群组无法保持连续性，致使不同影像之间分类结果的对比变得困难。

8.3 分类后处理和精度评价

遥感影像机器分类后得到的原始分类结果，一般难以满足最终的应用需求，还需要对原始的分类结果进行一些后处理工作。同时，也需要检验分类的精度，以保证其分类结果的科学性与准确性。

8.3.1 分类后处理

1. 重编码

重编码是针对非监督分类的后处理过程。非监督分类中，编码是适应于分类方法的。但在制图和应用中，需要有一套新的编码体系。此外，在非监督分类过程中，一般要定义比预期数量更多的地物类别数，需要目视判断各个分类结果的地物属性，将同类地物合并。通过重编码可以快速实现类别合并。

2. 小斑块去除

基于像元的分类结果，往往会出现大量细碎斑块。产生小斑块的主要原因包括：①原始影像本身的噪声；②在地物交界处的像元中包含多种地物类别，即因混合像元因素造成错误分类；③分类结果是正确的，但该类别零星分布于地表，无足轻重，反而使分类结果杂乱。因此需要将这些小斑块从分类结果中去除。小斑块去除的方法主要包括主要/次要(Majority/Minority)分析和聚类(Clump)处理。

(1)主要/次要分析　用类似于空间卷积滤波的方法将像元重新归类。其中，Majority 是将中心像元替换为邻域内占主要地位的像元；Minority 则是将中心像元替换为邻域内占次要地位的像元。Majority 分析可以起到去除小斑块的作用，其处理流程为：首先定义一个变换模板，然后滑动该模板对模板覆盖下的邻域像元进行统计，用其中占主要地位(像元素最多)的像元类别代替中心像元的类别。如图 8-18 中，中心像元为耕地类型[图 8-18(a)]，做 Majority 分析后，该像元会被替换为邻域中的主要类别——林地[图 8-18(b)]。

林	林	林
林	耕	草
草	林	林

(a)处理前

林	林	林
林	林	草
草	林	林

(b)处理后

图 8-18　小斑块去除原理示意图

(2)聚类处理　与 Majority 分析类似，都是为了去除小斑块。遥感影像在分类后空间连续性往往不好，分类区域中存在大量的“岛”或“洞”。低通滤波虽然可以平滑影像，但是类别信息常会被邻近类别的编码干扰，聚类处理解决了这个问题。

聚类是一种数学形态学滤波，通过一个滤波模板在影像上的遍历实现小斑块去除。滤波模板在数学形态学中被称为结构元素，是一个可以在影像上平移且尺寸比影像小很多的集合。结构元素由锚点 b 及其邻域 D_b 组成(图 8-19)。理论上来说，结构元素的形状可以任意选择，锚点也可以任意指定。但实际应用中，一般选择对称的正方形或者圆形作为结构元素的形状，选择中心元素作为锚点。

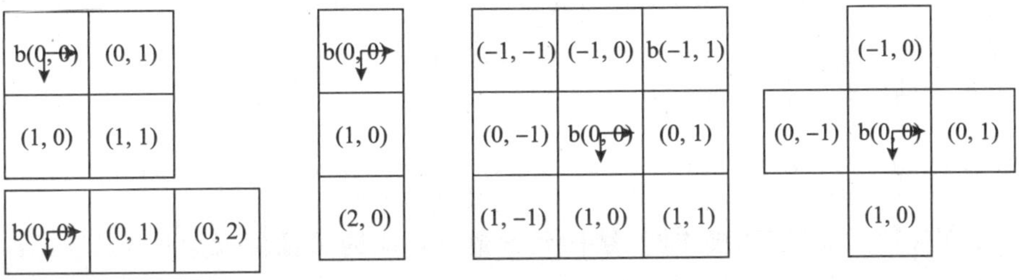

图 8-19 数学形态学滤波中的多种结构元素

基本的二值形态学运算是将结构元素在影像范围内移动，同时施以逻辑与、逻辑或等基本的逻辑运算。二值影像的腐蚀(erode)操作定义为：

$$g(x,y) = \text{erode}[f(x,y),B_1] = \wedge_{(x',y')\in D_b} f(x+x',y+y') \wedge B_1(x',y') \quad (8.47)$$

式中，$g(x,\ y)$为腐蚀后的二值影像；$f(x,\ y)$为原二值影像；$B_1(x',\ y')$为值为 1 的结构元素；D_b为以锚点为坐标原点的邻域；∧表示逻辑“与”运算。

自然语言描述，即：腐蚀操作时，结构元素锚点对应的影像像元取值为所有结构元素值与对应影像像元值做逻辑与操作后，再对所有结果进行逻辑与操作。

二值影像的膨胀(dilate)操作定义为：

$$g(x,y) = \text{dilate}[f(x,y),B_1] = \vee_{(x',y')\in D_b} f(x+x',y+y') \vee B_1(x',y') \quad (8.48)$$

式中的符号和变量同等式(8.47)；∨表示逻辑“或”运算。

自然语言描述为：膨胀操作时，结构元素锚点对应的影像像元取值为所有结构元素值与对应影像像元值做逻辑或操作后，再对所有结果进行逻辑或操作。

先膨胀再腐蚀的操作在数学形态学中被称为闭运算(close)(图 8-20)，可以实现小斑块去除，使得类别在空间上的连续性更强。其中，膨胀可以填充影像中比结构元素小的孔；腐蚀可以消除影像中比结构元素小的像元。

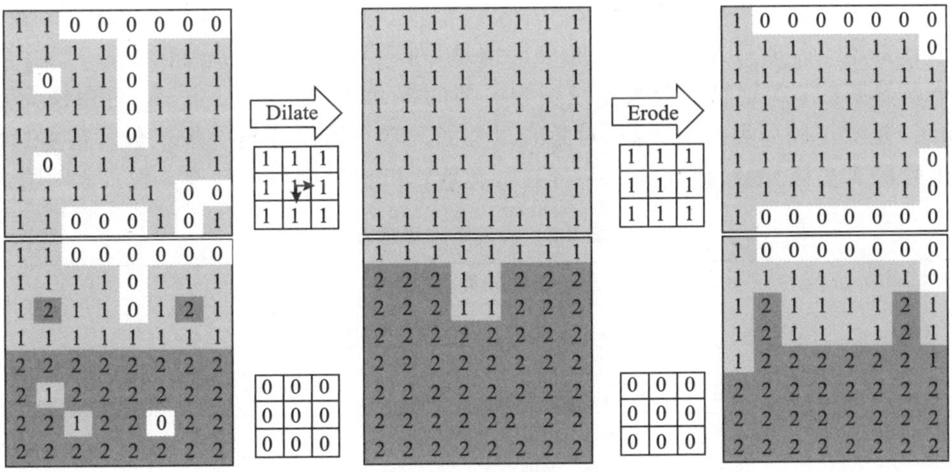

图 8-20 形态学滤波闭运算

灰度数学形态学是二值数学形态学对灰度影像的自然扩展。其中，二值化数学形态学滤波中所用到的“与”、“或”运算分别用最大、最小值运算代替。

灰度影像腐蚀运算的数学定义为：

$$g(x,y) = \text{erode}[f(x,y),B] = \min_{(x',y')\in D_b} f(x+x',y+y') - B(x',y') \tag{8.49}$$

用自然语言描述，即：腐蚀操作时，结构元素锚点对应的影像像元取值为影像值与对应结构元素值差的最小值。

灰度影像膨胀运算的数学定义为：

$$g(x,y) = \text{dilate}[f(x,y),B] = \max_{(x',y')\in D_b} f(x+x',y+y') + B(x',y') \tag{8.50}$$

用自然语言描述，即：膨胀运算时，结构元素锚点对应的影像像元取值为影像值与对应结构元素值和的最大值。

在灰度形态学中，一般选择平坦的结构元素，即元素值均为 0 的结构元素。此时，膨胀就是求局部最大值的操作。从数学角度来说，就是将影像与核进行卷积，计算核 B 覆盖区域的像元点的最大值，并把这个最大值赋值给锚点对应的像元。这样就会使影像中的高亮区域逐渐增长。腐蚀和膨胀是相反的操作，腐蚀是求局部最小值的操作。腐蚀操作会使影像中的高亮区逐渐减小。

8.3.2 精度评价

理想情况下，精度评价最好是比较分类结果和真实地物类别之间的一致性。但在实际情况下，我们很难取得一整幅具有精确地物类别的参考图，因此大多数精度评价都是在影像各类别中选取一定比例的像元进行评价。真实地物类别可以通过实地考察、高分辨率遥感影像解译，或者从其他来源的精准分类图中得到。精度评价首先需要构造混淆矩阵。

1. 混淆矩阵

混淆矩阵也称误差矩阵，是用来表示分类误差的一个二维表，由 n 行 n 列构成，其中 n 代表类别数。混淆矩阵的行是地物的真实分类信息，列是影像的机器分类信息，i 行 j 列交会的单元格表示真实的 i 类地物被分类器判别为 j 类的像元数（表 8-2）。显然，对角线元素（x_{11}，x_{22}，…，x_{nn}）是被正确分类的像元数，对角线以外的元素是错误分类的像元数。最右边的一列是每类地物的真实像元数，而底部的一行是每类地物机器判别得到的像元数。

表 8-2 混淆矩阵示意表

真实地物分类	影像机器分类				行总计
	1	2	…	n	
1	x_{11}	x_{12}	…	x_{1n}	$x_{1+}=\sum_{j=1}^{n}x_{1j}$
2	x_{21}	x_{22}	…	x_{2n}	$x_{2+}=\sum_{j=1}^{n}x_{2j}$
⋮	⋮	⋮	⋮	⋮	⋮

续表 8-2

真实地物分类	影像机器分类				行总计
	1	2	…	n	
n	x_{n1}	x_{n2}	…	x_{nn}	$x_{n+}=\sum_{j=1}^{n}x_{nj}$
列总计	$x_{+1}=\sum_{j=1}^{n}x_{j1}$	$x_{+2}=\sum_{j=1}^{n}x_{j2}$	…	$x_{+n}=\sum_{j=1}^{n}x_{jn}$	$p=\sum_{i=1}^{n}\sum_{j=1}^{n}p_{ij}$

2. 分类精度和误差

对混淆矩阵进行简单统计，可以得到总体分类精度（overall accuracy）、用户精度（user accuracy）、制图精度（producer accuracy）、漏分误差（omission error）和错分误差（commission error）等分类精度评价指标。

（1）总体分类精度

$$A_{\mathrm{O}}=\frac{\sum_{k=1}^{n}p_{kk}}{P} \tag{8.51}$$

式中，A_{O}为总体分类精度；P 为参与精度评价的像元样本总数；p_{kk} 为被正确分类的像元数；n 为类别数量。

（2）用户精度

$$A_{\mathrm{U}i}=\frac{x_{ii}}{x_{+i}} \tag{8.52}$$

式中，$A_{\mathrm{U}i}$为第 i 类地物的用户精度，代表被判读为 i 类地物的像元中确实为 i 类的像元占被判读为 i 类地物的像元的比例。

（3）制图精度

$$A_{\mathrm{P}i}=\frac{x_{ii}}{x_{i+}} \tag{8.53}$$

式中，$A_{\mathrm{P}j}$为第 j 类地物的制图精度，代表被判读为 i 类地物的像元中真实为 i 类的像元占真实为 i 类地物的像元的比例。

跟精度对应的误差指标可以相应地分为如下两种类型：

①漏分误差　指在分类图上一个已知地物类型的样本，被划分为其他类型的概率，代表实际的某一类地物有多大比例的像元在正确分类中被漏掉了。漏分误差与制图精度互补，其计算式为：

$$O_{\mathrm{e}i}=1-A_{\mathrm{P}i} \tag{8.54}$$

式中，$O_{\mathrm{e}i}$为第 i 类地物的漏分误差。

②错分误差　指在分类图上任取一个样本，机器给出的分类结果与实际类型不同的概率，代表影像中某类地物有多大比例的像元在分类中被错分了。错分误差与用户精度互补，

其计算式为：

$$C_{ei} = 1 - A_{Ui} \tag{8.55}$$

式中，C_{ei} 为第 i 类地物的错分误差。

3. Kappa 系数

利用总体精度、用户精度及制图精度来评价遥感影像的分类质量，但不能消除随机误差的影响。Kappa 系数融合了混淆矩阵的多种元素，可以消除分类中的随机误差。Kappa 系数的计算式为：

$$K = \frac{p_0 - p_e}{1 - p_e} \tag{8.56}$$

$$p_0 = \frac{\sum_{i}^{n} x_{ii}}{N} \tag{8.57}$$

$$p_e = \frac{\sum_{i=1}^{n} (x_{+i} x_{i+})}{N^2} \tag{8.58}$$

式中，p_0 被称为观测一致率，表示机器分类表观能观测到的一致率；p_e 被称为期望一致率，表示由随机因素造成的一致率；Kappa 系数计算中的分母是归一化因子；n 是混淆矩阵中总的地物类别数；N 是用于精度评价的总像元数；x_{ii} 是混淆矩阵中第 i 行、第 i 列的像元数量，即第 i 类地物中被正确分类的像元数量；x_{i+} 和 x_{+i} 分别是第 i 行和第 i 列的像元数累加值。

相比于总体精度，Kappa 系数的优点在于：不仅考虑到了对角线上被正确分类的像元，同时也考虑到了不在对角线上的漏分和错分误差。在通常情况下，Kappa 系数达到 0.75 时，认为该分类结果可以接受；当 Kappa 系数大于 0.90 时，结果比较理想。还需说明的是，在实际精度评价中，制图精度、用户精度、总体精度和 Kappa 系数往往会同时计算，以便尽可能多地得到各个类别的分类精度，从而客观评价遥感影像分类结果的精确性与科学性。

思考题

1. 监督分类和非监督分类的主要区别是什么？
2. 最大似然分类的假设前提是什么？
3. 支持向量机分类法对样本量有没有要求？
4. 决策树分类是否容易过拟合？
5. 分类后处理有哪些？
6. 评判分类精度的指标有哪些？

第 9 章　地理信息系统概述

地理信息系统是一种集成地理数据、空间分析和地图制图等功能的计算机系统，它能够帮助我们对地理现象进行空间分析、模拟和决策。

本章将介绍地理信息系统的概念原理、特点特征、基本组成、功能作用和发展历程，以及地理信息系统在土地利用规划、环境保护和城市规划等领域的应用。通过本章的学习，学生应重点掌握地理信息系统的基本概念、组成结构、功能和应用。

9.1　地理信息

9.1.1　地理空间和地理实体

在地理信息系统中地理空间（geographical space）指地球表面及近地表空间，是地球上大气圈、水圈、生物圈、岩石圈和土壤圈交互作用的区域，地球上最复杂的物理过程、化学过程、生物过程和生物地球化学过程就发生在该区域。地理空间中存在着复杂的空间事物或地理现象，包括了地理空间定位框架及其所联结的特征实体。

地理实体（entity）就是对复杂地理事物和现象进行简化抽象得到的结果，亦称为空间实体，地理实体的一个典型特征是与一定的地理空间位置有关，具有一定的几何形态，分布状况以及彼此之间的相互关系。地理实体的位置应按严格的数学定义表达成地理坐标（球面坐标）或平面坐标，用于表示地理实体在地球表面位置。空间位置坐标是地理信息系统制图和空间分析的基础。

9.1.2　地理信息

在了解地理信息前，首先要区分两个概念：数据（data）和信息（information）。

数据是记录客观事物并且可以被鉴别的符号，数据的类型多种多样，例如数字、文字、符号、图像等都是数据。数据本身并没有意义，它是未经加工的原始材料。在地理信息系统中，收集数据和处理数据是专题制图、分析的基础。信息是用文字、数字、符号、语言、图像等介质来表示事件、事物、现象等的内容、数量或特征，从而向人们（或系统）提供关于现实世界新的事实和知识，作为生产、建设、经营、管理、分析和决策的依据，信息表达的是客观事物的状态和变化的实质内容，信息是数据所包含的内涵和意义，具有客观性、传输性和共享性。

就其本质而言，数据是客观事实的记载，信息则是客观事实的内涵意义。数据只有经过解释才成为信息，信息是对数据的解释、应用和推算等。例如，对于教务管理人员而言，某个学生各科的成绩是“数据”，是对该学生课程考核的事实记载，但是作为教务管理人员更关心的该生的平均成绩，那么经过数据处理得到的该生的平均成绩则是对教务管理人员有意义的“信息”(图 9-1)。

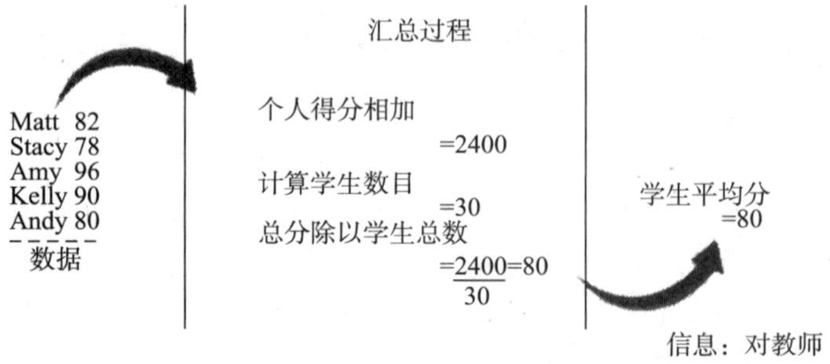

图 9-1　数据和信息关系的一个实例

地理数据(geographical data)是各种地理特征和现象间关系的数字化表示。地理信息(geographical information)是对表达地理特征、地理现象之间关系的地理数据的解释，是有关地理实体和地理现象的性质、特征和运动状态的表征和有用的知识。如某地的高程数据，其直接记载为各空间单元的高程值，在计算机中以一个二维矩阵的方式记录区域地形高低分布，这样的直接的高程记录难以展现或解译该区的地形特征。当用一个像素表达空间单元，用适当的颜色表示空间单元的高程，从而将区域高程二维矩阵数据表达为一幅“地图”，则可以很好展现区域地形变化信息(图 9-2)。此外，在高程地理数据基础上，亦可通过适当的分析派生出地形坡度、坡向等其他有用的地理信息，并通过适当的符号化形式展示给用户。

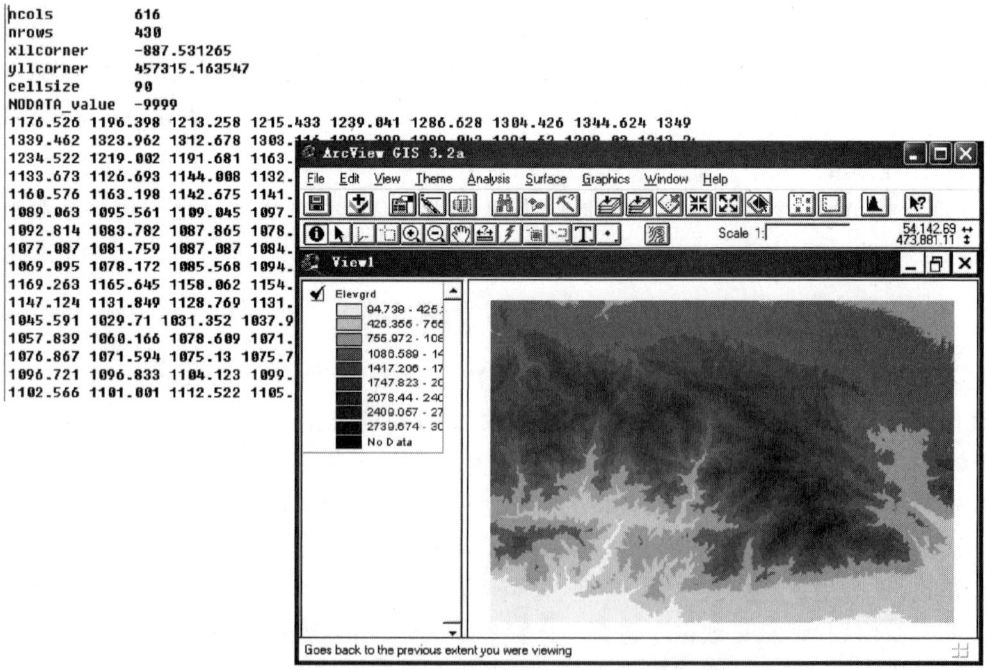

图 9-2　对数据的适量可视化可以反映信息

9.1.3　地理信息的特征

地理信息具有以下三个特征：

(1)空间特征　地理信息的空间特征是指空间实体要素的位置、形状和大小等几何特征，以及各空间实体要素之间的空间关系。空间特征有两层含义：一是地物本身的地理位置，位置通常用某种空间坐标或其组合表达，地理位置是地理空间数据最重要的组成部分。二是地物之间所具有的位置关系或空间关系，如地物之间的距离、相邻、相连、包含关系等。空间特征是地理空间数据的最主要特性，是区别于其他信息的一个显著的标志。例如，一个土壤监测点具有表达位置的经纬度，并根据经纬度显示在地图上对应的空间位置，所体现的就是土壤监测点的空间特性(图 9-3)。

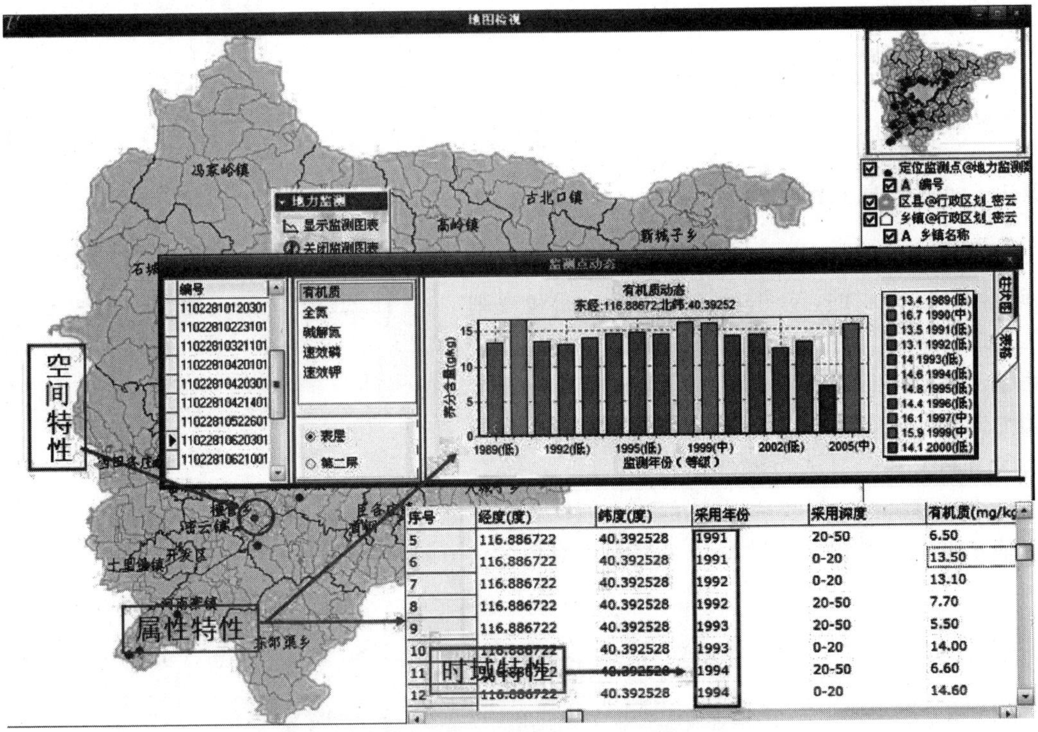

图 9-3　地理信息的三大特点

(2)属性特征　属性特征是地理空间实体定性或定量的自然或人文属性，这部分数据称为属性特征或属性数据。地理实体的属性特征通常以专题的形式表达，如在某一用地范围内，可表现为高程、坡度、坡向、年降雨量、土地酸碱度、土地覆盖类型、人口密度、交通流量、空气污染程度等多种专题信息，每一专题可以通过分类、数量和名称等方式来表现。图 9-3 中土壤监测点有其空间位置，同时还记录了该土壤监测点的编号、采样时间、土壤养分等信息，编号、土壤养等级等内容，即为土壤监测点的属性信息。

例如，一个居民点，空间特征表达只是一个几何点(x,y)，但是该居民点还应包括经济、社会、资源和环境等属性内容。属性特征表达的是空间事物或现象的特性，即说明空间事物或现象“是什么”及“怎么样”等，如事物或现象的类别、等级、数量、名称等。属性特征是地理空间数据中的重要数据，它同位置数据相结合，才能表达空间实体的全貌。

(3)时域特征　空间数据的时域特征是指空间数据的空间特征或属性特征随时间而变化的动态特征，或时序特性。时域特征表达的是地理实体或地理现象随时间的变化，如某居民点人口的逐年变化等。地理实体或地理现象随时间的变化可以表现为空间特征和属性特征同时随时间而变化，也可以为空间特征或属性特征独立随时间变化，即在不同的时间，空间位置不变，但其属性发生变化，或者地理实体属性不变，但是其空间特征发生了变化。图 9-3 中，土壤监测点为长期定位监测点，其位置不随时间而变化，但是不同年份其养分含量不同，体现出土壤监测点属性信息的时域特征。目前的地理信息系统软件一般主要表达地理实体的属性特征和空间特征，通过构建不同时间的空间数据库来间接表达地理实体或地理现象的时域特征(空间特征和属性特征的变化)。有效地利用多时态数据进行时空分析和动态模拟仍处于研究阶段。

9.2　地理信息系统

9.2.1　地理信息系统的概念

计算机信息系统是指由计算机和配套的设备、设施(含网络)构成的，按照一定的应用目标和规则对信息进行采集、加工、存储、传输、检索等处理的人机系统。通常可以接受数据输入，并运用其所具有的功能对数据进行处理、分析，生成并输出对管理或决策有意义的信息或数据(图 9-4)。

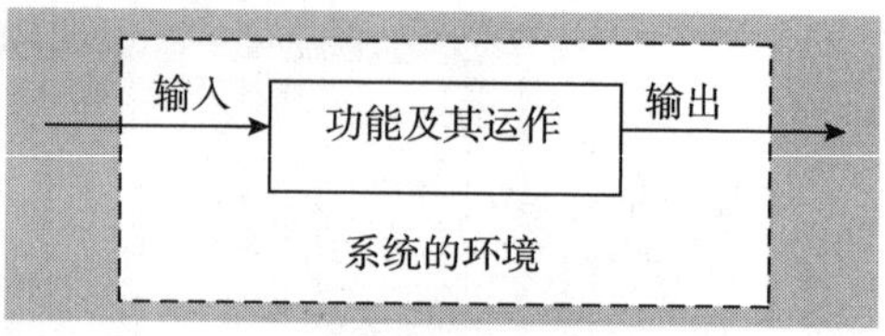

图 9-4　系统的功能

一个计算机信息系统一般由计算机硬件、计算机软件、数据、人和处理过程等组成(图 9-5)。地理信息系统则是以空间数据为主要处理对象的计算机系统。

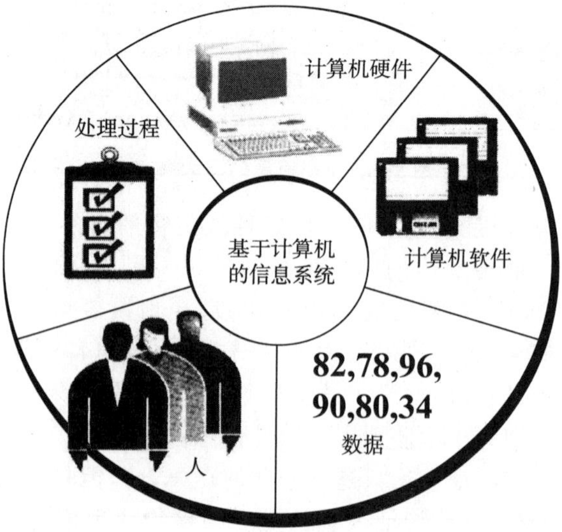

图 9-5　基于计算机信息系统的组成

地理信息系统(geographical information system,GIS)是在计算机软硬件的支持下,可对空间数据进行采集、编辑、存储、分析和输出的计算机信息系统。GIS 处理和管理的对象是多种地理空间实体数据及其关系,包括图形数据、属性数据、遥感数据等,用于分析和处理一定地理区域内分布的各种现象和过程,其目的是解决复杂的规划、决策和管理问题。

9.2.2 地理信息系统的特点

地理信息系统具有以下三个特点:

(1)由于操作对象的空间特性,具有采集、管理、分析和输出多种地理信息的能力,具有空间性和动态性。

(2)由计算机系统支持进行空间数据的管理,并由计算机程序对空间数据模拟常规或者专门的地理分析方法,产生有用信息,完成人类难以完成的任务。

(3)计算机系统的支持是地理信息系统的重要特征,使得地理信息系统能够快速、精确、综合地对复杂的地理系统进行空间定位和动态分析。

9.2.3 地理信息系统的功能

地理信息系统在日常的应用中,往往可以帮人类解决以下这些问题:符合某些条件的地理对象在哪里,如图 9-6 中高亮显示的是通过位置关系选择的紧邻道路的耕地;地理对象实体和现象的空间分布之间的空间关系问题;某个地方如果具备某种条件会发生什么问题等,地理信息系统还可以分析或模拟某个地方发生的某个事件及其随时间的变化过程,图 9-7 为利用地理信息系统模拟某地发生洪涝灾害时,不同淹水面高程情况下的洪水淹没区域。

具体而言,GIS 的功能包括:

(1)数据采集　数据采集与输入,即将系统外部原始数据传输到 GIS 系统内部的过程,并将这些数据从外部格式转换到系统便于处理的内部格式的过程。数据采集与输入要保证地理信息系统数据库中的数据在内容与空间上的完整性、数值逻辑一致性与正确性等,因此多种形式和来源的外部数据输入 GIS 一般需要对相关信息进行综合和一致化。

(2)数据编辑与更新　数据编辑主要包括图形编辑和属性编辑。属性编辑主要与数据库管理结合在一起完成;图形编辑主要包括拓扑关系建立、图形编辑、图形整饰、图幅拼接、投影变换以及误差校正等。数据更新则要求以新纪录数据来替代数据库中相对应的数据项或纪录。

(3)数据存储与管理　数据存储与管理是建立地理信息系统数据库的关键步骤,涉及空间数据和属性数据的组织。栅格模型、矢量模型或栅格—矢量混合模型是常用的空间数据组织方法。在地理数据组织与管理中,最为关键的是如何将空间数据与属性数据融合为一体。

(4)空间查询与空间分析　空间查询是地理信息系统以及许多其他自动化地理数据处理系统应具备的最基本的分析功能;而空间分析是地理信息系统的核心功能,也是地理信息系统与其他计算机系统的根本区别,模型分析是在地理信息系统支持下,分析和解决现实世界中与空间相关的问题,它是地理信息系统应用深化的重要标志。

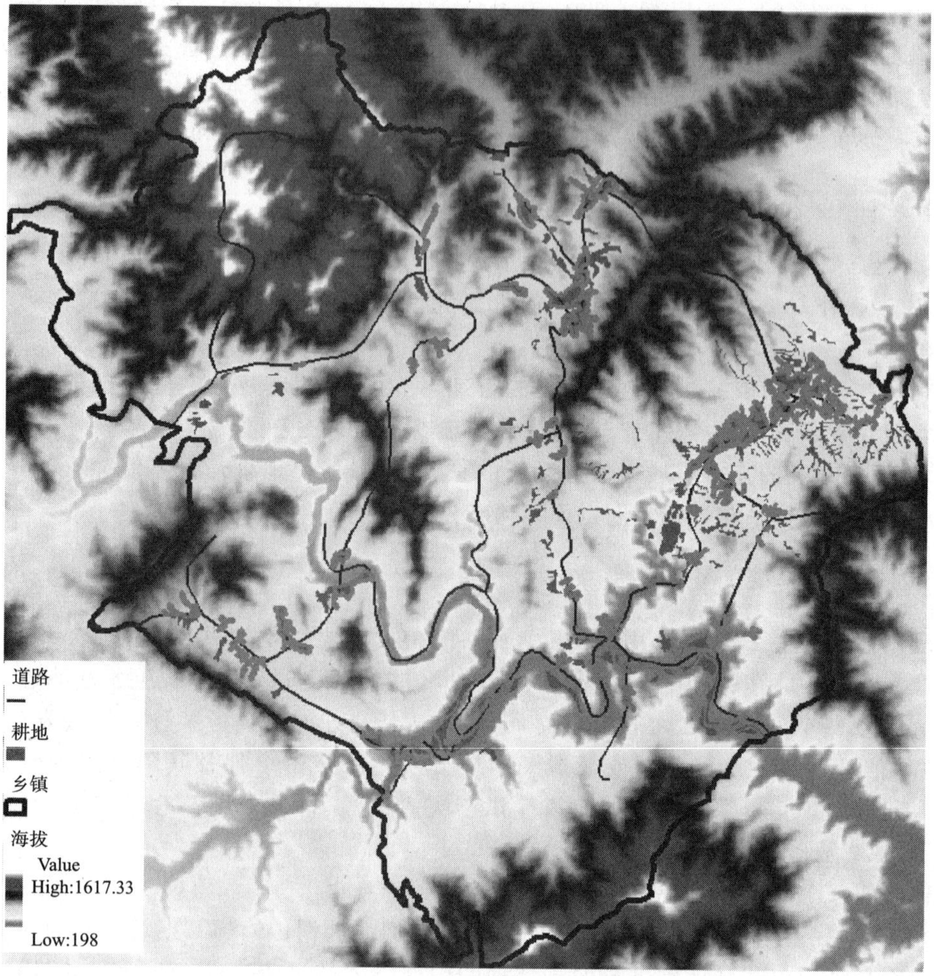

图 9-6 确定符合某个条件的地理位置

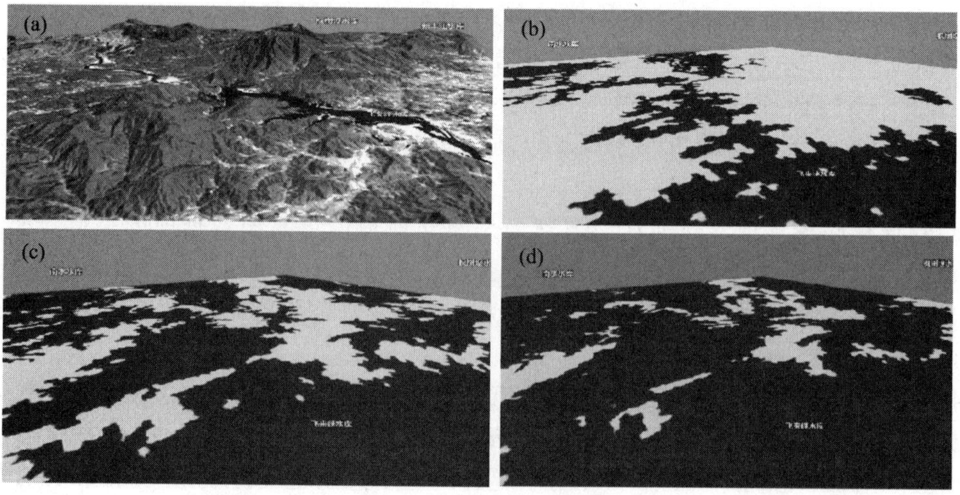

图 9-7 洪水淹没模拟

(5)专题制图　专题制图的目的将特定的地理数据或空间分析的结果进行适当的符号化表示，从而在视觉上直观展示特定的地理信息或主题内容。通过专题制图可以生成专题地图。专题地图是在地理底图上按照地图主题的要求，使地图内容专题化、表达形式各异、用途专门化的地图。专题制图是GIS的基本功能之一。

(6)数据输出　地理信息系统为用户提供了许多用于地理数据表现的工具，其形式既可以是计算机屏幕显示，也可以是诸如报告、表格、地图等硬拷贝图件，还可以根据用户数据共享需要，将地理数据转换为特定数据格式。前面提到的专题制图也是的一种地图输出功能，但GIS不仅可以输出专题地图，也可根据用户需要，在不同媒介显示地图等。

9.2.4 地理信息系统的组成

一个完整的地理信息系统由四个部分组成(图9-8)：硬件系统、软件系统、空间数据和人员。地理信息系统的核心是硬件系统和软件系统，空间数据反映GIS的地理内容，而操作管理人员则决定系统的工作方式和信息表示方式。

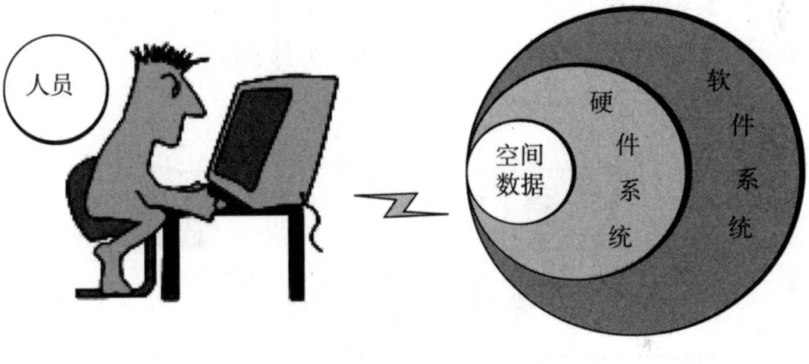

图9-8　地理信息系统的组成

(1)硬件系统　GIS硬件系统是包括计算机在内的实际物理装置的总称，是GIS的物理外壳，具体包括计算机主机；数据输入设备，如数字化仪、图像扫描仪、手写笔、光笔、键盘、通信端口等；数据存储设备，如光盘刻录机、活动硬盘、磁盘阵列等；输出设备，如笔式绘图仪、喷墨绘图仪(打印机)、激光打印机等。这些硬件组件协同工作，向计算机系统提供必要的信息，使其完成任务；保存数据以备现在或将来使用；将处理得到的结果或信息提供给用户。

(2)软件系统　GIS运行所需的软件系统如下：计算机系统软件是由计算机厂家提供的、为用户使用计算机提供方便的程序系统，通常包括操作系统、汇编程序、编译程序、诊断程序、库程序以及各种维护使用手册、程序说明等，是GIS日常工作所必需的软件。地理信息系统软件和其他支持软件包括通用的GIS软件包，也可以包括数据库管理系统、计算机图形软件包、计算机图像处理系统、CAD等，用于支持对空间数据输入、存储、转换、输出和与用户接口。应用分析程序是系统开发人员或用户根据地理专题或区域分析模型编制的用于某种特定应用任务的程序，是系统功能的扩充与延伸(图9-9)。

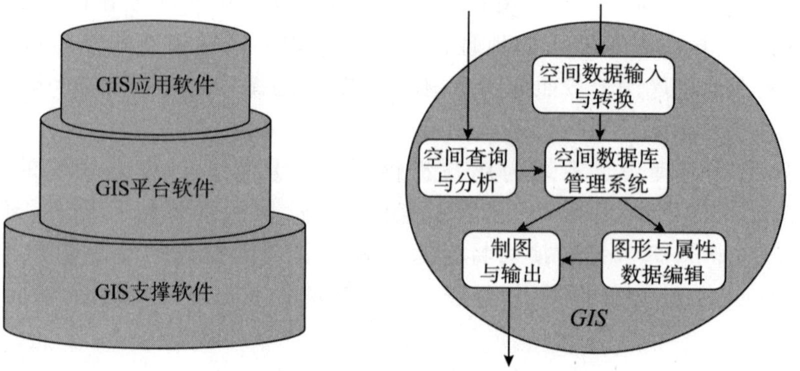

图 9-9　地理信息系统中的软件系统

(3)空间数据　以地球表面空间位置为参照的自然、社会和人文经济数据都属于空间数据,其形式可以是图形、图像、文字、表格和数字等(图 9-10)。空间数据是由系统的建立者通过数字化仪、扫描仪、键盘、磁带机或其他系统通信输入 GIS,是系统程序作用的对象,是 GIS 所表达的现实世界经过模型抽象的实质性内容。不同用途的 GIS 其地理空间数据的种类、精度均不相同,一般情况下包括已知坐标系中的位置、实体间的空间关系和与几何位置无关的属性三种数据。

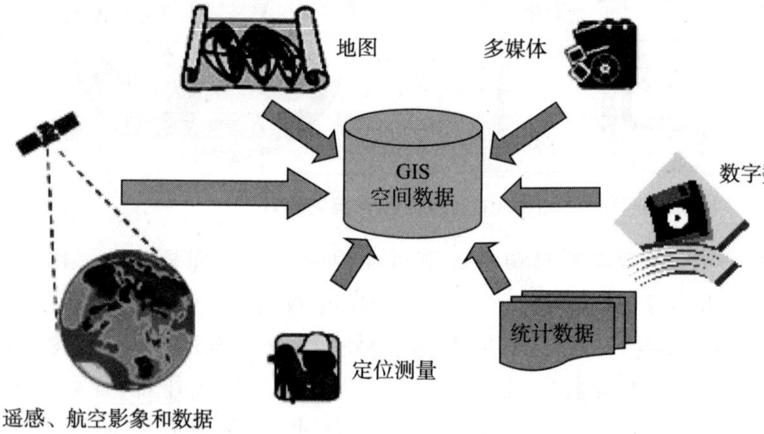

图 9-10　常见的空间数据

(4)人员　GIS 中的重要构成要素之一就是人员。GIS 是一个动态的地理模型,仅有空间数据、硬件系统和软件系统无法构成地理信息系统。人员可以组织、管理和维护系统,还能够对数据进行更新、完善扩充系统、开发应用软件等,为研究和决策服务(图 9-11)。地理信息系统专业人员是地理信息应用的保障,强有力的组织是系统运行的保障。一个规划周密的地理信息系统项目应该包括负责系统设计和执行的项目经理、信息管理技术人员、系统用户化的应用工程师以及最终运行系统的用户。

图 9-11 GIS 中人员所起到的作用

9.3 地理信息系统的发展历程

地理信息系统的发展已历经 60 余年，用户的需要、技术的进步、应用方法的提高以及有关组织机构的建立等因素，深深影响着地理信息系统的发展历程。

20 世纪 60 年代初期，地理信息系统处于萌芽和开拓期，注重空间数据的地学处理。该时期 GIS 发展的动力来自新技术的应用、大量空间数据处理的生产需求等方面，专家兴趣与政府推 动也起到积极的引导作用。

进入 70 年代，地理信息系统进入巩固发展期，注重空间地理信息的管理。资源开发、利用乃至环境保护问题成为首要解决的疑难，需要有效地分析、处理空间信息；随着计算机技术的迅速发展，数据处理速度加快，为地理信息系统软件的实现提供了必要条件和保障。

80 年代则是地理信息系统的大发展时期，注重空间决策支持分析。地理信息系统应用领域迅速扩大，涉及许多的学科和领域，此时地理信息系统发展最显著的特点是商业化实用系统进入市场。

90 年代是地理信息系统的用户化时代，地理信息系统已成为许多机构必备的工作系统，社会对地理信息系统认识普遍提高，需求大幅度增加，从而使得地理信息系统应用领域扩大化、深入化，地理信息系统向现代社会最基本的服务系统方向发展。

地理信息系统(GIS)的发展在 21 世纪持续加速，每个十年都带来了重大的进展和变革。

2000 年见证了 WebGIS 的兴起，这标志着 GIS 技术从传统的桌面应用转向网络应用的重大转变。通过互联网，用户能够远程访问、分享和分析地理空间数据，大大提高了 GIS 的可用性和互动性。这一时期，像 Google Maps 这样的在线地图服务开始流行，使得 GIS 技术进一步普及。

进入 2010 年，GIS 技术不再仅仅作为绘图或数据存储的工具，而是转变为提供空间智能和深入洞察的平台。这得益于 GIS 与大数据、人工智能(AI)、机器学习(ML)等先进技术的整合。GIS开始在各种实时分析和决策支持系统中发挥关键作用,如实时交通监控、灾害响应和城市规划。

2020年以来,GIS正处于新技术融合的前沿,包括增强现实(AR)、虚拟现实(VR)、物联网(IoT)以及云计算,这些技术的结合为GIS带来了新的维度和应用场景,如通过AR增强的现场数据可视化、实时环境监测等。此外,GIS在智能城市、环境保护和公共健康等领域的应用越来越广泛,为解决复杂的社会和环境问题提供了新的工具。

GIS的发展自20世纪60年代以来经历了显著的变革,不仅在技术上取得了巨大进步,在应用领域也实现了广泛扩展。近30年来,随着信息技术的飞速发展,GIS领域出现了多个重要的发展趋势:

(1)实时数据和大数据分析　随着WebGIS的兴起,GIS能够整合实时数据源,如IoT设备、交通监控和社交媒体等,提供实时地理空间数据的访问和分析。这一变革改善了研究过程、映射系统,并为消费者服务,如通过实时定位服务提高乘车服务的效率。

(2)AI和ML　GeoAI(地理空间人工智能)结合了高性能计算,广泛应用于城市基础设施规划、交通模式分析等领域。AI和ML技术的应用,帮助从复杂和海量的数据中发现模式和趋势,如自然群集识别、遥感数据分类和强大的空间预测模型的训练。

(3)无人机(UAV)和GIS的结合　无人机作为数据收集的有效工具,与GIS工具的结合为映射和空间数据分析带来了新的可能性。无人机不仅用于娱乐和农业等领域,还用于城市规划、灾害监测和数据收集,为开源映射和业务定制提供了大量详细信息。

(4)3D分析和数字孪生(digital twins)　3D GIS工具的发展允许对我们生活的三维世界进行更深入的分析,而不仅仅是可视化。数字孪生技术,使得资产、系统和城市环境的建模、模拟和性能预测成为可能,大大提高了城市规划和管理的效率。

(5)智能城市和室内外空间的集成映射　GIS技术在智能城市建设中发挥关键作用,通过传感器收集的数据优化居民生活体验。同时,GIS与建筑信息模型(BIM)和计算机辅助设计(CAD)的整合,实现了室内外空间的无缝映射,支持更全面的社区或校园等区域的应急和韧性规划。

这些趋势表明,GIS正在向更高效的软件、开源数据和解决复杂问题的能力方向发展。通过GIS的应用,可以确保数据的安全存储和增加便携性,满足分析工具、地图制作和地理信息管理的日益增长的需求。公司和教育机构将提高GIS意识,知晓GIS趋势有助于业务的成长和扩展。此外,联合国计划使用GIS为各个行业提供位置信息。

思考题

1. 地理信息系统是什么?简要说明其基本概念和定义。
2. 地理信息系统的结构包括哪些组成部分?请描述它们的作用和功能。
3. 地理信息系统的主要功能是什么?请列举并解释每个功能。
4. 地理信息的主要特点是什么?
5. 地理信息系统如何支持农业资源环境决策与管理?

第 10 章　空间数据及其表达

地理空间数据是 GIS 中极为重要的组成部分。本章主要论述 GIS 中空间数据的概念、内容、获取来源、空间参考、空间数据的组织及表达。通过本章学习，学生应重点掌握 GIS 中常见的空间数据类型、坐标系系统、空间数据组织管理与制图等基本概念及应用技术。

10.1　空间数据

空间数据泛指带有空间坐标的数据。地理信息系统存储、管理和分析的主要是带有地理坐标的空间数据，是地理实体的空间特征和属性特征的数字描述，包括资源、环境、经济和社会等领域的一切带有地理坐标或空间位置的数据。

地理信息系统中的常见的空间数据类型包括矢量数据、栅格数据和不规则三角网数据。

10.1.1　矢量数据

矢量数据模型，也称为离散实体模型，是采用离散实体来表示地球表面空间要素的一种数据模型。

矢量数据采用一系列 x-y 坐标位置来存储空间信息，根据对地理实体的空间抽象，矢量数据可以分为点要素、线要素、面/多边形要素等三种（图 10-1）。

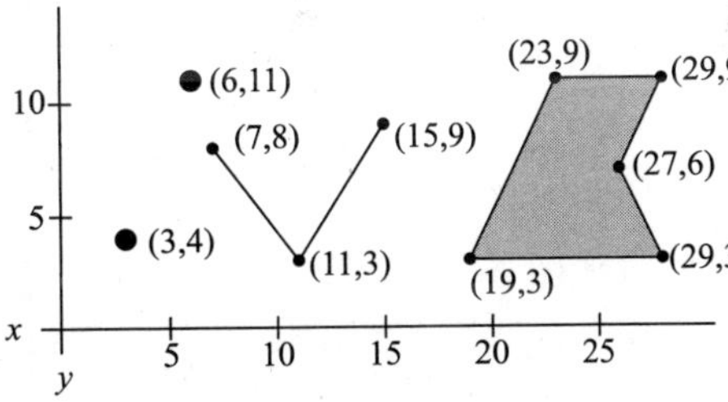

图 10-1　矢量数据模型中几何要素的表示

（1）点要素　点要素表达为 x、y 坐标对，表示的是没有维度（0 维）的对象，如空间采样点、小比例尺地图上的点状实体要素，如水井等。点要素用一个（x，y）坐标对表示其几何空间特征。

（2）线要素　线要素是定义线状形状的坐标对集合，表示一维维度的对象，如各类界线、道路或管线等；线要素由相互连接的多个坐标对组成的折线表示其几何空间特征。

（3）面/多边形要素　是定义封闭区域边界的坐标对集合，表示二位维度的对象，如农田或地块等。面要素由首尾闭合的多个坐标对表示其几何空间特征。

矢量要素的属性特征通常通过二维表格来存储，例如一个区域地块分布图，其每个地块的空间特征（或几何数据）由一系列坐标点组成的多边形表示，而这个区域所有地块的属性特征则用一个二维表格来表示，二维表格中的每一行都是对某特定地块（多边形）的属性表达，而每一列都是一个属性描述项。在图 10-2 中，高亮显示的地块的属性描述对应二维表格中高亮显示的行，这个二维表格包括五个列，分别表示地块的五个属性项，例如第四列记录的是地块的用途，其取值可能为居住用地、农用地、商业用地或工业用地。

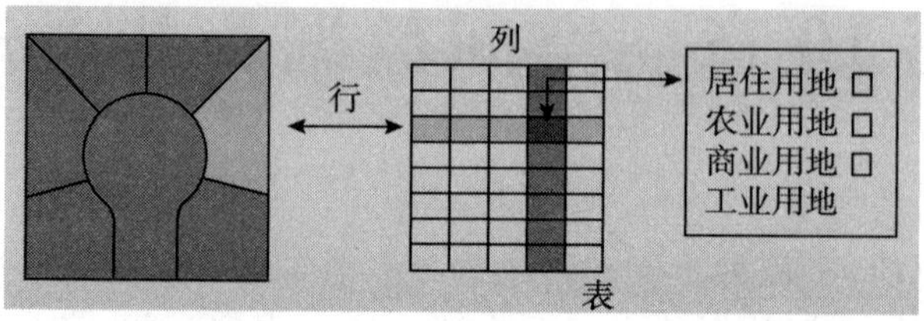

图 10-2　多边形空间要素的几何数据与属性数据的对应关系

10.1.2　栅格数据

相对于矢量数据，栅格数据则是对地理实体或地理现象的另一种表达。栅格数据将研究区域地理空间按一定的空间解析度（分辨率）划分为由行和列组成的规整网格（通常为正方形），每个网格赋予一个特定的属性值。而整个区域和网格及其属性则可以表达为一个由行列组成的二维矩阵，每个矩阵要素值为对应行列空间单元的属性值。而当得知区域左下角的坐标值和规整网格的大小时，区域内任意网格的坐标则可以通过区域左下角的(x, y)坐标值和网格单元的行列序列号计算得到。栅格数据模型中，点实体表现为一个栅格单元或像元，线实体表现为一串彼此相连的像元，面实体则由一系列相邻像元构成（图 10-3）。

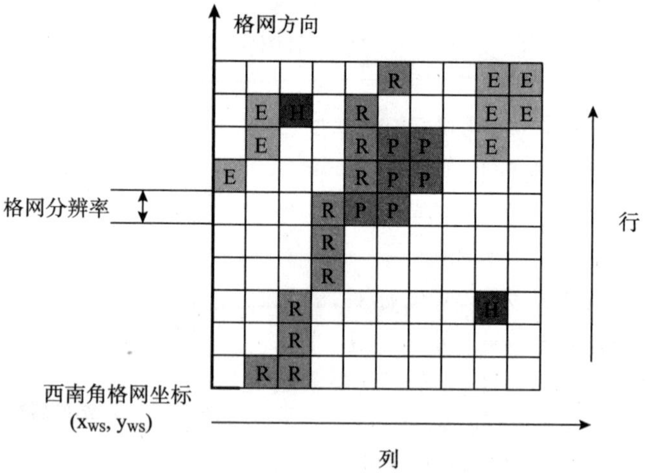

图 10-3　栅格数据模型示意图

在地理信息系统中栅格数据的属性值一般为整数型数值或浮点型数值。整数型栅格值可以表示栅格的数量型属性，也可以表示栅格的类型属性，即用不同的整数数值表示不同的类型。浮点型栅格通常表示空间上渐变的地理现象，比如海拔高度、土壤养分等。

例如某地海拔高度栅格，可用以下方式表示：第 1 到第 6 行分别表示这个栅格包括 363 行，294 列，左下角 x 坐标为 119936.20808，左下角 y 坐标为 36633.086016，正方形栅格大小为 500（米），无数据栅格取值−9999。从第 7 行开始，则为一个 363＊294 的矩阵，每个矩阵要素对应一个栅格单元，矩阵要素值表示该栅格单元的海拔高度。

```
ncols         363
nrows         294
xllcorner     119936.20808
yllcorner     36633.086016
cellsize      500
NODATA_value  -9999
 -9999 -9999 -9999 -9999 -9999 -9999 -9999 -9999 ……
 -9999 -9999 -9999 1596.905 1631.142 1658.33 1700 1615.652 1694.209 ……
1659.384 1580.442 1576.613 1562.297 1600 1628.084 1685.839 1650 ……
```

对于整数型栅格，可以通过栅格值属性表格（value attribute table，VAT）来对栅格数值进行描述。在图 10-4 中，value 列包括 1、2、3、4、5，分别代表不同的土壤类型（soil），对应的土壤类型编码分别为 Water、Id3、Sg、Id2 和 Tn4。Count 列的属性值表示具有对应栅格属性值的栅格数量，例如表格第一样 Value 值为 1，Count 值为 11，表示该栅格图层由 11 个值为 1 的栅格。表格中其他字段则为各属性值的其他描述性信息，示例中 Soil 表示土壤类型名称、Suit 表示土壤适宜性性值。一般 VAT 中的 Value 和 Count 列由 GIS 自动生成，用户可以在此基础扩展其他描述性属性，如图 10-4 中的 Soil 和 Suit（适宜度）字段。

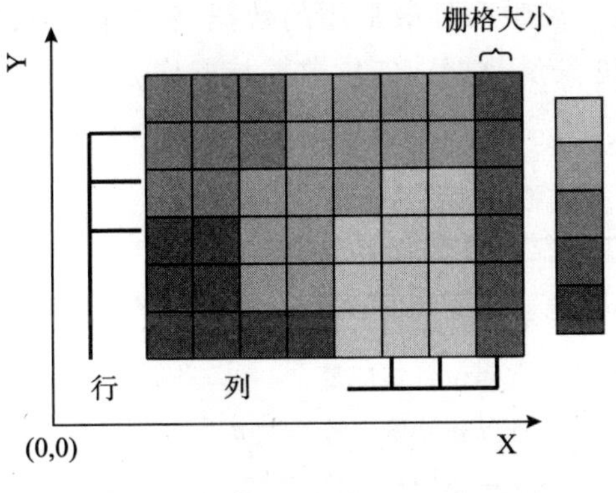

Value Attribute Table (VAT)

Value	Count	Soil	Suit
1	11	Water	0
2	15	Id3	1
3	8	Sg	3
4	6	Id2	1
5	8	Tn4	2

图 10-4 表示土壤类型信息的整数型栅格及其属性表

10.1.3 不规则三角网数据

不规则三角网（triangulated irregular network，TIN）是 20 世纪 70 年代由 T. K. Peuker 和他的同事设计的一种空间数据结构，也称不规则三角形面模型，它是由不规则分布的数据点连成的三角网组成，是一种基于三角形的空间镶嵌模型，三角形的形状和大小取决于不规则分布的观测点或称结点的密度和位置。

TIN 模型根据区域内有限点集将区域划分为相连的三角面网络，区域中任意点落在三角面的顶点、边上或三角形内。如果点不在顶点上，该点的高程值通常通过线性插值的方法得到，落在三角形边上的点的高程通过边的两个顶点进行内插计算得到；落入三角形内部的点的高程，则通过三角形的三个顶点内插计算得到（图 10-5）。

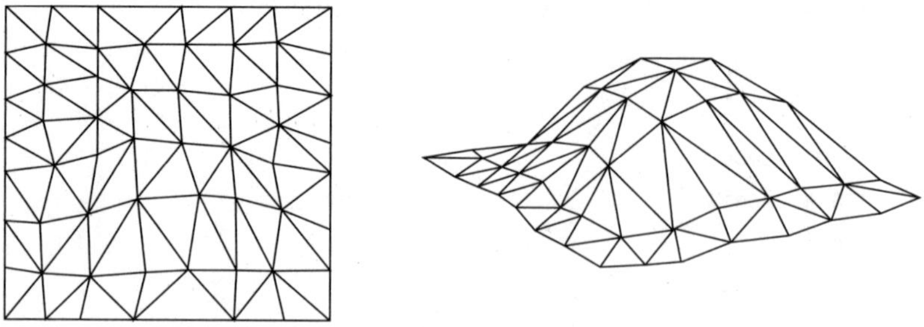

图 10-5　不规则三角网(TIN)示意图

在 GIS 中,不规则三角网可由不规则分布的点数据生成,例如带高程信息的地面测量点。由不规则分布的地面测量点生成的 TIN 形成空间上连续的三维表面,十分适合做各种地形分析,例如,可以在 TIN 基础上进一步生成等高线数据,或计算 TIN 覆盖区内任意点的坡度、坡向等,这也是 TIN 数据在 GIS 中的主要用途。

10.1.4　不同数据比较

1. 矢量数据与栅格数据的比较

地理信息系统的数据范围十分广泛,数据保存方式多种多样,数据结构类型复杂。空间数据的矢量结构和栅格结构是模拟地理信息系统中两种最常用的数据格式,而不规则三角网 TIN 通常用于构建三维地表,也是一种特殊的矢量数据。矢量数据与栅格数据结构详细比较见表 10-1。

表 10-1　矢量数据与栅格数据的比较

矢量数据	栅格数据
数据存储量小	数据存储量大
空间位置精度高	空间位置精度低
用网络连接法能完整描述拓扑关系	难以建立网络连接关系
输出容易,绘图细腻、精确、美观	输出速度快,但绘图粗糙、不美观
可对图形及其属性进行检索、更新和综合	便于面状数据处理
数据结构复杂	数据结构简单
数学模拟困难	数学模拟方便
多种地图叠合分析困难	多种地图叠合分析便捷
不能直接处理数字图像信息	能直接处理数字图像信息
空间分析不容易实现	空间分析易于进行
边界复杂、模糊事物难以描述	容易描述边界复杂、模糊的事物
数据输出成本高	技术开发费用低

2. 矢量与栅格数据的选择

根据上述比较,在 GIS 建立过程中,应根据应用目的要求、实际应用特点、可能获得的数据精度以及地理信息系统软件和硬件配置情况，在矢量和栅格数据结构中选择合适的数据结构。

矢量数据结构是人们最熟悉的图形表达形式，对于线划地图来说，用矢量数据来记录往往比用栅格数据节省存贮空间。相互连接的线网络或多边形网络则只有矢量数据结构模式才能做到，因此矢量结构更有利于网络分析（交通网，供排水网，管道电缆网等）和制图应用。矢量数据的数据表示精度高，易于附加属性描述。目前，解析几何被频繁地应用于矢量数据的处理中，对于一些直接与点位有关的处理以及有数学解析解的计算，用矢量数据有其独到的便利之处。矢量数据便于产生各个独立的制图物体，且便于存贮各图形元素间的关系信息。但矢量数据只能在矢量式数据绘图机上输出。

栅格数据结构的优势在于数据结构简单、直观，因此便于存储和计算，因而早期的GIS信息系统多采用栅格数据格式。另外，栅格数据结构同时与影像数据结构具有一致性，因而天然的适用于遥感图像的处理。它与制图物体的空间分布特征有着简单、直观而严格的对应关系，对于制图物体空间位置的可探性强，并为应用机器视觉提供了可能性，对于探测物体之间的位置关系，栅格数据最为便捷。多边形数据结构的计算方法中常常采用栅格选择方案，而且在许多情况下，栅格方案还更有效。例如，多边形周长、面积、总和、平均值的计算、从一点出发的半径等在栅格数据结构中都简化为简单的计数操作。

栅格结构和矢量结构都有一定的局限性。一般来说，大范围小比例的自然资源、环境、农业、林业、地质等区域问题的研究，城市总体规划阶段的战略性布局研究等，使用栅格模型比较合适。城市分区或详细规划、土地管理、公用事业管理等方面的应用，矢量模型比较合适。当然，也可以把两种模型混合起来使用，在同一屏幕上同时显示两种方式的地图。

目前GIS的开发者和使用者都积极研究这两类数据结构的相互转换技术，而且已开发出栅格数据结构和矢量数据结构相互转换的软件。矢量到栅格的转换是简单的，有很多著名的程序可以完成这种转换，而且有许多显示屏幕可以自动完成转换工作。栅格到矢量的转换也很容易理解，但具体算法要复杂得多。实现两种数据结构的相互转换，可大大提高地理信息系统软件的通用性，目前主流的GIS软件一般均可实现栅格和矢量两种模型，以方便用户使用。

10.1.5 空间数据获取

数据采集和输入是一项十分重要的基础工作，是建立地理信息系统不可缺少的一部分。没有数据的采集和输入，就不可能建立一个数据实体，更不可能进行数据的管理、分析和成果输出。准确、具有现势性的空间数据是建立地理信息系统的前提条件。空间数据获取要确保数据真实，并尽量做到输入的数据准确。空间数据采集、标准化、综合和自动录入通常是目前GIS主要功能之一。

1.数据来源

（1）纸质地图　地图数据是地理信息系统的主要的数据来源。地图的种类不同，研究的对象不同，应用的部门不同，图件编制的内容也不同。按内容划分，包括各种比例尺的普通地图和专题地图。普通地图是以相对平衡的详细程度表示地球表面上的自然地理和社会经济要素，主要表达居民地、交通网、水系、地貌、境界、土质、植被等。实测的或较大比例尺的地形图具有较高的几何精度，真实反映区域地理要素的特征。专题地图重点反映某一种或几种专门的要素，提供如地质、地貌、土壤、植被和土地利用等原始资料，各部门早期形成的不同比例

续表 10-2

椭球名称	长半轴/m	短半轴/m	扁率的倒数(1/f)	使用的国家和地区
GRS 1980	6378137	6356752.3141	298.257222101	
WGS 1984	6378137	6356752.3142	298.257223563	全球
Sphere(6371 km)	6371000	6371000	—	全球

中国在 1952 年以前采用海福特(hayford)椭球体，1953—1980 年采用克拉索夫斯基椭球体。随着人造地球卫星的发射,有了更精密的测算地球形体的条件。1975 年第 16 届国际大地测量及地球物理联合会上通过国际大地测量协会第一号决议中公布的地球椭球体,称为 GRS(1975),中国自 1980 年开始采用 GRS(1975)新参考椭球体系。由于地球椭球长半径与短半径的差值很小,所以当制作小比例尺地图时,往往把它当作正球体看待,这个球体半径为 6371 km。

2. *参考椭球与大地基准面*

椭球体是对地球的抽象,因此其并不能与地球表面完全重合,在设置参考椭球体的时候必然会出现有的地方贴近得好(参考椭球体与地球表面位置接近),有的地方贴近得不好,因此这里还需要一个大地基准面来控制参考椭球和地球的相对位置,这个过程称为椭球定位。人们把形状、大小和定位都已确定的地球椭球体称为参考椭球体,参考椭球体的表面称为参考椭球面。地球椭球体与参考椭球是一对多的关系,也就是说参考椭球是在地球椭球体基础上建立的,同样的地球椭球体经过不同的定位定向可以定义不同的参考椭球。参考椭球定位的原则是在一个国家或地区范围内使参考椭球面与大地水准面最为吻合,一般在一个国家或地区范围内适当选定一个地面点,通过地球椭球定位使得该点处参考椭球面与大地水准面重合,这个用于参考椭球定位的点，称为大地原点。

大地基准点为一个人为设定的点,是国家地理坐标——经纬度的起算点和基准点。我国曾经使用的 54 坐标系和 80 坐标系的大地原点均在地球表面,54 坐标系的大地原点在苏联的普尔科沃,80 坐标系的大地原点位于我国陕西省泾阳县永乐镇北流村,可见 54 坐标系和 80 坐标系大地原点均为地表原点,基于后者确定的参考椭球与我国范围内的大地水准面贴合更好。在 GIS 中通过基准面(datum)定义旋转椭球体相对于地心的位置,从而实现特定椭球体对特定地区地球表面的逼近。如果想使地球椭球体与整个地球最佳贴合,则可以以地球质心为原点对参考椭球进行定位,例如 WGS84 坐标系就是以地球质心为原点的地心基准面,是目前使用最广泛的全球基准面。WGS84 基准面使用的椭球体就叫 WGS84 椭球体,其长半轴为 6378137.0 m,扁率为 1/298.257223563。在地理信息系统里进行不同坐标系之间转换的时候,一般以 WGS84 坐标系作为基准坐标。

为了让大地基准面与区域大地水准面更加匹配,测量和定位更精确,很多国家都开发自己的大地基准面(图 10-8)。在 GIS 中,这些地方性基准面通过向 WGS84 基准面的转换来定义。大地基准面确定后,即为地理空间位置的表示构建起一个空间框架。因此,当采用不同的基准面,地球上同一地点的坐标值也不同。

中国于 20 世纪 50 年代和 80 年代分别建立 1954 年北京坐标系(Beijing54,简称 54 坐标系)和 1980 西安坐标系(Xi'an80,简称 80 坐标系),并以此为数学参考测制了各种比例尺地

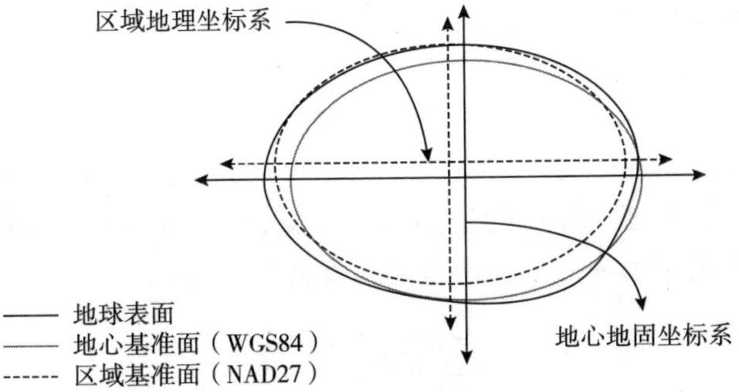

图 10-8 地心基准面(WGS84)与区域基准面

形图,在国民经济、社会发展和科学研究中发挥了重要作用。54 坐标系采用的是克拉索夫斯基椭球体,限于当时我国科技水平,该椭球在计算和定位的过程中没有采用中国的数据,因此与中国范围内的大地水准面吻合得并不好,不能满足高精度定位以及地球科学、空间科学和战略武器发展的需要。

80 坐标系采用的地球椭球基本参数为 1975 年国际大地测量与地球物理联合会第十六届大会推荐的数据。该坐标系的大地原点设在我国中部的陕西省泾阳县永乐镇,位于西安市西北方向约 60 km,故称 1980 年西安坐标系。54 坐标系和 80 坐标系基准面仅在特定区域内与地球表面吻合,大地原点是参考椭球与大地水准面相切的点,因此 54 坐标系和 80 坐标系基准面均为区域基准面。

我国自 2008 年 7 月 1 日起全面启用 2000 国家大地坐标系(China Geodetic Coordinate System 2000,英文缩写为 CGCS2000)。CGCS2000 属于地心大地坐标系统,该系统以 ITRF97 参考框架为基准,参考框架历元为 2000.0,椭球长半轴 $\alpha=6378137$ m,扁率 $f=1/298.257222101$,CGCS2000 原点为包括海洋和大气的整个地球的质量中心,Z 轴为由原点指向历元 2000.0 的地球参考极的方向,X 轴为由原点指向格林尼治参考子午线与赤道面(历元 2000.0)的交点,Y 轴与 Z 轴、X 轴构成右手正交坐标系。CGCS2000 坐标系是一个高精度、以地球质量中心为原点、动态、实用、统一的大地坐标系,实现了由地表原点到地心原点、由二维到三维、由低精度到高精度的转变,更加适应现代空间技术发展趋势;为我国北斗全球定位系统、全球航天遥感、海洋监测及地方性测绘提供一个与国际衔接的全球性三维大地坐标参考基准。

WGS-84 坐标系(World Geodetic System-1984 Coordinate System)是一种全球性的地心坐标系。其坐标原点为地球质心,其地心空间直角坐标系的 Z 轴指向 BIH (国际时间服务机构)1984.0 定义的协议地球极(CTP)方向,X 轴指向 BIH 1984.0 的零子午面和 CTP 赤道的交点,Y 轴与 Z 轴、X 轴垂直构成右手坐标系,称为 1984 年世界大地坐标系统。WGS-84 椭球体长半径 $a=6378137$ m±2 m,扁率 $f=1/298.257223563$。建立 WGS-84 世界大地坐标系的一个重要目的,是建立一个全世界统一的地心坐标系,原点在地球的质心,是为 GPS 全球定位系统使用而建立的坐标系统。因为是面向全球通用,所以它尽量逼近整个地球表面,目前大量网络地图产品均采用 WGS84 坐标系。在地理信息系统里进行不同坐标系之间转换的时候,一般都以 WGS84 坐标系作为基准坐标。

CGCS2000 和 WGS84 坐标系基准面使用地球的质心作为原点,称为地心基准面。

10.2.2 地理坐标系

1.地理坐标系及其种类

地理坐标系统(geographic coordinate system,GCS)是地球表面空间要素的定位参照系统,由经度和纬度定义。经度与纬度均采用角度度量;经度从本初子午线开始向东或向西量度角度,而纬度是从赤道平面向北或向南量度角度(图 10-9)。

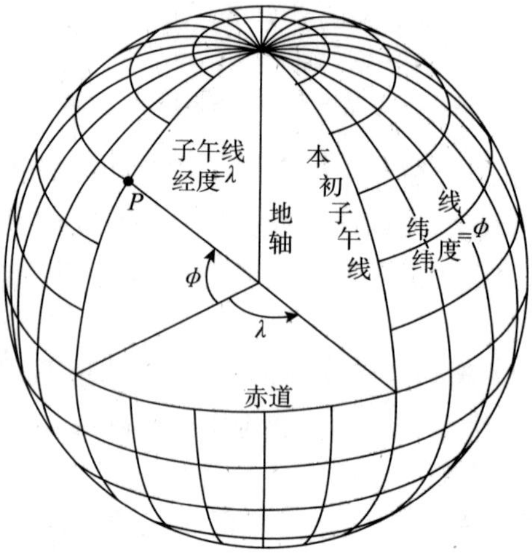

图 10-9 地理坐标系统

地理坐标具体分为天文坐标系、大地坐标系与地心坐标系。

(1)天文坐标系 天文坐标系是以铅垂线为基准、以大地水准面为基准面建立的坐标系,它以天文经纬度(λ, φ)表示地面点在大地水准面上的位置,其中天文经度 λ 是观测点天顶子午面与格林尼治天顶子午面间的二面角,地球上定义为本初子午面与观测点之间的二面角;天文纬度 φ 定义为铅垂线与赤道平面间的夹角。

(2)大地坐标系 大地坐标系是以椭球面法线为基准线,以参考椭球面为基准面建立的坐标系,它以大地坐标(L,B,h)表示地面点在参考椭球面上的位置,其中大地经度 L 为参考椭球面上某点的大地子午面与本初子午面间的二面角,大地纬度 B 为参考椭球面上某点的法线与赤道平面的夹角,北纬为正,南纬为负;h 为大地高,即从观测点沿椭球法线方向到椭球面的距离。我国常用的 1954 北京坐标系或 1980 国家大地坐标系下的经纬度坐标实际为大地坐标系。

(3)地心坐标系 地心坐标系是指以总地球椭球为基准、原点与质心重合的坐标系,它与地球体固连在一起,与地球同步运动。它以(L, B)来表示点的位置,其中 L 为地心经度,与大地经度一致;B 为地心纬度,指参考椭球面上观测点与椭球质心或中心连线与赤道面之间的夹角。

2.GIS 中的地理坐标系

在地理信息系统中一般已经将常用的地理坐标系参数保存在系统中,如果用户空间数据的坐标保存的是经纬度,可以从地理信息系统预先保存的地理坐标系中选取恰当的地理坐标系,然后地理信息系统即可以用选取的地理坐标系恰当的显示该空间数据。

在 ArcGIS 中地理坐标系由三个参数来定义：角度单位（angular unit）、本初子午线（prime meridian）和基准面（datum）。以北京 54 坐标系为例，其定义如下（括号内的数字为行号，原坐标系信息内容不包含括号及括号内的数字）：

```
(1)GCS_Beijing_1954
(2)WKID：4214 Authority：EPSG
(3)Angular Unit：Degree (0.0174532925199433)
(4)Prime Meridian：Greenwich (0.0)
(5)Datum：D_Beijing_1954
(6)Spheroid：Krasovsky_1940
(7)Semimajor Axis：6378245.0
(8)Semiminor Axis：6356863.018773047
(9)Inverse Flattening：298.3
```

第一行为地理坐标系名称，第二行为地理坐标系的编号（WKID 即 well known ID，众所周知的 ID 号的意思。EPSG 是管理这些 ID 号的一个组织，故 WKID 也常称为 EPSG 代号），第三行为地理坐标系角度单位（度），第四行明确该坐标系的起始经度，第五行为基准面名称，第六行指定了该坐标系的椭球名称（北京 54 坐标的椭球名称为克拉索夫斯基椭球），第七到第九行为椭球模型参数。

3. 地理坐标系转换

地理空间中的同一个位置点在不同的地理坐标系中可能具有不同的经纬度值，如果空间数据使用了不同的地理坐标系，只有经过适当的地理坐标转换才能在地理信息系统中对齐显示。

（1）三参数转换　三参数变换（geocentric_translation），也称为地心变换，是最简单的基准面变换方法。地心变换在 XYZ 或 3D 直角坐标系中对两个基准面间的差异情况进行建模。定义一个基准面使其中心为(0，0，0)，相距一定距离定义另一个基准面，地心转换参数为 (dx，dy，dz) 或 (ΔX，ΔY，ΔZ)，单位为米（图 10-10）。

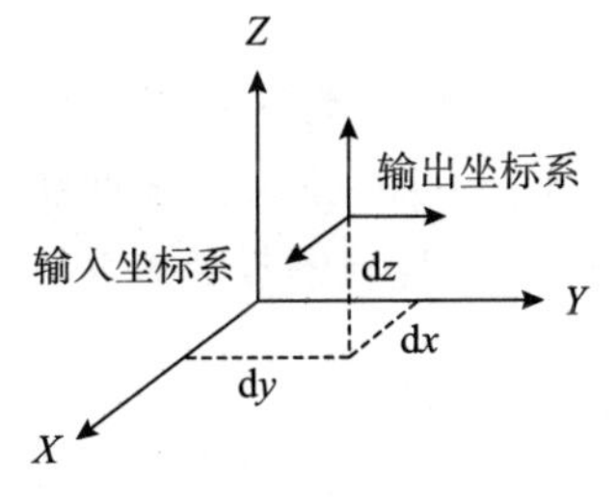

图 10-10　三参数法地理坐标转换

原始坐标与转换后的坐标之间的公式如下。

$$\begin{bmatrix} X \\ Y \\ Z \end{bmatrix}_{YZW} = \begin{bmatrix} \Delta X \\ \Delta Y \\ \Delta Z \end{bmatrix} + \begin{bmatrix} X \\ Y \\ Z \end{bmatrix}_{\text{original}} \tag{10.5}$$

（2）七参数转换　ArcGIS 提供 Coordinate Frame，Position Vector 这两种七参数转换方

法，是我们常说的七参数变换，或者布尔沙模型。七参数转换通过对三参数变换再增加四个参数从而实现更复杂和精确的基准面变换。七个参数是指三个线性平移量（dx，dy，dz）、绕各轴的三个角度旋转值（r_x，r_y，r_z）和一个比例尺因子 s（图 10-11）。旋转值以十进制秒为单位给定，而比例尺因子单位采用百万分率（ppm）。

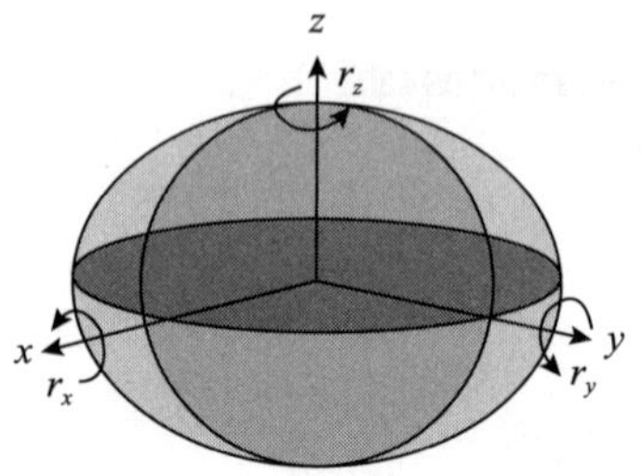

图 10-11　七参数法地理坐标转换

其计算公式如下：

$$\begin{bmatrix} X \\ Y \\ Z \end{bmatrix}_{\text{new}} = \begin{bmatrix} \Delta X \\ \Delta Y \\ \Delta Z \end{bmatrix} + (1+s) \cdot \begin{bmatrix} 1 & r_z & -r_y \\ -r_z & 1 & r_x \\ r_y & -r_x & 1 \end{bmatrix} \cdot \begin{bmatrix} X \\ Y \\ Z \end{bmatrix}_{\text{original}} \tag{10.6}$$

不同地理坐标系之间不是严谨模型转换，只能通过给定的控制点进行数学拟合得到，因此不同的地区具有不同的转换参数。

10.2.3　投影坐标系

1. 地图投影

基于平面媒介的地图是我们对地理空间最常用的表达方式，我们使用的绝大多数地图都是基于平面媒介的。通过地图投影可将地球表面不可展面（参考椭球体面）的点映射到可展面上（地图平面）。由于球面上任何一点的位置是用地理坐标（λ，φ）表示的，而平面上的点的位置是用直角坐标（χ，y）表示的，所以要想将地球表面上的点映射到平面上，必须采用一定的方法来确定地理坐标与平面直角坐标之间的关系。这种在球面（参考椭球体面）和平面之间建立点与点之间函数关系的数学方法，就是地图投影方法。

其数学表达为：

$$x = f_1(\lambda, \varphi) \tag{10.7}$$

$$y = f_2(\lambda, \varphi) \tag{10.8}$$

根据地图投影的一般公式，只要知道地面点的经纬度（λ，φ），便可以确定其在投影平面上大的直角坐标（χ，y）。

2. 地图投影分类

（1）根据投影面分类　地图投影实质上就是将不可展面（参考椭球体面）上的点映射到可展面上的点，此处的可展面即地图投影面。根据地图投影面的类型可分为：①圆锥面投影，②圆柱面投影和③方位投影（其投影面为平面）（图 10-12）。

(2)根据地球自转轴与投影面旋转轴之间的关系分类　根据地球自转轴与投影面旋转轴之间的关系分类，包括正轴投影、斜轴投影和横轴投影，具体如下：①正轴投影（重合）：投影面的中心线与地轴一致；②斜轴投影（斜交）：投影面的中心线与地轴斜交；③横轴投影（垂直）：投影面的中心线与地轴垂直。

(3)根据投影面与参考椭球表面的关系划分　①切投影。投影面与参考椭球面相切（图10-12）；②割投影。投影面与参考椭球面相割。

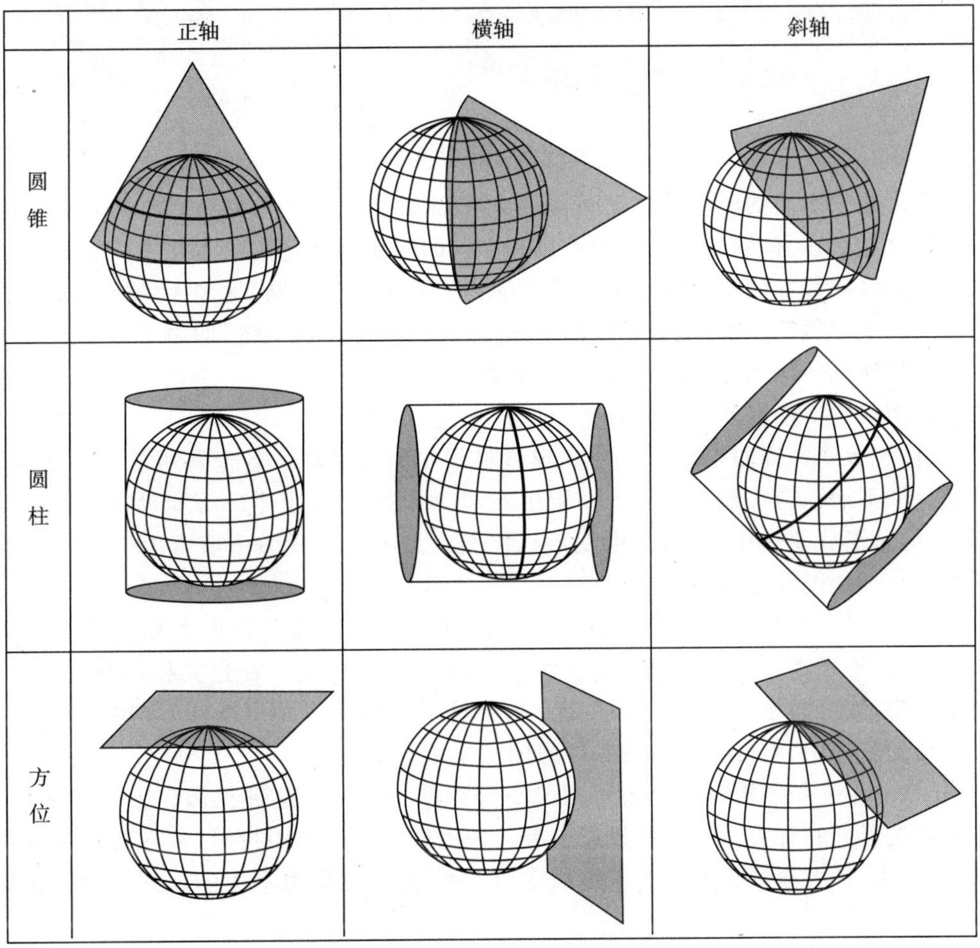

图 10-12　地图投影分类

3. 地图投影变形

地图是一个平面，而地球椭球面是不可展的曲面，把不可展的曲面上的经纬线网描绘成平面的图形，必然会发生各种变形。

参考椭球体面上的经纬线具有以下特征：①纬线长度不等，赤道最长；纬度愈高，纬线越短；极地的纬线长度为零。②在同一条纬线上，经差相同的纬线弧长相等。③所有的经线长度都相等。在同一条经线上，纬差相同的经线弧长相等。④经线与纬线之间正交（呈 90°夹角）。⑤任意两根纬线与相同精度差的经线围成的椭球表面面积相同。

经过地图投影，地表经纬线的投影线将发生变形，再不完全符合前述(1)-(6)特征。地图投影变形包括角度变形、面积变形和长度变形(图 10-13)。

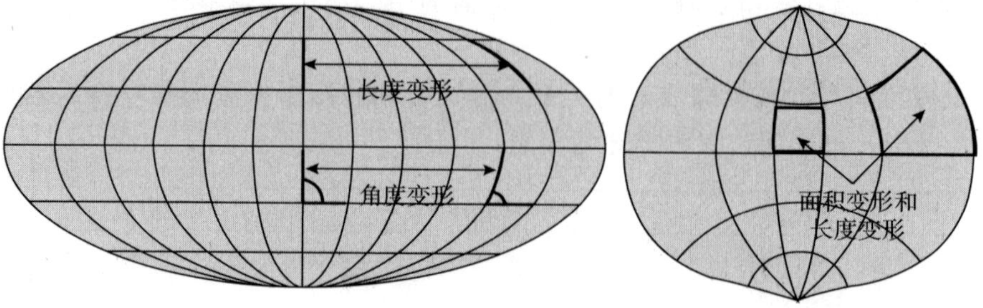

图 10-13　地图投影

角度变形指投影后的经纬线之间不再正交，投影面上任意两方向线所夹之角与原球面上相应的角度之差有正有负，而且是随着点位和方向的变化而变化的一个变量。长度变形即投影后地图上的经纬线长度与椭球体上经纬线的长度并不完全相同，地图上的经纬线长度也并不都是按照同一比例缩小的，这表明地图上具有长度变形。面积变形即由于地图上经纬线网格面积不是按照同一比例缩小的，地图上具有面积变形。

根据地图投影变形对地图投影分类，包括：

(1)等面积投影　等面积投影是指在投影过程中保持地球上各个区域的面积比例不变。地图上任一图形面积与实地上相应的面积相等，即面积变形等于零。等积投影保持了不同区域的面积，但是形状变化比较大，角度变形也比较大。等面积投影一般常用于绘制对面积精度要求高的自然地图和经济地图。

(2)等角投影　投影面上某点的任意两方向线夹角与地球椭球面上相应线段的夹角相等，即角度变形等于零。为了保持等角条件，必须使经纬线正交。在这类投影图上，小范围内图上图形与实地相似，故又称为正形投影。由于这类投影没有角度变形，多用于编制对方向精度要求高的航海图、航空图、洋流图、风向图和军用地图等。

(3)任意投影　任意投影是既不等角又不等积的投影。在这种投影图上长度变形、面积变形和角度变形同时存在。在任意投影中有一种比较常见的等距投影，它在某些特定方向上没有长度变形。任意投影多用于要求面积变形不大、角度变形也不大的地图。如一般参考用图和教学用图。

10.2.4　常用投影坐标系

1.高斯-克吕格投影

该地图投影由德国数学家、物理学家、天文学家高斯(Carl Friedrich Gauss，1777—1855)于 19 世纪 20 年代拟定，后德国大地测量学家克吕格(Johannes Kruger，1857—1928)于 1912 年对投影公式加以补充，故名高斯-克吕格投影。

高斯-克吕格投影是一种“等角横切圆柱投影”(图 10-14)。假设用一个椭圆柱横向套在地球椭球外，并与某一子午线相切(此子午线称为中央子午线或中央经线)，椭圆柱的中心轴位于地球椭球的赤道上，按照高斯-克吕格投影所规定的条件：

(1)中央经线和赤道投影后为互相垂直的直线,且为投影的对称轴;
(2)投影具有等角性质,即经线与纬线的投影线保持正交;
(3)中央经线投影后保持长度不变。

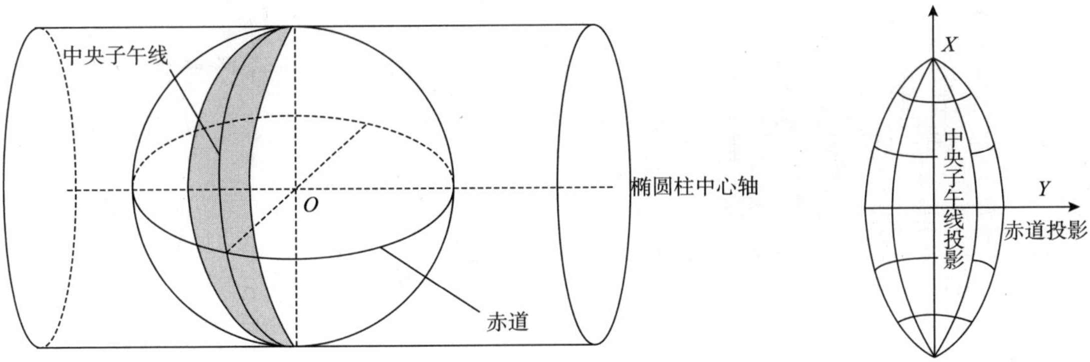

图 10-14　高斯投影示意图

高斯-克里格投影具有以下特点:
(1)中央经线没有变形,满足中央经线投影后保持长度不变的条件;
(2)除中央经线上长度比为 1 外,其他任何点上长度比均大于 1;
(3)同一条纬线上,离中央经线越远,变形越大,最大值位于投影带的边缘;
(4)同一条经线上,维度越低,变形越大,变形最大值位于赤道上;
(5)投影属于等角性质,故没有角度变形,面积比为长度比的平方;
(6)长度比的等变形线平行于中央子午线。

从以上特点可以看出,距离中央子午线向两侧越远,地图投影变形越明显。因此为了限制地图投影变形,规定进行分带投影,分带宽度一般为 3°或 6°,一般大比例尺地图采用 3°带投影,中小比例尺地图采用 6°带投影(图 10-15)。

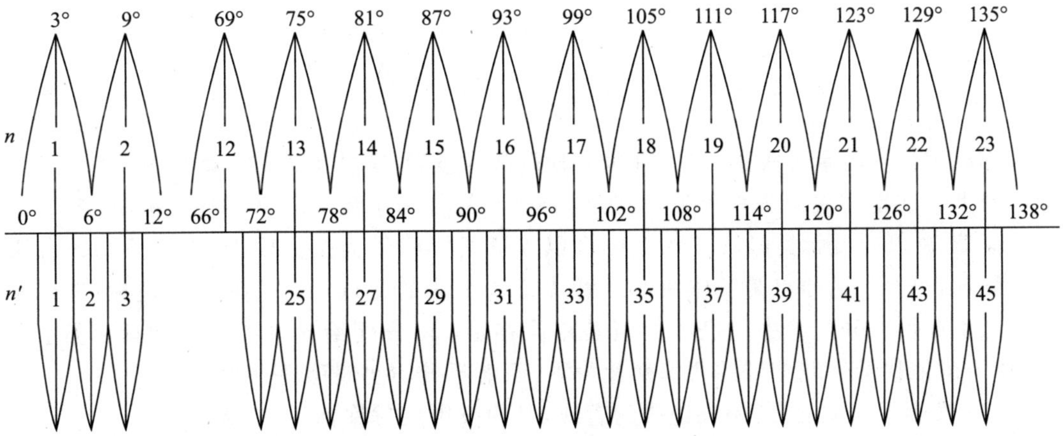

图 10-15　高斯—克里格投影的分带

对任意投影带,以赤道投影线作为坐标横轴,以中央子午线的投影线向西偏移 500 km 作为坐标纵轴,形成高斯-克里格投影坐标系的坐标轴。此处中央子午线的投影线向西偏移 500 km

是为了避免形成负值的横坐标。

为了避免不同投影带出现相同的坐标值，一般如图 10-16 所示坐标系形成的横坐标基础上冠以投影带编号，形成高斯-克里格投影的通用坐标。

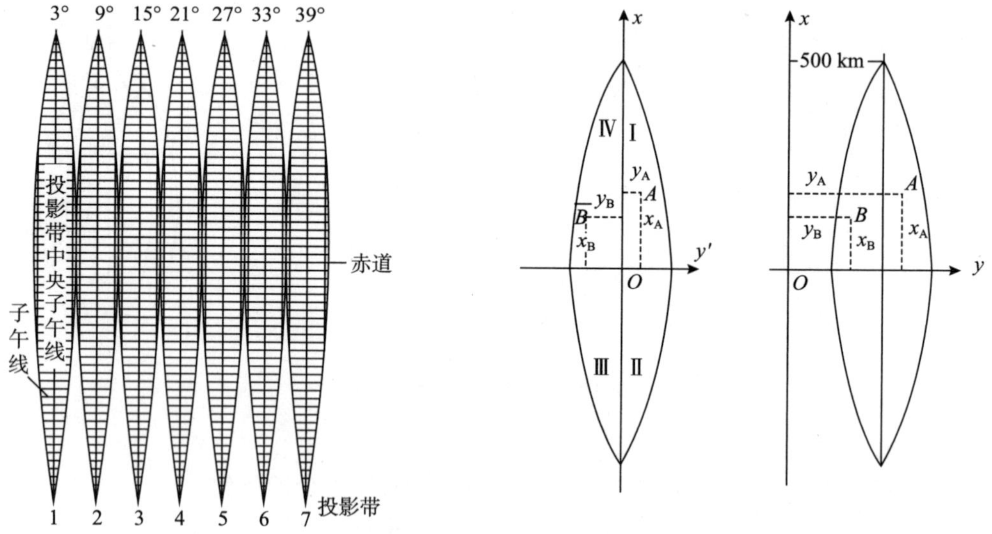

图 10-16　高斯—克里格投影的坐标轴

比如某地图采用高斯-克里格 3°带投影，其中某点坐标为(39445598.871，4453491.653)，其含义为：

(1)该点所在的投影带编号为 39；

(2)该点距离坐标纵轴 445598.871 m；

(3)在投影面上，该点与赤道投影线的垂直距离为 4453491.653 m。

我国规定 1∶1 万、1∶2.5 万、1∶5 万、1∶10 万、1∶25 万、1∶50 万比例尺地形图均采用高斯投影。其中 1∶2.5 万至 1∶50 万比例尺地形图采用经差 6°分带，1∶1 万比例尺地形图采用经差 3°分带。

2.UTM 投影

又称通用横轴墨卡托投影，属于等角横轴割圆柱投影，圆柱割地球于南纬 80°、北纬 84°两条等高圈上。在地球表面按 6°分带，从西经 180°自西向东分为 60 个投影带(图 10-17)。

与高斯-克里格投影类似，UTM 投影也以赤道投影线作为坐标横轴，中央子午线投影作为坐标纵轴，每个带的原点是其中央经线和赤道投影线的交点。为了消除负坐标，坐标系需改变原点坐标值。分配给中央经线的值是东偏移量，而分配给赤道的值是北偏移量。采用 5 km 作为东偏移量。北部带的北偏移量为零，而南部带的北偏移量为 100 km。

UTM 投影无角度变形，中央经线为直线，且为投影的对称轴。

UTM 投影是美国为了全球战争创建的，主要应用于美国的军用地图以及地球资源卫星所用遥感数据的搜集，某些国家或地区局部采用 UTM 投影作为地图数学基础，我国的卫星影像资料常采用 UTM 投影。

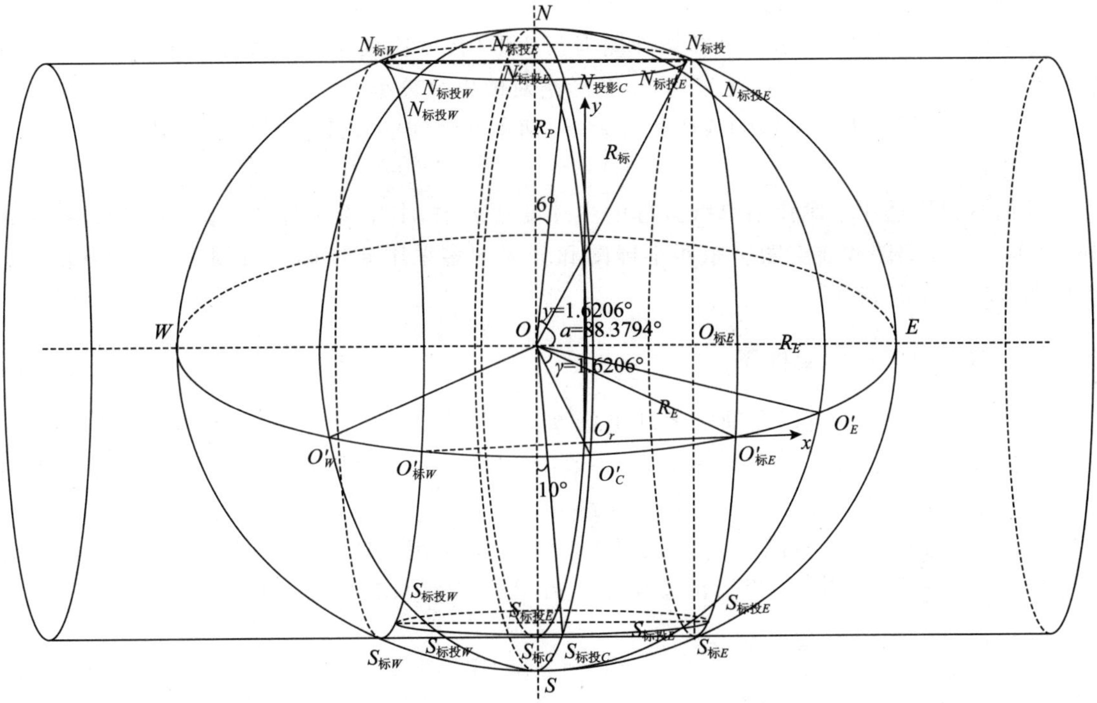

图 10-17　横轴墨卡托投影示意图

3. 兰伯特投影

兰伯特投影是由德国数学家兰伯特(J. H. Lambert)拟定的等角正轴割圆锥投影(图 10-18)。

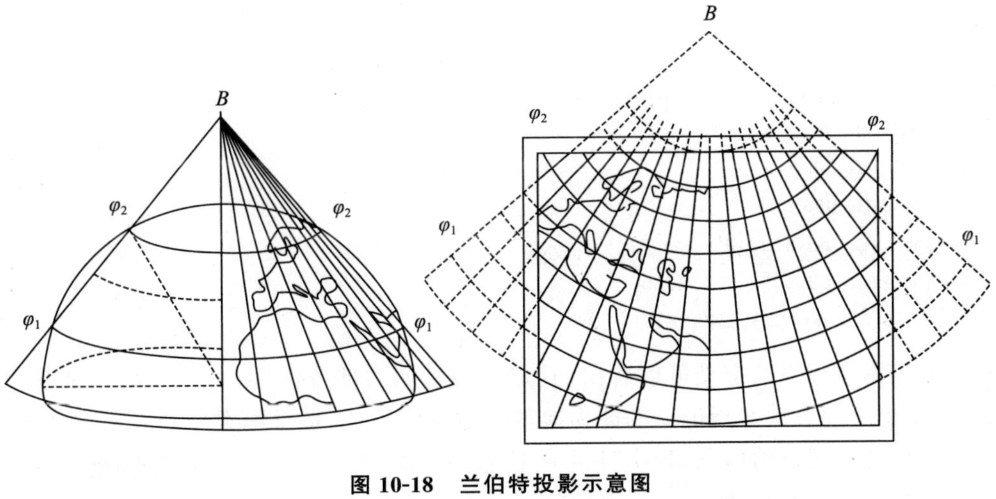

图 10-18　兰伯特投影示意图

兰伯特投影的特征：

(1)没有角度变形；

(2)两条标准纬线上没有任何变形；

(3)等变形线和纬线一致，即同一条纬线上的变形处处相等；

(4)在同一经线上，两条标准纬线外侧为正变形(长度比大于1)，而两条标准纬线之间为负变形(长度比小于1)。变性比较均匀，变形绝对值也比较小；

(5)同一条经线上等经差的线段长度相等，两条纬线间的经线长度处处相等。

应用：

兰伯特投影适用于制作沿纬线分部的中纬度地区中、小比例尺地图。国际上用此投影编制1∶100万地形图和航空图。东西半球图和分洲图多采用此投影。我国1∶100万比例尺地形图采用兰伯特投影。

10.2.5 GIS中的投影坐标系

GIS中的空间数据可以在确定地理坐标系后，进一步进行地图投影，用投影坐标系表示空间位置。地理坐标系是一种球面坐标，一般用经纬度表示，地图单位一般为度；而投影坐标系是一种平面直角坐标系，一般地图单位为米。

例如，某地土地利用现状图为CGCS2000坐标系，采用高斯克里格地图投影，中央子午线为东经117°，采用3°投影带，投影带编号39。在ArcGIS中，其坐标一般定义如下：

```
CGCS2000_3_Degree_GK_Zone_39
WKID: 4527 Authority: EPSG
Projection: Gauss_Kruger
False_Easting: 39500000.0
False_Northing: 0.0
Central_Meridian: 117.0
Scale_Factor: 1.0
Latitude_Of_Origin: 0.0
Linear Unit: Meter (1.0)
Geographic Coordinate System: GCS_China_Geodetic_Coordinate_System_2000
Angular Unit: Degree (0.0174532925199433)
Prime Meridian: Greenwich (0.0)
Datum: D_China_2000
Spheroid: CGCS2000
Semimajor Axis: 6378137.0
Semiminor Axis: 6356752.314140356
Inverse Flattening: 298.257222101
```

从这个投影坐标系的定义可以看出，其定义包括两大部分内容：一是包括了地理坐标系内容，在这个例子中最后八行记录的即为地理坐标系信息；二是投影类型和投影参数内容，上例中第3行到9行记录的信息，其中“False_Easting: 39500000.0”表示其坐标纵轴为中央子午线投影向西偏移50 km，同时对横坐标之冠以投影带编号39。

由此可见，定义一个空间数据的投影坐标系，首先要明确其地理坐标系，然后再定义地图投影类型及其参数。

10.3 空间数据组织及表达

10.3.1 空间数据分层

1. 空间数据分层的概念

数据层本是计算机图形学中的一个概念，是指在一个图像文件中创建一些分离的图像，得到不同的数据层，再将这些图像对象按一定的等级次序重新放置来进行图像加工和合成。计算机辅助制图技术引入上述图像分层概念，将地图想象成由具有统一数学基础的多层透明玻璃板组成，每一个透明玻璃板上承载了不同的主题内容，对每一个透明玻璃板可以单独进行开关限制和取舍控制，所有透明玻璃板上内容的组合叠加就是地图对象要表达的全部内容。在地图制图技术上发展起来的 GIS 也采用了这样的理念，GIS 将透明玻璃板称为主题层，透明玻璃板组合一起称为 GIS 研究对象的数据逻辑模型。数据的分层是客观存在的，逻辑模型是将其分类形象化后的结果。这样的数据模型对随机杂乱的空间对象进行了有机、有序的组织，对实体的类别进行了区分，有助于对空间对象进行清晰地理解和合理化表达，有助于空间数据的有效管理。

主题或者数据分层(thematic layer) 是地理信息系统中的关键词之一。地理信息系统通常对地理对象采用按主题分类，按类设层的原则，同种要素的集合就是一个主题层。比如道路的集合构成道路层，水系的集合构成水系层，居民点的集合构成居民点层(图 10-19)。科学有效的数据分层是数据管理、GIS 地图编制、制图综合、专题制图、空间分析的前提，国内外著名的 CAD、GIS 软件都充分利用了层概念和其技术。

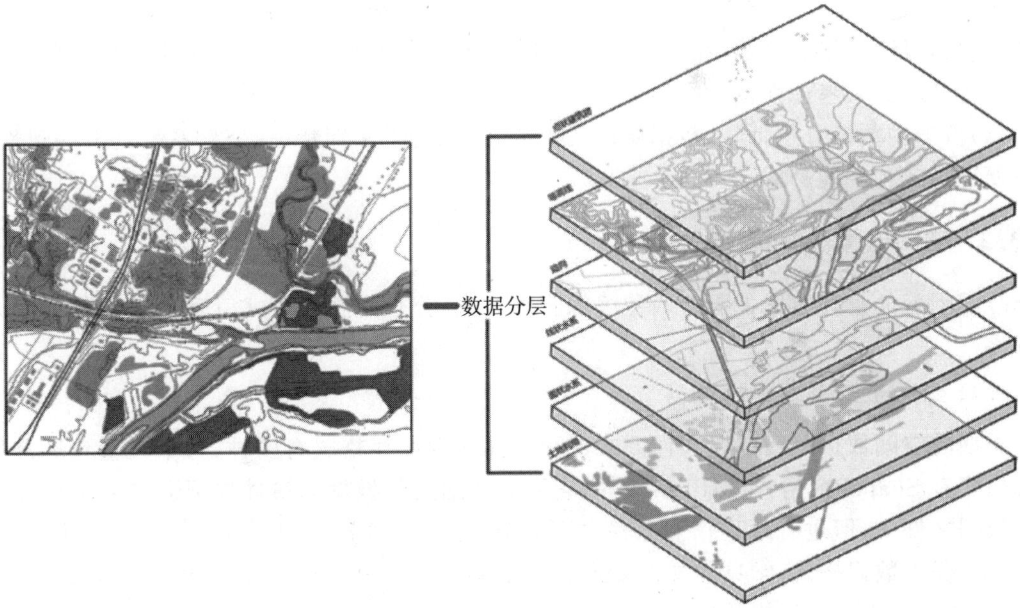

图 10-19 空间数据分层

空间数据分层是指按照数据存储要求和数据使用要求，把具有一定逻辑联系的一组地理特征按其属性分成不同的组，使之成为一个空间数据层，同一个空间数据层中的要素类型相同，具有一致的属性项，使用相同的坐标系统。

2. 空间数据分层的一般原则

空间数据分层的一般原则如下：

(1)不同数据格式划分为不同的数据分层。比如，矢量数据、栅格数据、影像数据等要保存为不同的数据层。

(2)同一数据格式的数据，不同要素类型划分为不同的数据层。点要素、线要素、面要素不应混合保存，同一数据层只包含一种要素类型。

(3)不同的地物类型存放在不同的数据层，比如建筑物和水系一般不应该存放在同一数据层。

(4)按时间分层，比如不同年度数据存放在不同的数据层中。

(5)如果区域较大，出于数据存储管理效率及制图的需要，可以将一个区域划分为多个小区，分区设置空间数据层。

在实践中，通常根据实际工作需要，在以上一般原则基础上制定适宜的分层方案。

3. 空间数据分层的作用

空间数据分层对数据采集、编辑、管理、分析和制图都具有重要的作用。

(1)使数据的含义明确可辨。显然，若将普通地形图的所有信息存储在一个文件(层)中，数据会变得混杂而难以区分。

(2)提高数据存储、管理和显示的效率。若被分析处理的数据只涉及所有数据中的几种，图形分层可以减少内外存数据交换量，提高系统效率。

(3)便于地图要素显示的控制，使得地图显示更加灵活。在某些情况下，数据分层后容易获得理想的显示效果。例如，在 GIS 平台不提供透视功能的时候，将填充的面状对象与其他对象叠置时就必须考虑面覆盖的问题。

(4)恰当的数据分层，同一数据层内要素的几何特征、属性特征、坐标系统具有一致性，因此方便进行各种空间分析。

10.3.2 空间数据组织管理

分层划分的空间数据主要有两种组织管理方式，分别是文件方式管理和地理数据库方式管理。

1. 以文件方式管理空间数据

早期的空间数据一般都以文件方式保存。具体的保存格式有多种，对于矢量数据常见的数据格式有 Shapefile 格式、MIF 格式等，它们的空间几何数据和属性数据通常分别保存在不同的数据文件中，但也有地理信息系统软件将图层的空间数据和属性数据保存在同一文件中。对于栅格数据格式，常见的文件格式有 Esri Grid、ASC、Tiff、IMG 文件等，后二者是图像数据格式，它们也属于栅格数据。

文件管理方式是将数据组织保存在数据文件中，由操作系统中的文件管理系统进行数据管理。按文件名访问,按纪录进行存取。

文件方式管理空间数据具有以下特点:

(1)通过文件系统管理数据,应用程序本身不涉及数据的管理。

(2)数据可以长期保存。

(3)数据冗余度大、共享性差。

(4)程序与数据有依赖性,文件结构改变时程序必须相应修改。

2. 以地理数据库方式管理空间数据

随着社会经济和各种地理空间数据获取技术的快速进步,海量空间数据不断涌现,对海量地理数据的高效管理需求和计算机科学技术的进步,促使地理数据库的出现。

地理数据库(geographical database,GDB)是应用计算机数据库技术对地理数据进行科学的组织和管理的硬件与软件系统,是现代地理信息系统的核心部分。它包括一组独立于应用目的的地理数据的集合、对地理数据集合进行科学管理的数据管理系统软件和支持管理活动的计算机硬件。地理数据库属于空间数据库,表示地理实体及其特征的数据具有确定的空间坐标,为地理数据提供标准格式、存贮方法和有效的管理,能方便、迅速地进行检索、更新和分析,使所组织的数据达到冗余度最小的要求,为多种应用目的服务。

以目前应用比较广泛的 Esri 地理信息系统为例,它包含三个类型的地理数据库(geodatabase),分别为:

(1)个人地理数据库 所有的空间数据都存储于 Microsoft Access 数据文件内,该数据文件的大小最大为 2 GB。

(2)文件地理数据库 在文件系统中以文件夹形式存储每个数据集都以文件形式保存,该文件大小最多可扩展至 1TB。

(3)ArcSDE(arc spatial database engine)地理数据库 也称作多用户地理数据库。这种类型的数据库使用 Oracle、Microsoft SQL Server、IBM DB2、IBM Informix 或 PostgreSQL 等数据库管理系统存储空间数据。这些地理数据库需要使用 ArcSDE,并且在大小和用户数量方面没有限制。

Geodatabase 可以看作一种数据组织管理模式,它将矢量、栅格、地址、网络、投影等数据进行一体化存储和管理。如果将 Shapefile 格式文件、Coverage 文件作为第二代 GIS 数据模型,那么 Geodatabase 就是第三代 GIS 数据模型。

文件地理数据库存储效率更高(表 10-3),因此,相对于文件方式和个人地理数据库方式,Esri 建议使用文件地理数据库。

表 10-3 不同空间数据库管理方式的存储效率比较

数据	Shapefile	个人地理数据库	文件地理数据库
美国水系	2.19 GB	>2.0 GB(超过 2.0 容量)	878 MB
加利福尼亚山脉	1.23 GB	684 MB	329 MB
曼哈顿地块	9.2 MB	10.96 MB	4.42 MB
R2VEG	8.62 MB	11.36 MB	3.31 MB
建筑物	1.08 MB	2.08 MB	644 KB

10.3.3 地理信息系统制图图层

在地理信息系统中空间数据通过图层(layer)进行制图表达,从数据库的角度看,图层是某一空间数据经过要素选择、符号化和标注之后得到的视图。图层包含了一幅地图需要负载的特定专题信息,一幅地图可以包含多个图层。

空间数据、图层、地图之间的关系如图 10-20 所示。

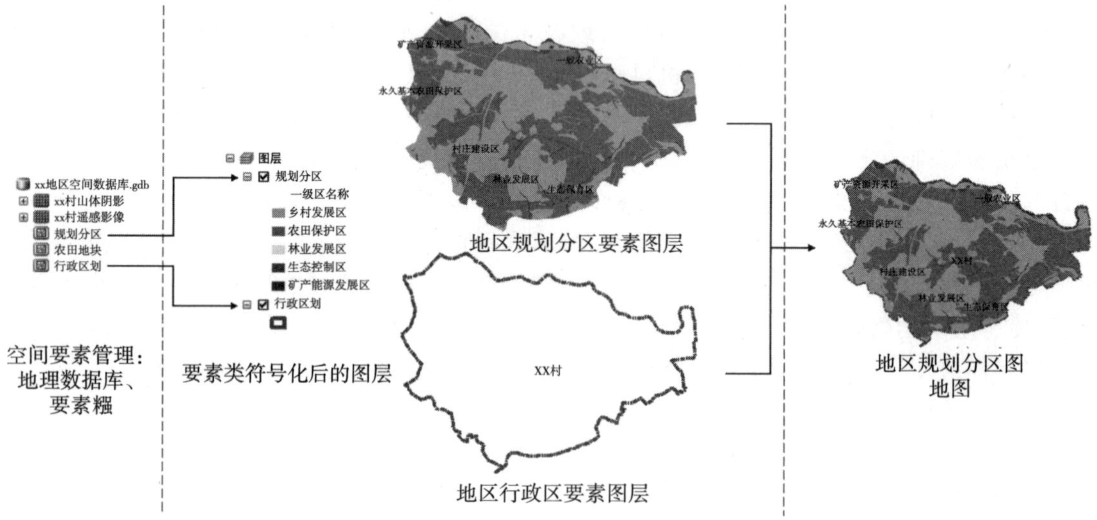

图 10-20 空间数据、图层和地图之间的关系

10.3.4 空间数据符号化

空间要素以其位置和属性为特征。当用图形表达空间对象时,一般用符号位置来表示该要素的空间位置,用该符号的视觉变量组合来表示要素的属性数据。例如,道路在地图上一般用线状符号表达,通过线型如线宽来区分不同的道路级别,如粗实线表示高等级公路,而细实线表示低等级公路。

地图符号视觉变量包括符号形状、大小、纹理、图案、色相、色值和彩度。形状表征了图上要素类别。大小、颜色渐变特征、纹理(符号斑纹的间距)表征图数值属性的数量差别,例如,一幅地图可用大小不同的圆圈来代表不同规模等级的城市。色相、色值和彩度,以及图案则更适合于表征标称(nominal)或定性(qualitative)数据,例如,在同一幅地图上可用不同的面状图案代表不同的土地利用类型。

1.空间数据符号化的一般原则

(1)符号的定位　地图上常常以符号的位置表达其实际空间位置,这就是常说的符号定位问题。符号定位的一般原则是准确,保证所示空间对象在逻辑和美观上的和谐统一。但有时由于实际空间对象的位置重叠或相距很近,当用符号表达时,容易产生拥挤现象,破坏了图形的美观性和易读性。这时可保留重要地物的准确位置,而其他次要地物可相对移动。

(2)易读性　空间对象属性通过符号的视觉变量来进行区分,视觉变量包括形状、大小、方位、色调、亮度和色度等六类。空间对象的属性可通过视觉变量的不同组合来表达,因此,符号的布局、组合和纹理直接影响到图面的易读性。一般情况下,线状符号比较容易分离,图案、形状、颜色和阴影要截然不同,并且形状要清晰可辨。

符号的可见性还涉及符号自身的可见性。如果线状符号比较容易识别,其宽度就不必很大。不同颜色的组合也可改变符号的可辨性。经典的例子就是交通符号,形状各异的交通符号可以使行人和驾驶员不必读文字而获得交通信息。

(3)视觉差异性　图形元素和背景、相邻元素的对比是符号运用中最为重要的一点。视觉上的差异性可以提高符号的分辨能力和识别能力。符号运用过程中,要尽量使用符号视觉变量的不同组合来提高易读性,但过多的符号差异会导致图面的繁杂,也不利于符号的识别。

(4)绝对数据与派生数据制图中的符号配置　属性数据根据加工与否可分为两类,即原始数据和派生数据。原始数据是通过测量或调查而得到的数据,如人口调查中的一个县的人口数量;而派生数据一般是指经过加工的数据,如人口密度等。对原始数据和派生数据的符号配置需要考虑图形的可比性。这里以人口制图为例进行说明:人口密度是人口数与区域面积的比值,该值不依赖区域的大小。对于人口数相同而面积不同的两个区域来说,其人口密度就不同,如果用等值区域图以人口数量来进行制图,则区域面积的大小差异会严重影响图形的可比性。因此,一般建议等值区域图用来进行派生数据的表达,而分级符号图用来进行原始数据的制图。

2.地理信息系统中专题信息表达

(1)单一符号化　所有要素采用相同的符号、颜色或填充样式来表示,通常示意表达地图的位置。

(2)唯一值符号化　对指定的专题属性,不同的属性值采用各自不同的符号、颜色或填充样式,用于反映要素集不同属性分布。

(3)分级色彩符号化　用于反映地图要素属性的定量差异,按照属性值大小用具有梯度变化视觉效果的色彩来表示要素属性数值变化及其分布。

(4)分类符号符号化　用不同大小的点符号、或不同粗细的线条来反映地图要素的数量或者质量的差异,根据要素属性值数值范围进行符号大小分级。

(5)比率符号符号化　用于精确反映要素属性数值的差异,符号大小尺寸与所表达属性值之间具有确定的比率关系,因此一个属性值对应一个符号大小。

(6)点值符号化　用点密度来表示要素空间分布程度。

(7)统计符号化　具体包括:①饼状图:反映制图要素整体属性与组成成分之间的比例关系;②柱状图:比较两项或者多项可比较属性分布情况及变化趋势;③堆叠柱状图:反映关系比例及趋势等。

(8)组合符号化　不同符号系统组合,图10-21综合采用分级颜色符号法和统计符号法来反映某地各乡镇耕地亩均效益(元)和耕地投入产出情况。

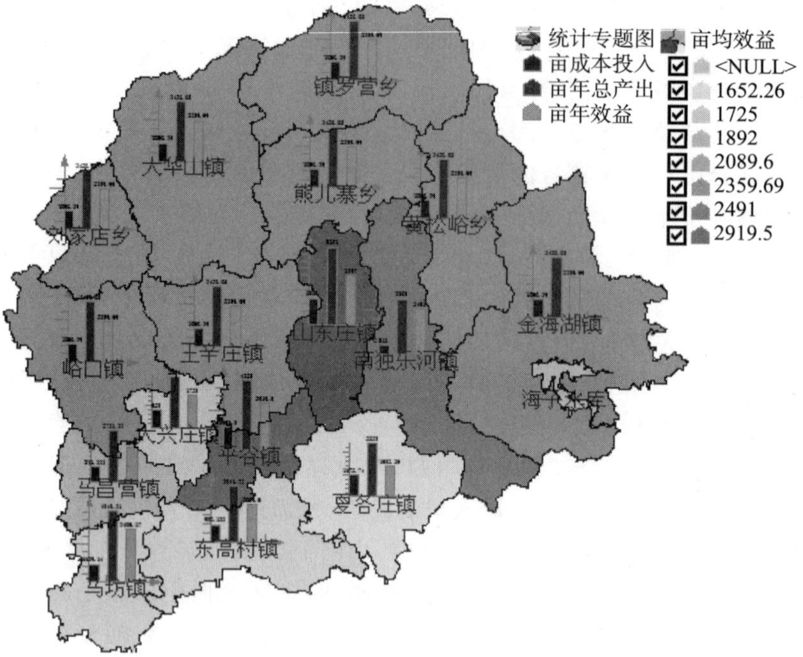

图 10-21 地图信息符号化

10.3.5 地图编排

1.地图的要素

一幅地图一般包括以下几个方面的要素。

(1)图名　图名的主要功能是为读图者提供地图的区域和主题的信息。表示统计内容的地图,还必须提供清晰的时间概念。图名要尽可能简练、确切。组成图名的三个要素(区域、主题、时间)如已经以其他形式做了明确表示,则可以酌情省略其中的某一部分。例如,在区域性地图集中,具体图幅的区域名可以不用。图名是展示地图主题最直观的形式,应当突出、醒目。它作为图面整体设计的组成部分,还可看成是一种图形,可以帮助取得更好的整体平衡。一般可放在图廓外的正上方,或图廓内以横排或竖排的形式放在左上、右上的位置。图廓内的图名,可以是嵌入式的,也可以直接压盖在图面上,这时应处理好与下层注记或图形符号的关系。

(2)主图　主图是地图图幅的主体,应占有突出位置及较大的图面空间。同时,在主图的图面配置中,还应注意以下的问题:①在区域空间上,要突出主区与邻区是图形与背景的关系,增强主图区域的视觉对比度。②主图的方向一般按惯例定为上北下南。如果没有经纬网格标示,左、右图廓线即指示南北方向。但在一些特殊情况下,如果区域的外形延伸过长,难以配置在正常的制图区域内,就可考虑与正常的南北方向作适当偏离,并配以明确的指向线。

(3)移图　制图区域的形状、地图比例尺与制图区域的大小难以协调时,可将主图的一部分移到图廓内较为适宜的区域,这就成为移图。移图也是主图的一部分。移图的比例尺可以与主图比例尺相同,但经常也会比主图的比例尺小。移图与主图区域关系的表示应当明白无误。假如比例尺及方向有所变化,均应在移图中注明。在一些表示我国完整疆域的地图中,经常在图的右下方放置比例尺小于大陆部分的南海诸岛,就是一种常见的移图形式。

(4)重要地区扩大图　对于主图中专题要素密度过高,难以正常显示专题信息的重要区域,可适当采取扩大图的形式处理。扩大图的表示方法应与主图一致,可根据实际情况适当增加图形数量。扩大图一般不必标注方向及比例尺。

(5)副图　副图是补充说明主图内容不足的地图,如主图位置示意图、内容补充图等。一些区域范围较小的单幅地图,用图者难以明白该区域所处的地理位置,需要在主图的适当位置配上主图位置示意图,它所占幅面不大,却能简明、突出地表现主图在更大区域范围内的区位状况。内容补充图是把主图上没有表示、却又是相关或需要的内容,以副图形式表达,如地貌类型图上配一幅比例尺较小的地势图,地震震中及震级分布图上配一幅区域活动性地质构造图等。

(6)图例　图例应尽可能集中在一起。虽然经常都被置于图面中不显著的某一角,但这并不降低图例的重要性。为避免图例内容与图面内容的混淆,被图例压盖的主图应当镂空。只有当图例符号的数量很大,集中安置会影响主图的表示及整体效果时,才可将图例分成几部分,并按读图习惯,从左到右有序排列。对图例的位置、大小、图例符号的排列方式、密度、注记字体等的调节,还会对图面配置的合理与平衡起重要作用(图10-22)。

(7)比例尺　地图的比例尺一般被安置在图名或图例的下方。地图上的比例尺,以直线比例尺的形式最为有效、实用。但在一些区域范围大、实际的比例尺已经很小的情况下,如一些表示世界或全国的专题地图,甚至可以将比例尺省略。因为,这时地图所要表达的主要是专题要素的宏观分布规律,各地域的实际距离已经没有多少价值,更不需要进行什么距离方面的量算。放置了比例尺,反而有可能会得出不切实际的结论。

(8)统计图表与文字说明　统计图表与文字说明是对主题的概括与补充比较有效的形式。由于其形式(包括外形、大小、色彩)多样,能充实地图主题、活跃版面,因此有利于增强视觉平衡效果。统计图表与文字说明在图面组成中只占次要地位,数量不可过多,所占幅面不宜太大。对单幅地图更应如此。

(9)图廓　单幅地图一般都以图框作为制图的区域范围。挂图的外图廓形状比较复杂。桌面用图的图廓都比较简练,有的就以两根内细外粗的平行黑线显示内外图廓。有的在图廓上表示有经纬度分划注记,有的为检索而设置了纵横方格的刻度分划。

2.图面配置

图面配置是指对图面内容的安排。在一幅完整的地图上,图面内容包括图廓、图名、图例、比例尺、指北针、制图时间、坐标系统、主图、副图、符号、注记、颜色、背景等内容(如图10-22所示)。一般情况下,图面配置应该主题突出、图面均衡、层次清晰、易于阅读,以求美观和逻辑的协调统一。

(1)主题突出　制图的目的是通过可视化手段来向人们传递空间信息,因此在整个图面上应该突出所要传递的内容,即地图主体。制图主体的放置应遵循人们的心理感受和习惯,必须有清晰的焦点,为吸引读者的注意力,焦点要素应放置于地图光学中心的附近,即图面几何中心偏上一点,同时在线划、纹理、细节、颜色的对比上要与其他要素有所区别。

图面内容的转移和切换应比较流畅。例如图例和图名可能是随制图主体之后要看到的

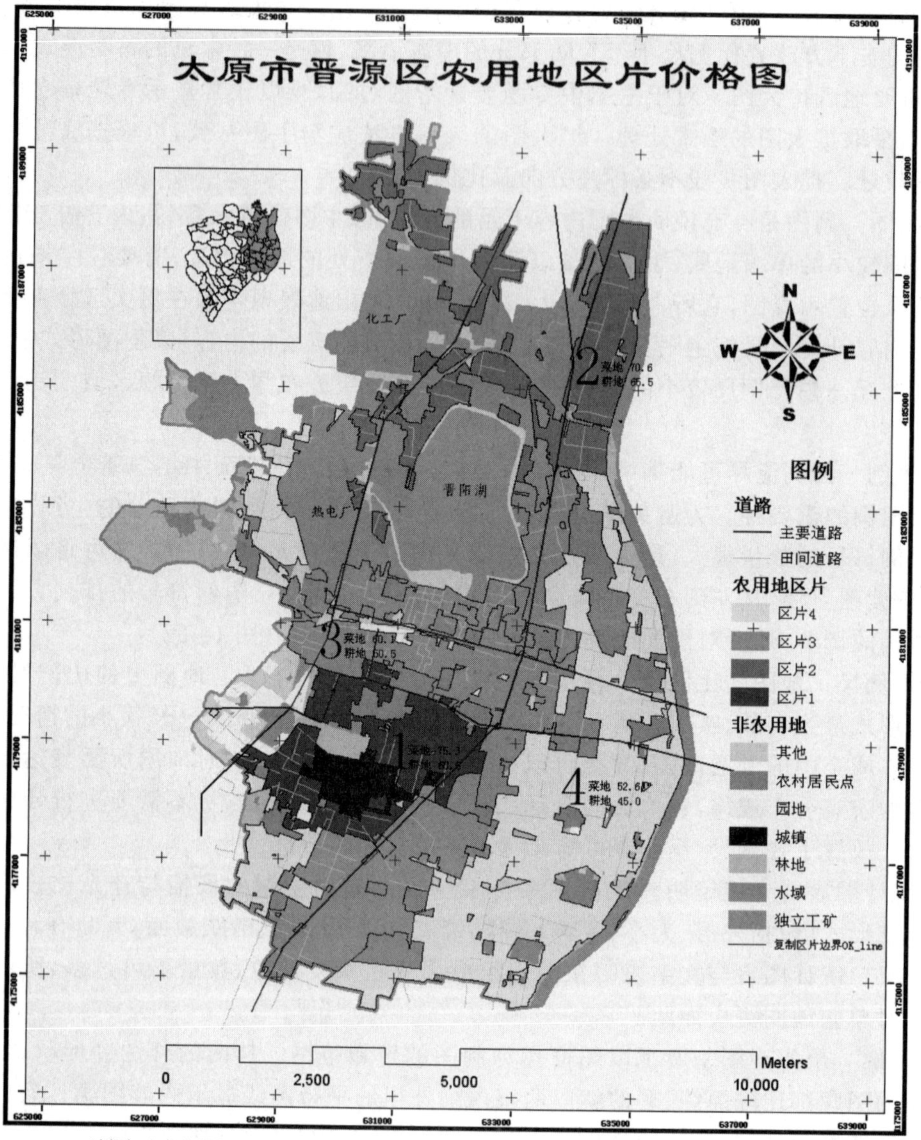

（例图 非真实数据）　　坐标系统：北京54　　制图单位：中国农业大学
评估时期：2004年5月

图 10-22　某地农用地区片价格图

内容，因此应将其清楚地摆放在图面上，甚至可以将其用方框或加粗字体突出，以吸引读者的注意力。

（2）图面平衡　图面是以整体形式出现的，而图面内容又是由若干要素组成的。图面设计中的平衡，就是要按照一定的方法来确定各种要素的地位，使各个要素显示得更为合理。图面布置得平衡不意味着将各个制图要素机械性的分布在图面的每一个部分，尽管这样可以使各种地图要素的分布达到某种平衡，但这种平衡淡化了地图主体，并且使得各个要素无序。图面要素的平衡安排往往无一定之规，需要通过不断的反复试验和调整才能确定。一般不要出现过亮或过暗，偏大或偏小，太长或太短、与图廓太紧等现象。

(3)图形—背景　图形在视觉上更重要一些,距读者更近一些,有形状、令人深刻的颜色和具体的含义。背景是图形背景,以衬托和突出图形。合理的利用背景可以突出主体,增加视觉上的影响和对比度,但背景太多会减弱主体的重要性。图形—背景并不是简单地决定应该有多少对象和多少背景,而是要将读者的注意力集中在图面的主体上。

(4)视觉层次　视觉层次是图形—背景关系的扩展。视觉层次是指将三维效果或深度引入制图的视觉设计与开发过程,它根据各个要素在制图中的作用和重要程度,将制图要素置于不同的视觉层次中。最重要的要素放在最顶层并且离读者最近,而较为次要的要素放在底层且距读者比较远,从而突出了制图的主体,增加了层次性、易读性和立体感,使图面更符合人们的视觉生理感受。

思考题

1. 简述矢量数据、栅格数据、不规则三角网的基本概念、特点。
2. 简述地理坐标系、投影坐标系及二者之间的关系。
3. 什么是高斯-克里格投影及其特点?
4. 简述空间数据常见的符号化类型。

第 11 章　矢量数据一般分析

本章阐述了矢量数据的查询、叠置分析和缓冲区分析等一般处理和分析方法，通过本章的学习，学生应重点学习和掌握矢量数据的属性查询、空间查询方法，矢量数据叠置分析的概念及常用的矢量叠置分析方法，矢量数据缓冲区分析等。

11.1　矢量数据查询

11.1.1　基于属性的查询

1. 基于简单的属性表选择的查询

最简单的属性查询是查找。查找不需要构造复杂的 SQL 命令，只要选择一个属性值，就可以找到对应的空间图形。如图 11-1 所示，在某地土壤图层的属性表中任意选择一条记录，在对应土壤类型就会在土壤图中高亮度显示出来。

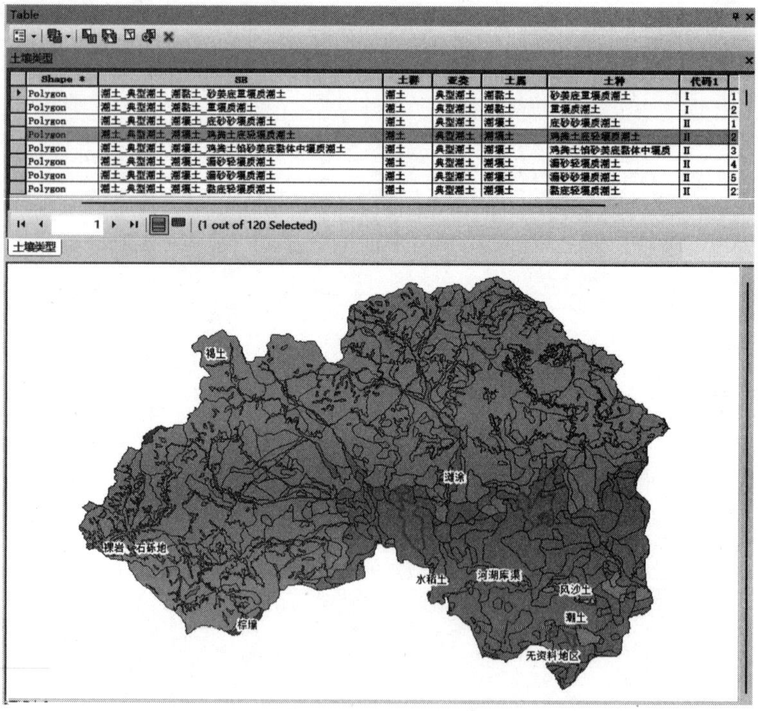

图 11-1　GIS 中根据属性表选择进行图形查询

2. 基于空间数据属性的 SQL 查询

地理信息系统软件通常都支持标准的 SQL 查询语言。SQL 的基本语法为：

Select <属性字段清单>

From <属性表>

Where<条件>

一般地理信息系统软件会通过图形化界面辅助用户构建 SQL 查询语句，从而尽量避免用户手工输入。图 11-2 是 ArcGIS 软件"基于属性查询"的用户界面。通过用户界面辅助用户构建了"SELECT * FROM 土壤类型 WHERE 土属＝'脱潮砂土'"这样一条 SQL 语句。运行后土壤图中的"脱潮砂土"高亮显示，表示处于被选中状态。

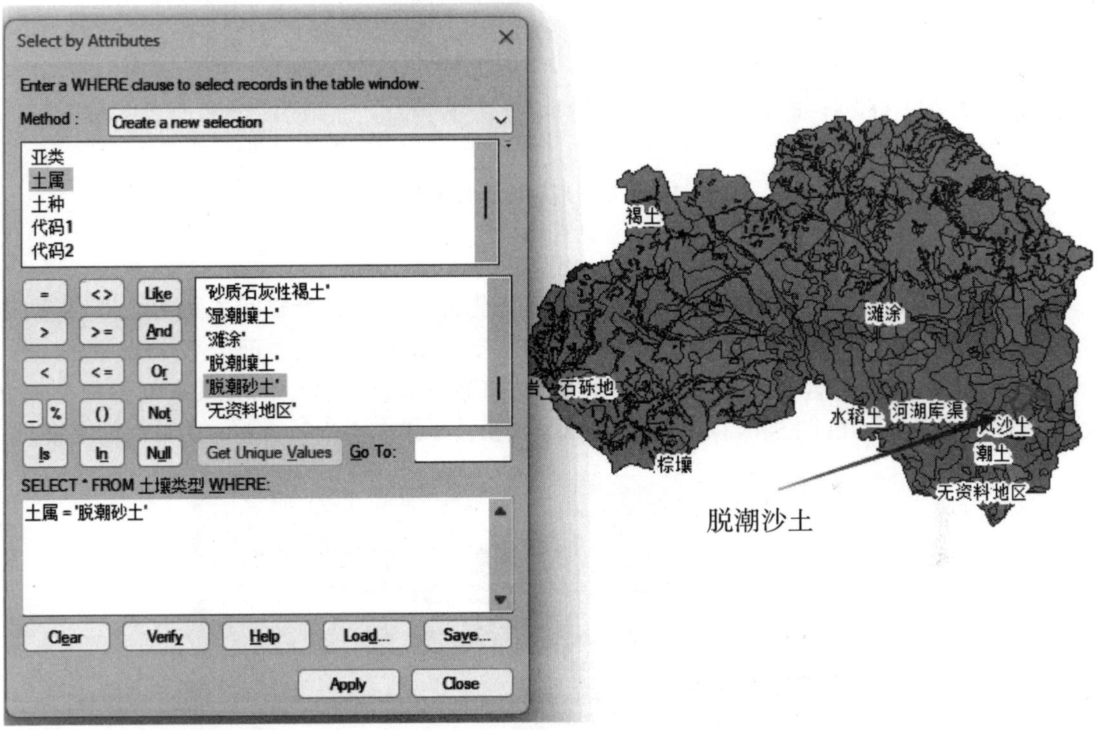

图 11-2 GIS 中按照属性进行查询

11.1.2 基于空间关系的查询

1. 通过图形选择查询

用户可以通过在地图上点击、画矩形、圆形或多边形方式，查询选择单击点或所画图形内的空间要素。被选中的图形和属性记录自动以高亮方式显示(图 11-3)。

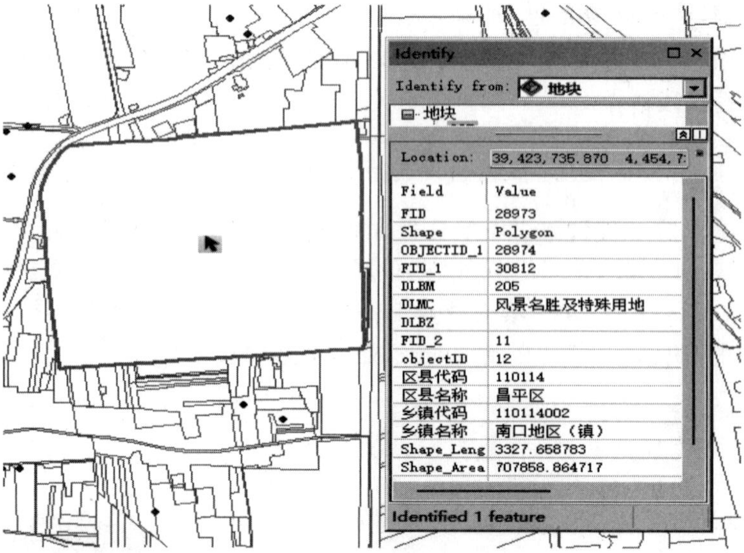

图 11-3　通过图形选择查看图形属性

2. 通过指定的空间关系进行查询

地理信息系统相对于其他信息系统的一个显著优势在于对各种空间关系的处理，根据指定的空间关系进行查询也是这种功能优势的体现。空间要素之间的空间关系十分复杂，例如包含、部分包含、完全包含、相交等。不同的地理信息系统软件支持空间关系查询的种类和方式有所不同。以 ArcGIS 的 Select by location 为例，图 11-4 表示查询包含在多边形内的要素。

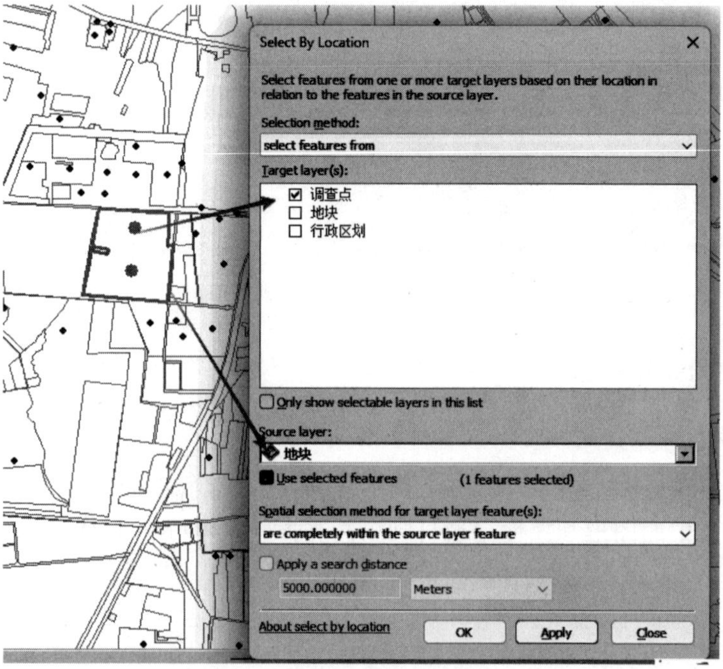

图 11-4　查询落入选中地块内的调查点

11.2　矢量数据属性数据处理

根据一定的关系把两个表格连接在一起，从而使要素图层属性更加丰富，是一种常用的矢量数据属性处理方法。一般有两种属性表连接方式：一是基于属性关系进行连接，二是基于空间关系进行连接。

11.2.1　基于属性关系的属性表连接

基于属性关系的属性表连接是指用两个表格的一个共同关键字或主关键字和外部关键字把两个表格连在一起。典型的应用是将一个或多个非空间数据表中的属性数据连接到一个要素图层属性表中，使得要素图层属性表扩展出所连接的表格的字段内容（图 11-5）。

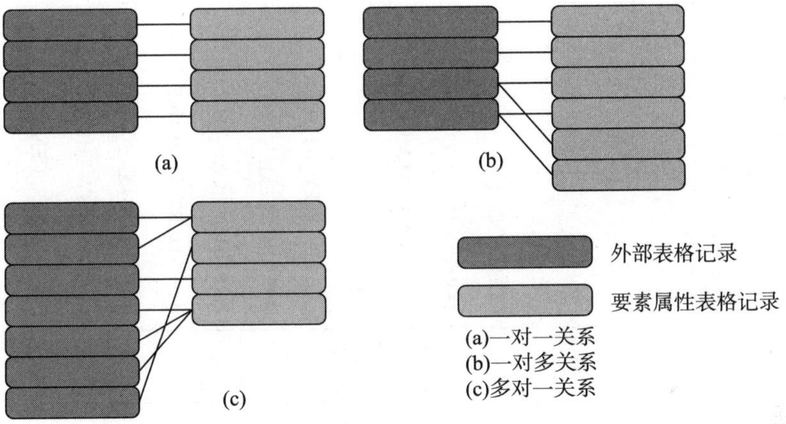

图 11-5　外部表格记录与要素图层属性表记录之间的对应关系

根据外部表格记录与要素属性表记录之间的对应关系，可分为以下三种情况：

(1)如果外部表格与要素属性表之间具有“一对一”的对照关系，则根据关键字段的对应关系进行一对一连接。

(2)如果要素属性表与外部表格之间是“多对一”的关系，则一条外部表格中的记录可能对应到多个要素的属性记录中。

(3)如果要素属性表与外部表格之间是“一对多”的关系，建议先基于外部表格进行“汇总”，形成汇总表格，将汇总表连接到要素表格，要素属性表与汇总表格之间形成“一对一”或“多对一”关系。例如，外部表格是分县的降雨量表格，要素图层的要素为州。州要素与县之间是“一对多”关系，欲将县级降雨量信息连接到州要素图层属性表中，建议先对分县降雨量表格进行汇总形成汇总表（图 11-6），然后汇总表格按照州名称连接到州要素图层属性表。

State	County	Rain	Total
Oklahoma	Atoka	1.80	10.16
Oklahoma	Kiowa	2.34	13.67
Oklahoma	Nowata	1.62	11.90

State	Count	Avg_Rain	Max_Rain
Ohio	88	3.21	4.50
Oklahoma	77	2.56	3.86
Oregon	36	5.66	7.92

图 11-6　外部表格汇总后连接到要素属性表

11.2.2 基于空间关系的属性表连接

作为以空间数据为主要数据的信息系统，地理信息系统还可以根据要素之间的空间关系将一个要素图层属性与另一个要素图层属性进行连接。

基于空间关系属性表连接时，根据源要素与目标要素之间的空间确定对应关系，常见的空间关系包括：

(1)目标要素与源要素之间的最近邻关系；

(2)目标要素包含在源要素内部；

(3)目标要素与源要素之间为“intersect”关系；

(4)多个点要素(源)与多边形要素(目标)之间的落入关系。

图 11-7 为 ArcGIS 地理信息系统所支持的点、线、面要素之间的空间关系。

目标要素 Target Features	连接要素	CONTAINS	COMPLETELY_CONTAINS	CONTAINS_Cl EMENTINI	WITHIN	COMPLETELY_WITHIN	WITHIN_CLEMENTINI	ARE_IDENTICAL_TO	BOUNDARY_TOUCHES	SHARE_A_LINE_SEGMENT_WITH	CROSSED_BY_THE_OUTLINE_OF	HAVE_THEIR_CENTER_IN
		✓		✓	✓		✓	✓				✓
					✓	✓	✓					✓
					✓	✓	✓					✓
		✓	✓	✓								✓
		✓	✓	✓	✓	✓	✓	✓	✓	✓	✓	✓
					✓	✓	✓		✓	✓	✓	✓
		✓	✓	✓								✓
		✓	✓	✓					✓	✓	✓	✓
		✓	✓	✓	✓	✓	✓	✓	✓	✓	✓	✓

图 11-7 常用的空间要素间的空间关系

举例说明如下，现有土壤有机质采样点图层和土壤类型单元图层，其中采样点图层中输入土壤有机质含量属性字段。我们可以根据土壤有机质采样点与土壤类型单元之间的空间关系将采样点信息连接到土壤类型单元中，从而获得土壤类型单元的平均有机质含量(图 11-8)。

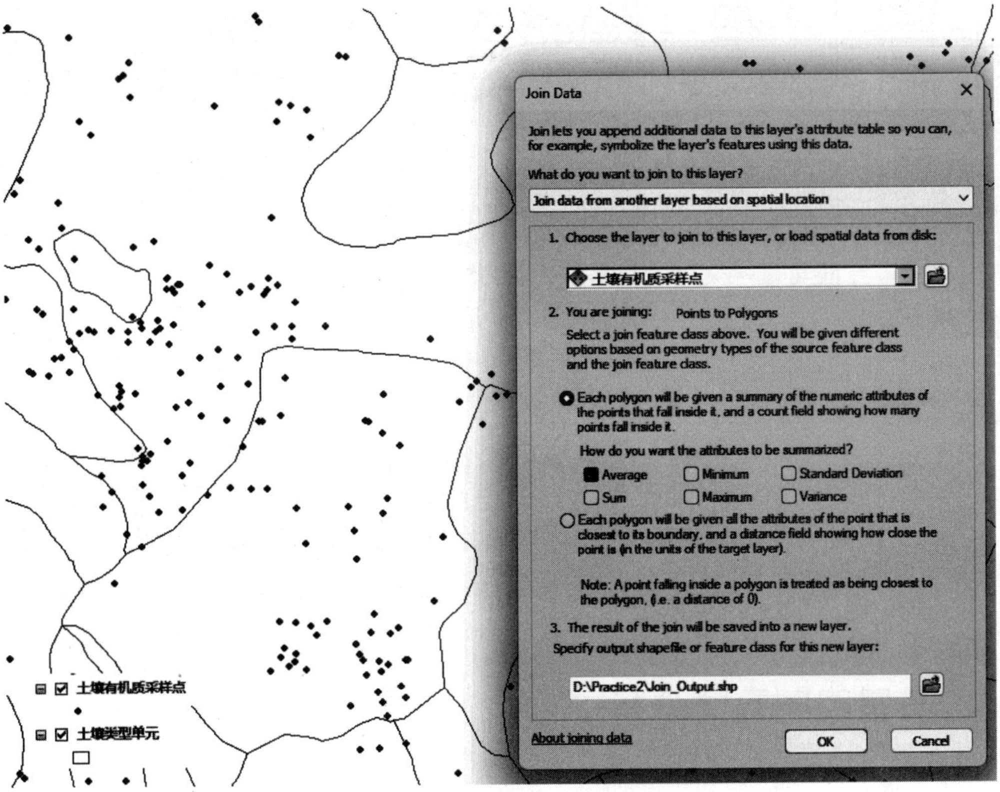

图 11-8　根据落入关系，将土壤采样点信息连接到土壤类型单元

11.2.3　字段计算

字段计算是一种常见的要素图层的处理功能，通过字段计算可以实现字段快速赋值、或通过对一个或多个字段的运算实现字段快速赋值。

现代地理信息系统一般均支持进行字段计算器使用，字段计算器一般支持加(+)、减(−)、乘(×)、除(÷)基本运算符，同时支持常见的字符串(string)、数值(number)和日期(date)等数据类型函数。ArcGIS 的字段计算器同时支持 Python、VBS 脚本语言。

例如，利用字符串处理函数，从 12 位 ZLDWDM(坐落单位代码)中提取前 9 位数字乡镇代码，并将结果赋值给“乡镇代码”字段(图 11-9)。

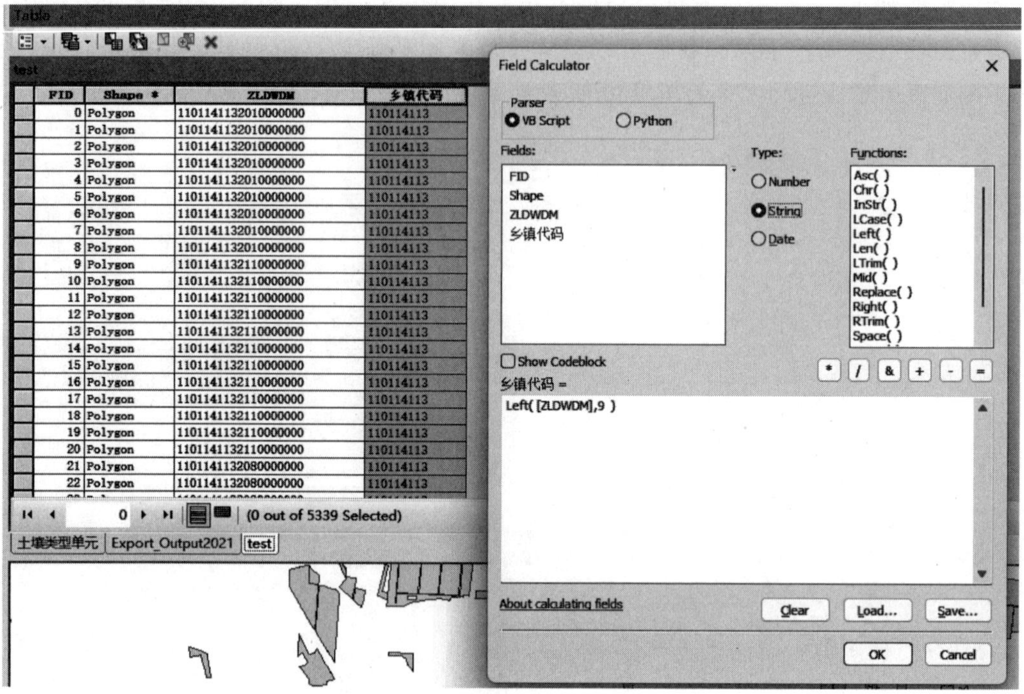

图 11-9　字段计算器应用示例

11.3　矢量图层叠置分析

根据叠置方式不同，可以分视觉叠置和信息复合叠置。视觉叠置不改变参加叠置的空间数据结构，也不形成新的空间数据，只给用户带来视觉效果。信息复合叠置不仅要产生视觉效果，还要对参加叠置的多种空间数据进行重新组合，从而形成新的目标，产生新的图层。

接下来讨论的矢量图层叠置分析均指信息复合叠置类型。

11.3.1　叠置分析的概念

叠置分析是地理信息系统中常用的提取空间隐含信息的方法之一，叠置分析是将相关要素层作为 Input layer 进行叠置产生一个新的数据层 Output layer，其 Output layer 综合了原来两个或多个 Input layer 要素层所具有的属性，同时叠置分析还通过 Input layer 要素相互分割生成 Output layer 要素，而且还将输入的多个数据层的属性联系起来产生新的属性关系。

叠置分析最常见的一个应用就是为特定目的的评价构建评价单元。例如，基于降雨量和土壤类型两个评价指标对某农作物适宜性评价，可以通过降雨量要素图层和土壤类型要素图层叠加生成一个评价单元要素图层，生成的评价单元的空间要素由降雨量多边形与土壤类型多边形分割形成，同时，评价单元具有了降雨量和土壤类型两个 Input layer 的综合属性。因此叠加形成的评价单元具备了均一的多重属性(图 11-10)。

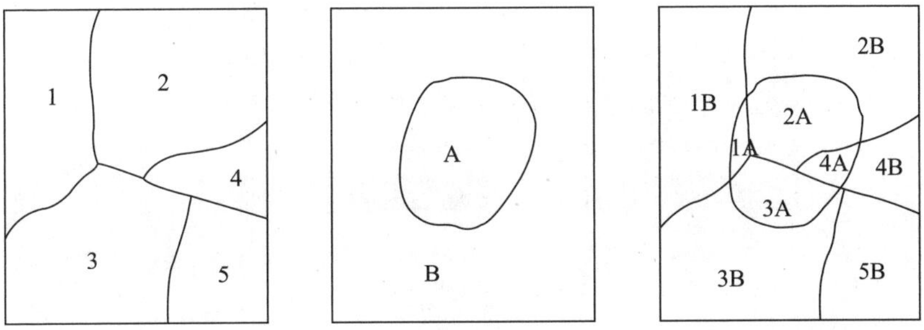

图层1（5个多边形）降水量　　图层2（2个多边形）土壤类型　　图层3（9个多边形）叠置结果

图 11-10　矢量要素层之间的叠置分析示例

11.3.2　多边形图层之间的叠置

多边形要素层与多边形要素层之间的叠置是最常用的叠置分析场景。一般的地理信息系统均允许多个多边形要素层之间叠置分析。

例如,为评价某丘陵地区土壤侵蚀风险,需要考虑①“植被类型”、②“地形坡度”和③“土壤类型”,可将植被类型图、地形坡度图和土壤类型图进行叠加,构建土壤侵蚀风险评价单元图,土壤侵蚀风险单元图同时具备了土壤类型代码、地形坡度和植被类型代码属性(图 11-11)。

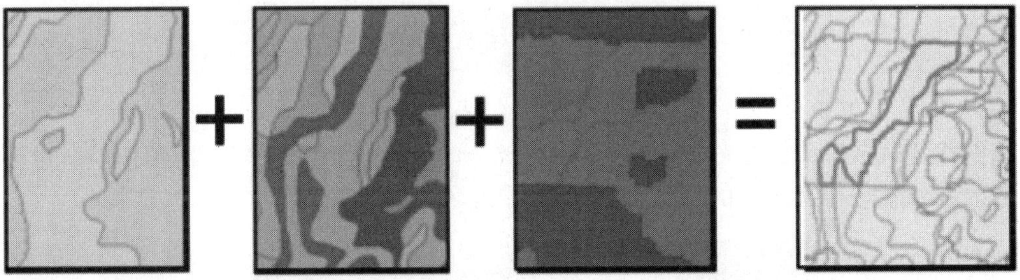

FID	Shape*	FID_soils	CODE	CLASS	FID_si	SLOPE	FID_veg	DET_TYPE
3039	Polygon	508	38F	6	0	60	117	A
3040	Polygon	508	38F	6	0	60	119	SS
3041	Polygon	508	38F	6	0	60	157	U
3042	Polygon	508	38F	6	0	60	158	A
3043	Polygon	508	38F	6	0	60	160	FC

图 11-11　多边形要素叠置分析

多边形要素层与多边形要素层之间的叠置分析可以有多种具体形式,最常用的叠置分析形式包括:

1. 交集叠置(intersect)

交集叠置可以对多个输入多边形要素层(input layer)进行叠合,输出层(output layer)保留所有输入图层的共同多边形(交集)。同时输出层具备了所有输入层的属性(图 11-12)。

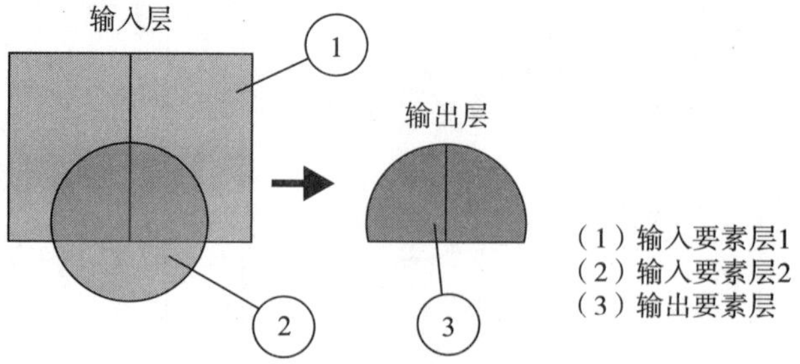

图 11-12　交集叠置

2. 并集叠置(union)

并集叠置可以对多个输入多边形要素层(input layer)进行叠合,输出层(output layer)为保留原来两个输入图层的所有多边形(并集)。同时输出层具备了所有输入层的属性(图 11-13)。

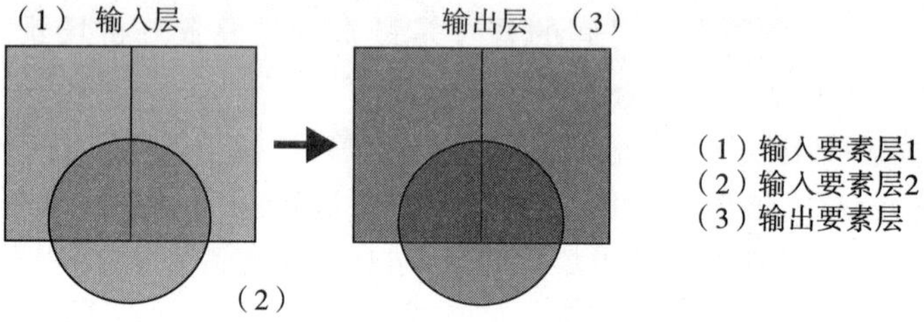

图 11-13　并集叠置

3. 裁剪叠置(clip)

裁剪叠置顾名思义就是裁剪,进行多边形叠合时,输出层为按一个图层的边界,对另一个图层的内容要素进行截取后的结果(图 11-14)。

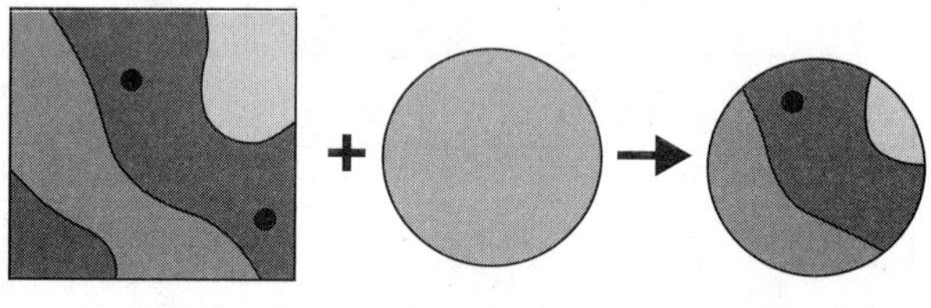

图 11-14　裁剪叠置

11.3.3　不同维度图层之间的叠置

除了上述最常用的多边形要素与多边形要素之间的叠置外,点、线、面要素类型之间均可以进行叠置分析,如面要素叠加点要素、面要素叠加线要素等也是比较常用的空间叠置形式。

一般而言,当输入要素包括多个维度的要素类型时,默认输入所有输入要素中的最低维要素类型。

11.4 矢量数据缓冲区分析

11.4.1 缓冲区的概念

缓冲区分析是地理信息系统中常用的一种空间分析方法，是对空间特征进行度量的一种重要手段。缓冲区分析是研究根据数据库的点、线、面实体，自动建立其周围一定宽度范围内的缓冲区多边形实体，从而实现空间数据在水平方向得以扩展的信息分析方法。

从空间变换的观点看，缓冲区分析模型就是将点、线、面地物分布图变换成这些地物的扩展距离图，缓冲区就是地理目标的一种影响范围。

缓冲区是地理空间目标的一种影响范围或服务范围在尺度上的表现。它是一种因变量，随所研究的要素的形态而改变。从数学的角度来看，缓冲区是给定空间对象或集合后获得的它们的邻域，而邻域的大小由邻域的半径或缓冲区建立条件来决定。因此对于一个给定的对象 A，它的缓冲区可以定义为：

$$P=\{x \mid d(x,A)\leqslant r\} \tag{11.1}$$

式中，A 为源要素；d 表示距离，通常为欧式距离；r 表示缓冲区半径。

11.4.2 单一缓冲区

1. 点缓冲区

点缓冲区是选择单个点、一组点、一类点状要素或一层点状要素，按照给定的缓冲条件建立缓冲区结果。不同的缓冲条件下，单个或多个点状要素建立的缓冲区不同。

单一缓冲区通常由用户直接输入缓冲区半径，但是地理信息系统一般也支持设置要素属性字段值为缓冲区半径，此时可以根据点要素指定字段值生成该要素的缓冲区，从而可以为不同的要素生成不同半径的缓冲区(图 11-15)。

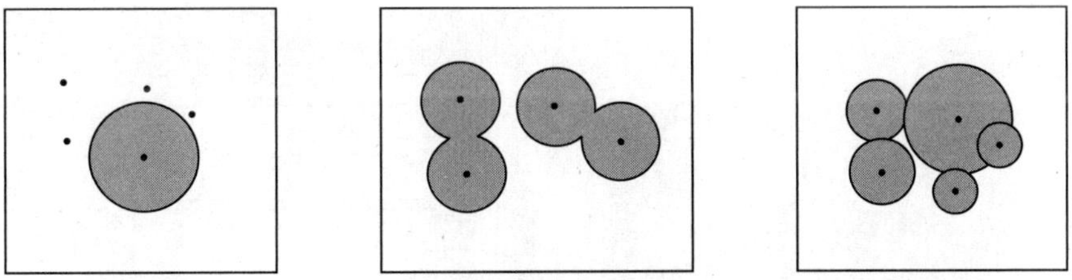

(a)单个点缓冲区　(b)相同缓冲距离缓冲区　(c)属性值作距离参数缓冲区

图 11-15 点要素缓冲区分析

2. 线要素缓冲区

线缓冲区是选择一类或一组线状要素，按照给定的缓冲条件建立缓冲区结果(图 11-16)。

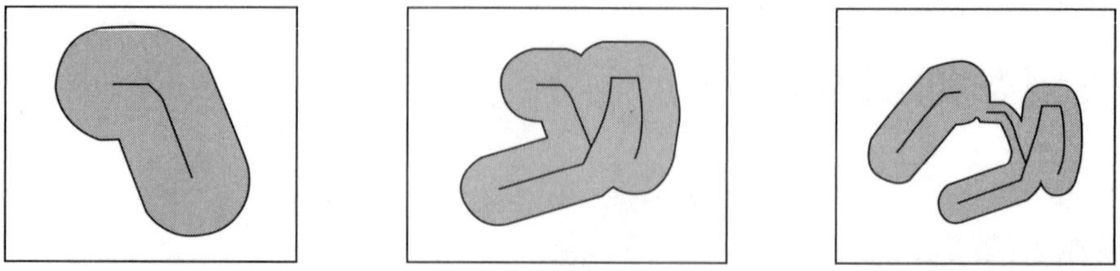

(a)单个线缓冲区　　(b)单个线缓冲区　　(c)属性值作距离参数缓冲区

图 11-16　线要素缓冲区分析

3. 面要素缓冲区

面缓冲区是选择一类或一组面状要素，按照给定的缓冲条件建立缓冲区结果。

根据缓冲区分析的具体要求，可以为面要素生成内缓冲区和外缓冲区。外缓冲区是仅仅在面状地物的外围形成缓冲区，内缓冲区则在面状地物的内侧形成缓冲区，同时也可以在面状地物的边界两侧形成缓冲区（图 11-17）。

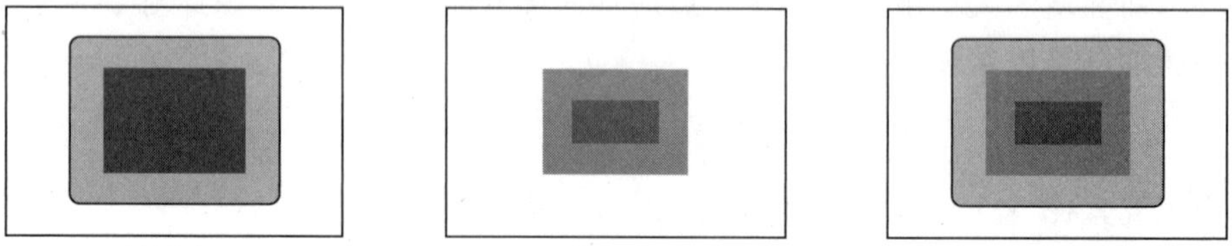

(a)外缓冲区　　(b)内缓冲区　　(c)内外缓冲区

图 11-17　面要素缓冲区分析

11.4.3　多重缓冲区

现代地理信息系统通常支持多重缓冲区的生成。用户可以输入一组缓冲区半径值，生成到源要素的多重缓冲区。

图 11-18 是利用 ArcGIS 生成道路 0～100、100～200、200～300、300～400 和 400～500 m 的五重缓冲区。

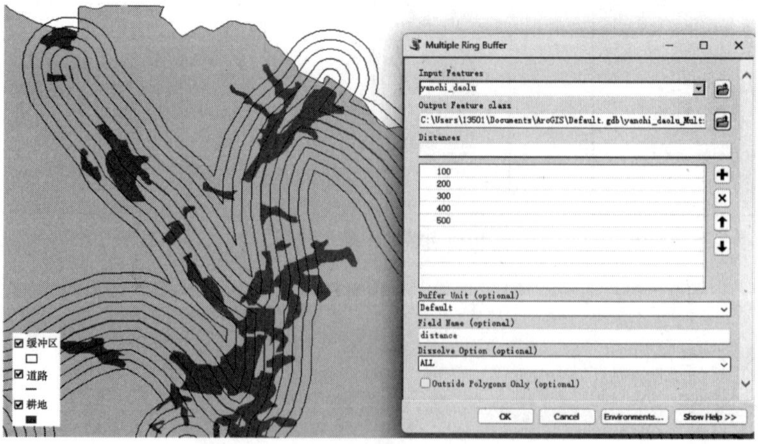

图 11-18　线要素多重缓冲区分析

11.4.4 缓冲区应用

缓冲区分析应用十分广泛，比如将自然保护核心区周边若干距离范围内设定为自然保护缓冲区；将污染泄漏工厂若干公里范围设定为人员紧急疏散区等。

下例是某地为了对市民郊野休闲区内的耕地进行景观提升建设，设定休闲绿道两侧300 m内耕地为景观提升对象，因此可以生成域内道路 300 m 缓冲区，然后用所生成的缓冲区要素层对耕地要素层进行裁剪(clip)，从而生成作为景观提升建设的目标耕地(图 11-19)。

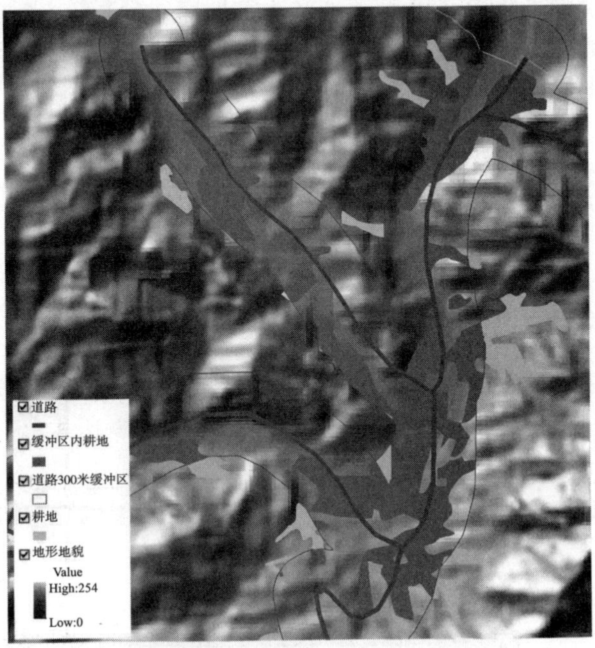

图 11-19　利用道路缓冲区获取道路两侧一定距离范围内的耕地

思考题

1. 举例说明什么是基于属性的查询和基于空间关系的查询。
2. 什么是矢量数据的叠置分析？简述 GIS 常见的矢量叠置分析方法及其区别。
3. 举例说明叠置分析在本专业中的应用。
4. 矢量数据缓冲区的概念是什么？谈一谈缓冲区在专业领域分析中的应用。

第 12 章　空间分析

本章阐述了地理信息系统中基于栅格数据的常见空间分析方法。通过本章学习应该掌握并灵活应用地图代数运算、栅格数据查询、重分类、邻域分析、分区统计等一般分析方法，及距离分析和地形分析方法。

12.1　一般分析方法

12.1.1　地图代数运算

栅格计算器用于在工具中创建和执行“地图代数”表达式。栅格计算器通过简单的、类似计算器的工具界面，使用多种工具和运算符来执行单行代数表达式，可以综合各种地图代数计算和函数构建复杂计算方程。

使用栅格计算器工具，工具对话框中有四个主要区域用于创建“地图代数”表达式，如图 12-1 所示。

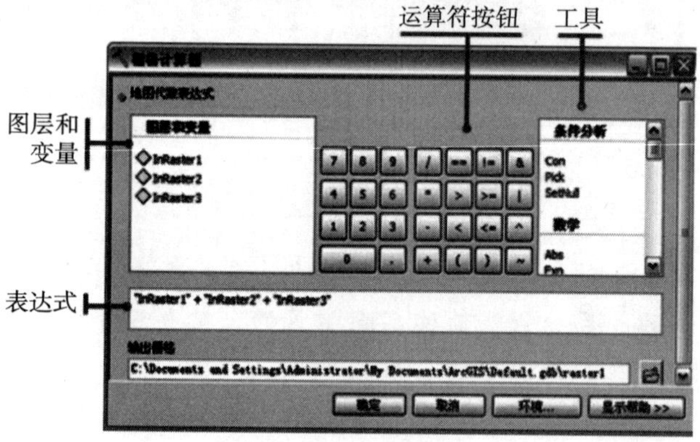

图 12-1　栅格计算器工具对话框示例

1.单一栅格图层运算

栅格计算器可以对单一栅格图层进行计算。例如某地年平均温度与海拔之间存在线性关系：

$$T=26.085-0.0016\times E \tag{12.1}$$

式中，T 为年平均温度；E 为海拔高度，m。在栅格计算器进行如下图 12-2 所示计算，其中

NRELIEF 为当地数字高程模型栅格，单位为 m。计算结果会生成该地年平均温度图。

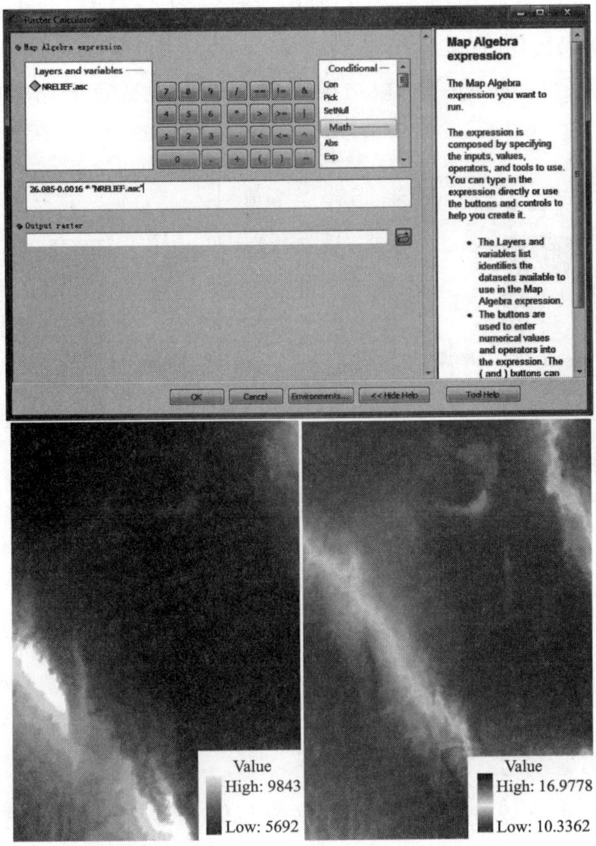

图 12-2　温度与海拔线性关系计算示意图

2. *多个栅格图层运算*

栅格计算器还可以进行多个栅格图层的运算。如计算某地的融雪速度。根据观察数据和分析得出式(12.2)。

$$M=0.19T+0.17D \tag{12.2}$$

式中，M 为融雪速度，cm/d；T 为空气温度；D 为露点温度。根据此方程，使用该地区的气温和露点温度分布图层，就能计算该地区融雪速度分布图。在已加载空气温度栅格图层 T 和露点温度图 D 的情况下，在栅格计算器中直接输入“$0.19T+0.17D$”，单击“OK”即可生成融雪速度图层。

12.1.2　重分类分析

重分类是指根据一定的规则，为栅格图层重新赋值，并将结果生成一个新的栅格图层。重分类有两种具体形式，即按单个值进行重分类以及按范围值进行重分类。

1. *按单个值重分类*

按单个值进行重分类是以一对一的方式将一个值更改为另一个值。例如，执行鹿栖息地分析时，土地利用栅格中的各个值表示土地利用的不同类型，不同的土地利用类型对应一个鹿栖息地适宜度，适宜度为整数取值 1～10，取值高表示适宜度高。例如，森林土地利用类型将重分类为 10，低密度居民区土地利用类型将重分类为 5，而工业土地利用类型则为 1。那么我们可以进行如图所示一对一重分类，结果生成鹿栖息地适宜度栅格图层(图 12-3)。

基础栅格

重分类

旧值	新值
1–1	5
2–2	5
3–3	7
4–4	8
5–5	10
6–6	12
7–7	3
8–8	20
9–9	11
10–10	2
11–11	19
12–12	1
13–13	9
14–14	9
15–15	4
16–16	13
17–17	6
18–18	14
19–19	13
20–20	14

输出栅格

值=NoData

图 12-3　按单个值重分类

2. 按值的范围进行重分类

按值的范围进行重分类是按指定的栅格取值范围值及其对应的替代值进行重新赋值。例如，海拔高度对某野生动物的适宜性分析中，当海拔高度小于 7000 ft 时适宜度等级为 1，7000～8000 ft 适宜度等级为 2，8000～8500 ft 适宜度等级为 3，8500～9000 ft 适宜度等级为 4，大于 9000 ft 适宜度等级为 5。可以利用按海拔高度值(ft)进行重分类(图 12-4)，重分类结果生成该野生动物海拔适宜度等级栅格图。

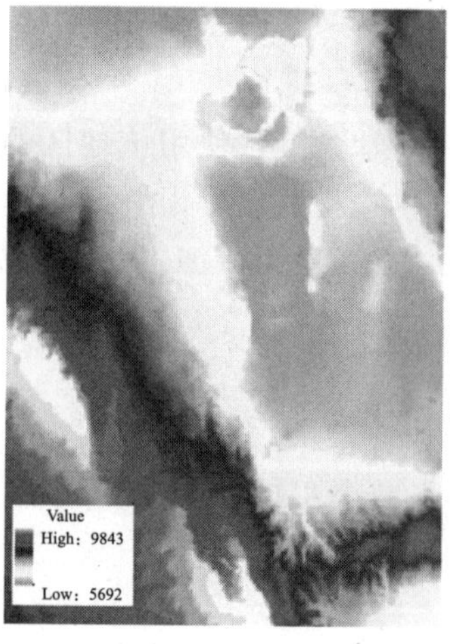

Old values	New values
5692 - 7000	1
7000 - 8000	2
8000 - 8500	3
8500 - 9000	4
9000 - 9843	5
NoData	NoData

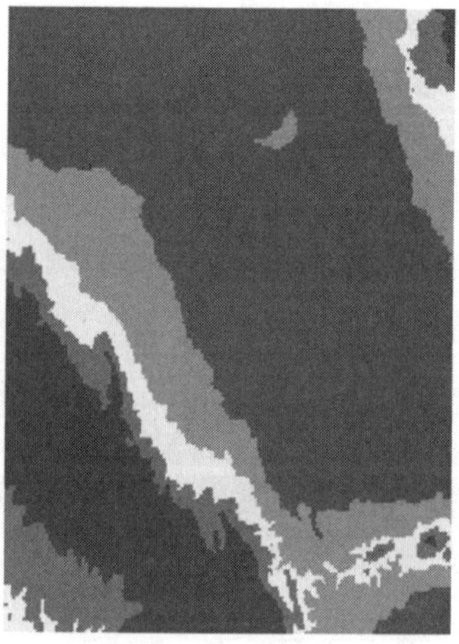

图 12-4　按值的范围重分类

12.1.3 邻域分析

1. 邻域的概念

在栅格数据中，邻域是指以某栅格为中心，按照一定距离向周边扩展一定距离的空间范围内的栅格。例如，图 12-5 中白框圈定栅格，其栅格值为 1，灰框圈定的范围是前述栅格的宽度和高度均为 3 个栅格的正方形邻域（在 ArcGIS 中称为 NbrRectangle 类型邻域）。正方形的邻域是一种最简单和最常用的邻域类型，但是在 ArcGIS 等地理信息系统中还支持矩形（rectangle）、圆形（circle）、环形（annulus）乃至扇形（wedge）等其他形状的邻域类型（图 12-5）。在定义邻域时，需根据邻域类型指定相关参数。对于矩形邻域需要指定宽度和高度，对于圆形邻域需指定圆的半径，对于环形邻域需指定内环半径和外环半径，对于扇形邻域需要指定扇形半径、起始角度和终止角度。

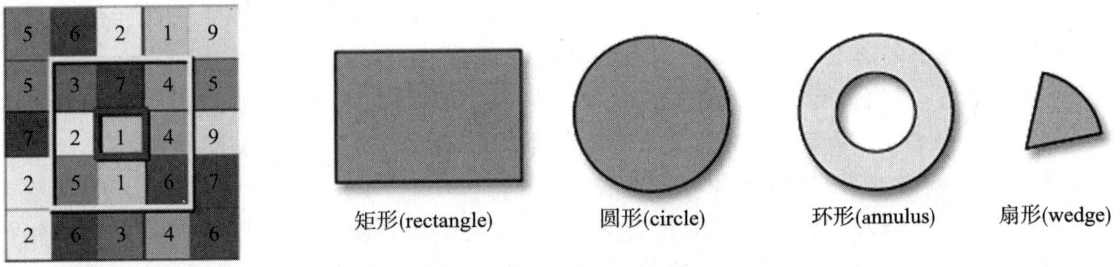

图 12-5 不同形状的邻域

邻域分析过程中将邻域作为移动窗口依次滑动覆盖全部输入的栅格数据，根据移动窗口滑动过程中邻域是否可以互相覆盖，分为“块邻域（block neighborhood）”和“焦点邻域（focal neighborhood）”（图 12-6）。块邻域滑动过程中，邻域范围不能互相重叠，每次滑动时对邻域内的栅格进行计算，并将计算结果（一般为块邻域内栅格的统计量）赋值给邻域内所有栅格。焦点邻域每次只滑动一个栅格，滑动过程中允许邻域范围互相重叠，每次滑动对邻域内的栅格进行计算，并将结算结果赋值给本次移动窗口（邻域）的中心栅格。

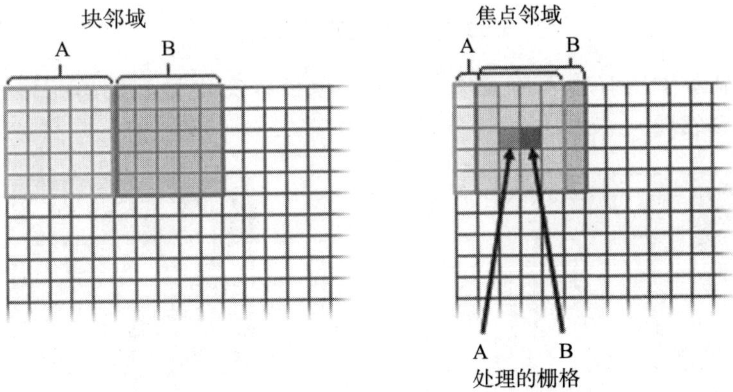

图 12-6 块邻域和焦点邻域

2. 邻域分析

邻域分析的计算是以待计算栅格为中心，其邻域内栅格数据进行函数运算，计算结果赋值给中心栅格（焦点邻域统计）或邻域范围内所有栅格（块邻域统计）。ArcGIS 中的邻域分析提供了十种统计方法：Maximum（最大值）、Minimum（最小值）、Range（范围值），即最大值减去最小值、Sum（数值和）、Mean（平均值）、Standard Deviation（标准差）、Majority（频数最大的值）、Minority（频数最小的值）等。

3. 焦点邻域统计

焦点统计用于计算一组重叠窗口或邻域内输入像元的统计数据。将针对每个邻域中包含的所有输入像元计算统计数据（例如，平均值、最大值或总和）。各邻域可以重叠，因此某一邻域中的像元也可以包含在其他待处理像元的邻域中。

从概念上讲，此算法在执行过程中将访问栅格中的每个像元，并且根据识别出的邻域范围计算出指定的统计数据。要计算统计数据的像元称为待处理像元。待处理像元的值以及所识别出的邻域中的所有像元值都将包含在邻域统计数据的计算中。

例如图 12-7，对值为 5 的待处理像元周围邻域（宽度和高度均为 3 的正方形邻域）计算邻域栅格的 Sum 统计量：指定 3×3 个像元的矩形邻域形状，计算中忽略 NoData 栅格。相邻单元格（含待处理栅格本身）的值之和（3＋2＋3＋5＋4＋2＋1＋4）＝24，计算结果 24 赋值给待处理位置栅格。在输入栅格图层的完整计算过程中，会依次将输入栅格图层的每一个栅格作为待处理栅格，进行前述邻域计算和赋值，从而生成一个完整的输出栅格图层。

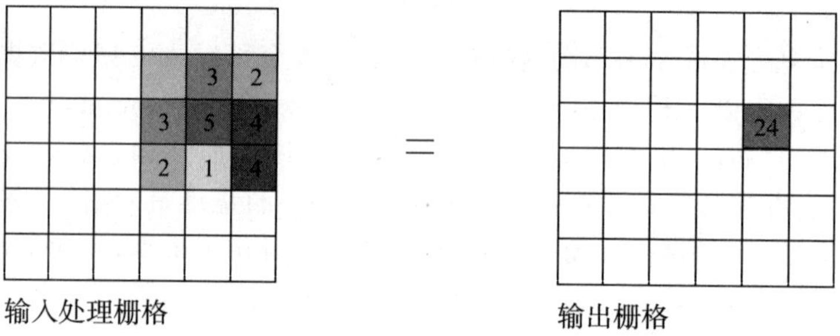

图 12-7　焦点统计过程示例

图 12-8 中，显示了所有输入单元格的结果。以白框突出显示的单元格标识与上例中相同的处理单元格和邻域。

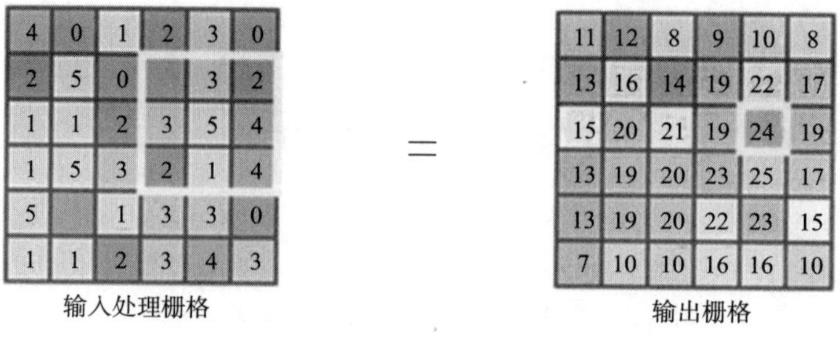

图 12-8　完整的焦点统计(sum)分析示例

4. 块邻域统计

块邻域统计过程与焦点邻域统计类似，但是每次滑动时邻域能重叠，每次滑动的邻域统计结果不是赋值给邻域中心栅格，而是赋值给邻域内所有栅格，如图 12-9 所示。

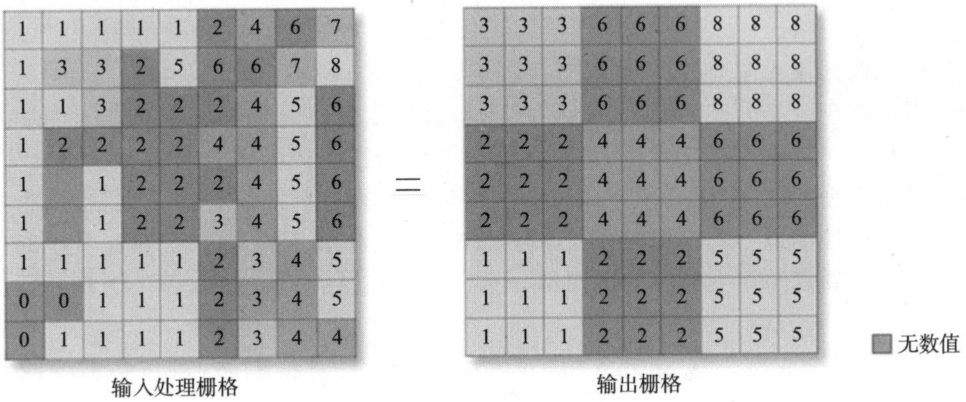

图 12-9　块邻域统计(max)示例

5. 邻域分析示例

地形起伏度，也称地势起伏度、相对地势或相对高度，是单位面积内最大相对高程差，可反映地面相对高差，是描述地貌形态的定量指标。公式如下：

$$R = H_{\max} - H_{\min} \tag{12.3}$$

式中，R 为地形起伏度，$H_{\max}$ 为单位面积内最大高程值，$H_{\min}$ 为单位面积内最小高程值。

假定已有某区域数字高程模型[栅格数据，栅格值为海拔高度(m)]，可以通过焦点统计计算每个栅格一定邻域内所有栅格值的区间统计量，焦点统计结果即为该区域地表起伏度的栅格图。本例中栅格大小为 250 m×250 m，我们设定半径为 1 km 邻域为每个栅格最大值和最小值的计算范围。具体如图 12-10 所示。

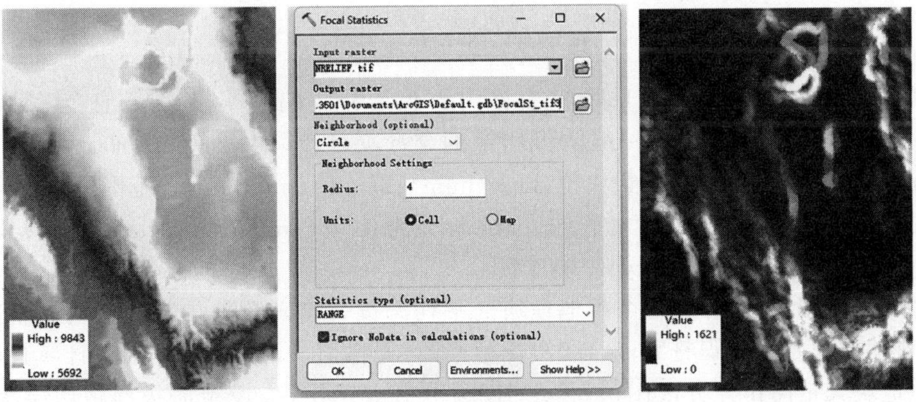

图 12-10　基于 DEM 和焦点统计计算地表起伏度

12.1.4 分区统计

分区统计是指对分析范围划分为若干区域，并计算某专题栅格在各分区内的专题栅格值统计量（如分区内专题栅格的均值、最大值、最小值等）。分区统计的结果可以为分区统计栅格图或分区统计表格。

分区统计需要输入两个数据：一是分区图层，二是统计栅格图层。

分区图层用于定义分区的形状、值和位置，分区图层可以是栅格或矢量要素图层。当输入的分区图层为矢量要素图层时，要素数据首先会依据指定的标识分区信息字段，将矢量要素转换为栅格数据，并以栅格值作为标识分区的编号。当分区图层为栅格数据时，直接以栅格值作为分区编号标识。具有相同分区编号的栅格被看作属于同一分区，不论其空间上是否连续。不论矢量要素转换生成的分区栅格，还是直接指定的分区栅格，分区栅格必须具有整型数据类型。

统计栅格图层（或称为赋值栅格）是分区中被统计计算的栅格，可以是整型或浮点数据型。

在图 12-11 中，分区栅格指定了 3 个分区（浅灰色像元表示无数据），并统计每个分区中专题栅格（赋值栅格）的最大值，分析结果为一个覆盖范围与分区栅格一致的栅格图，栅格值为栅格所在区域的统计结果，及分区内专题栅格的最大值，为每个区域指定输入值的最大值，将显示分区统计的输入和输出示例。

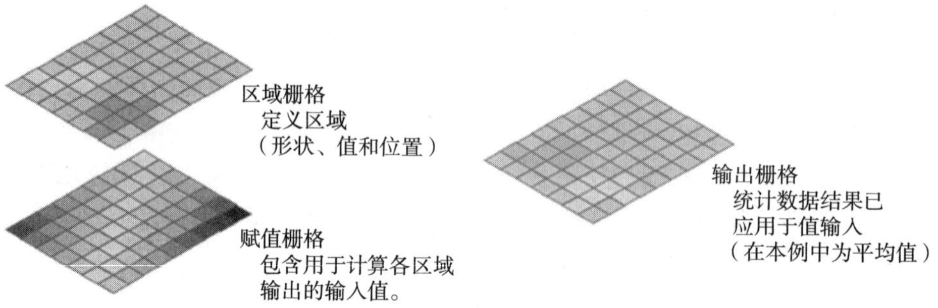

图 12-11 分区统计示例

分区统计结果也可以为统计表格，表格内容包括分区编号字段（实际上为分区栅格的 value）、分区内统计栅格的数量（count）及指定的统计项字段[如均值（mean），最大值（max），最小值（min）等]。ArcGIS 支持最大值（maximum）、最小值（minimum）、范围值（range）（即最大值减去最小值）、数值和（sum）、平均值（mean）、标准差（standard deviation）、频数最大值（majority）、频数最小值（minority）等统计量。

分区统计应用案例：计算每个耕地地块的平均海拔。输入数据①耕地地块矢量图层，其中 ID 为耕地地块唯一标识符字段。②海拔栅格图，栅格值为海拔高度（m）。计算过程如下，设定耕地地块矢量图作为分区图层，设定 ID 为分区表示字段；设定海拔栅格图层为统计栅格。这里我们生成分区统计表格——地块平均海拔统计表（图 12-12）。

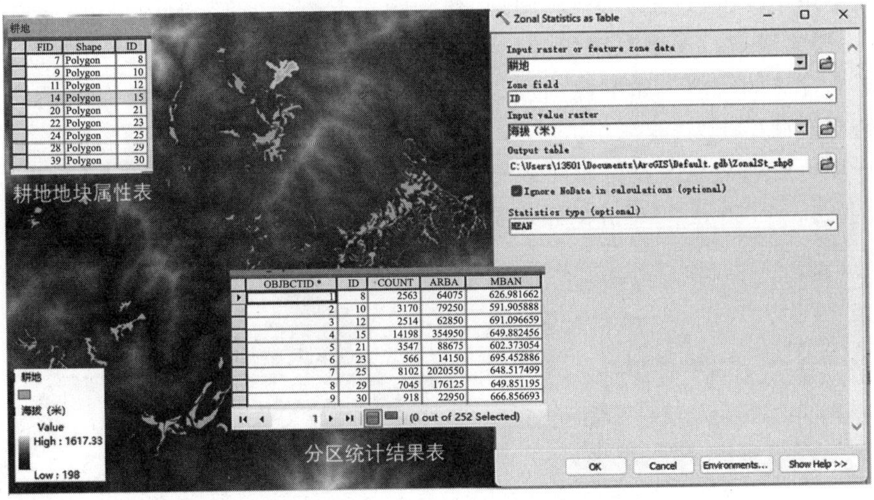

图 12-12　统计耕地地块平均海拔

12.2　距离分析

12.2.1　距离的内涵

距离可以表示空间距离和通过空间所需的成本或耗费。空间距离是测量直线距离或称为欧几里得距离，而耗费距离测量的是穿越空间距离的耗费。

12.2.2　欧氏距离分析

欧氏距离也称欧几里得距离或欧几里得度量，欧氏距离算法的原理如下：对于每个像元，通过用 x_max 和 y_max 作为三角形的两条边来计算斜边的方法，确定与每个源像元之间的距离。这种计算方法得出的是真实欧氏距离（图 12-13），而不是像元距离。目标栅格与各个源像元之间的最短距离将作为目标像元的距离赋值。

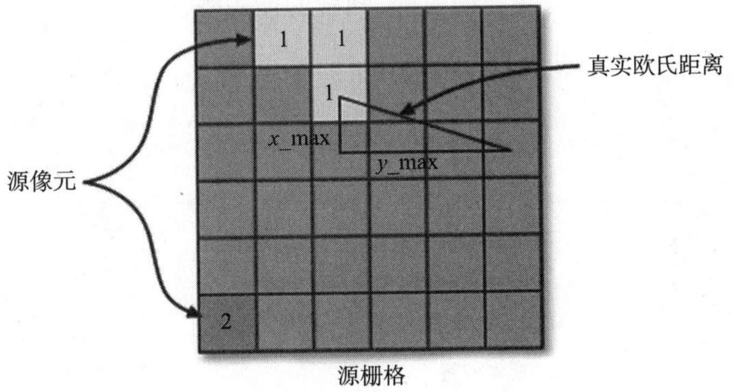

图 12-13　真实欧氏距离示意图

在实际应用中，一般设定一个“源图层”作为距离起算的“源”，源图层可以为矢量要素图层，也可以为栅格图层。如果源图层为栅格图层，则该栅格图层上所有具有有效数据的栅格均被看作距离计算的“源”。如果源图层为矢量要素图层，则首先将矢量要素栅格化，并将栅格化生成的有效栅格作为“源”。

例如计算生成到某地区农村居民点的直线距离栅格，我们指定“居民点”矢量点要素图层作为“源”，生成一个 50 m×50 m 的距离栅格，结果如图 12-14 所示。

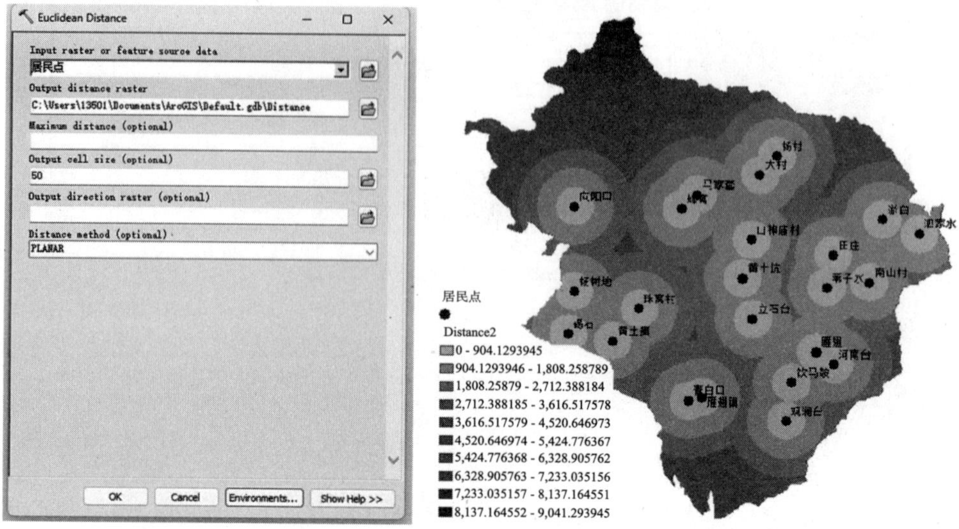

图 12-14　计算到农村居民点的欧氏距离

12.2.3　成本加权距离分析

在实践中，有时我们不仅仅要掌握一个地点到“源”的空间直线距离，还经常需要掌握从一个地点到特定“源”的时间、能源消耗等，我们可以将时间或能源的消耗看作一个地点到“源”的成本距离。在 GIS 中我们可以通过成本加权距离来做这样的分析。

为计算成本加权距离，我们不但需要设定“源”图层，还需要输入一个成本栅格图层。成本栅格的值表示穿越该栅格所需的成本(图 12-15)。实践中可以根据实际的分析目的，该成本具体可以为穿越一个栅格所需花费的时间、耗费的能源等。

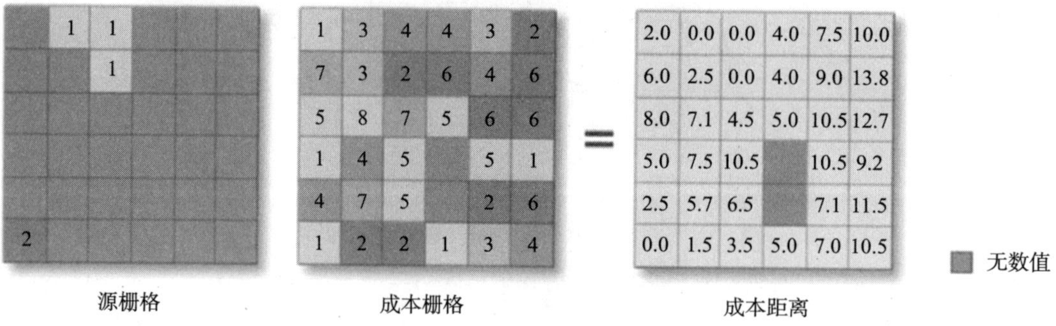

图 12-15　成本加权距离

GIS 在分析中会自动判断栅格到“源”的最低成本路径，计算通过这个路径的累加成本，最后将这个累加成本赋值给该栅格位置的结果栅格。

12.2.4 空间配置栅格

在欧氏距离分析和成本加权距离分析中，除可以计算直线距离和成本距离外，还可以生成在实践中十分有意义的空间配置栅格输出。

由欧氏距离分析生成的空间配置栅格的值为到该栅格空间距离最近的“源”的编号。由成本加权距离分析生成的空间配置栅格的值为到该栅格耗费成本最小的“源”的编号。这里所说的“源”的编号，其实指的是“源”栅格的值。

图 12-16 中，“源”栅格图层中包含值为 1 和 2 的两个“源”，为方便起见我们分别称为 1 号源和 2 号源。通过欧氏距离分析生成的空间配置栅格的值也为 1 或 2，其中空间配置栅格值为 1 的表示其到 1 号源的距离最近，空间配置栅格值为 2 表示其到 2 号源的距离最近。

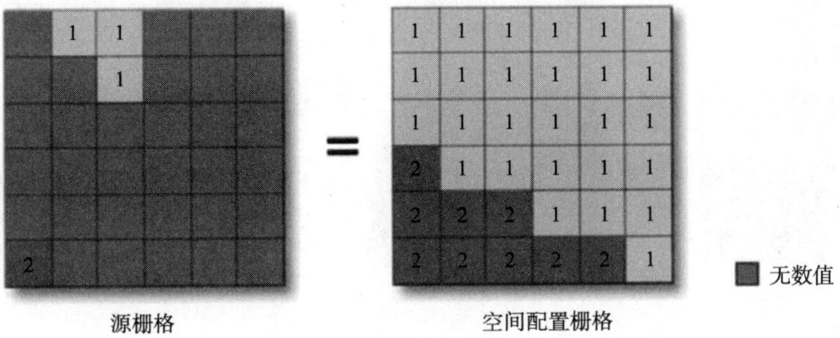

图 12-16 由欧氏距离分析生成的分配空间栅格

由成本加权距离分析生成的空间配置栅格，由于成本栅格的影响，其空间配置的空间结构一般较欧氏距离分析生成的空间配置栅格更为复杂。图 12-17 为由成本加权距离分析所生成的空间配置栅格。

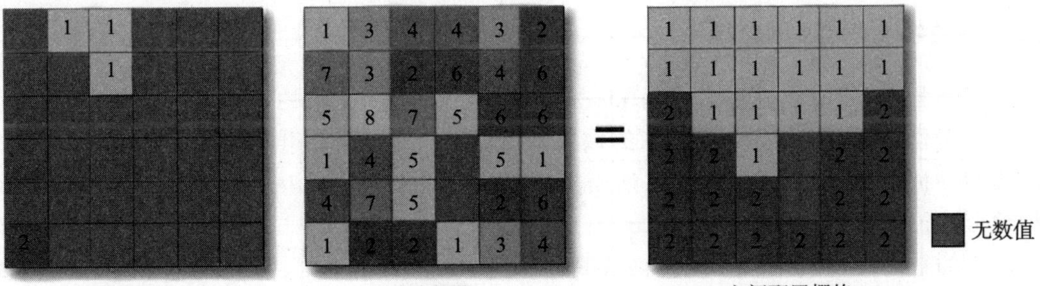

图 12-17 由成本加权距离分析生成的空间配置栅格

12.2.5 距离分析应用

某地存在 A、B 两处野生动物栖息保护地，野生动物在 A、B 两处栖息地之间进行迁徙有利于某野生动物物种的繁衍和种群发展，因此有必要识别和打通A、B两个保护地之间的动物迁徙廊道，通过绿化林带等景观建设改善两地动物迁徙条件。

我们可以通过以下分析来识别A、B保护地之间的动物迁徙廊道(图12-18)。

(1)通过调查研究和专业分析，确定野生物种在这个区域迁徙的“耗费”因素，并最终确定野生动物迁徙的成本，生成动物迁徙成本栅格图层。

(2)计算A保护地动物迁徙的成本加权距离，记为C_A。

(3)计算B保护地动物迁徙的成本加权距离，记为C_B。

(4)利用栅格计算器，计算C_A+C_B，得到动物在A、B保护地间迁徙的成本，记为C。

(5)在C栅格的低值区域，即可识别为动物在A、B保护地间迁徙的通道。在土地利用或土地整治中，应该保护或提升廊道范围内的动物迁徙生境条件。

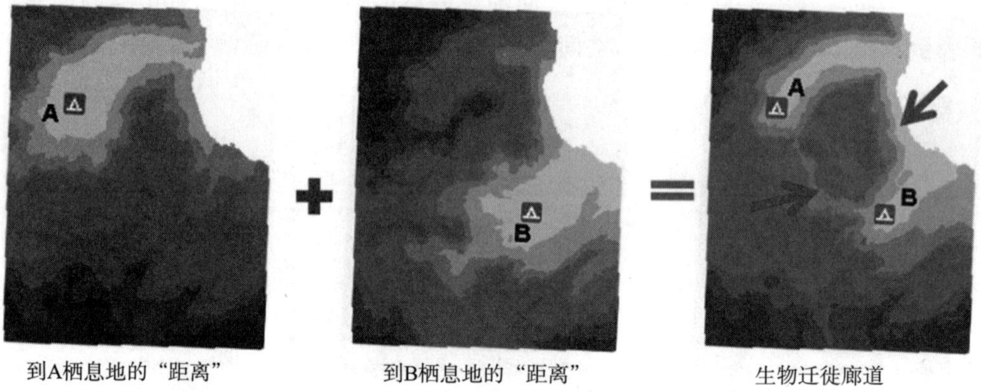

图12-18 廊道分析

12.3 地形分析

12.3.1 数字高程模型DEM

数字高程模型(digital elevation model，DEM)，是通过有限的地形高程数据实现对地面地形的数字化模拟(即地形表面形态的数字化表达)。它是用一组有序数值阵列形式表示地面高程的一种实体地面模型，是数字地面模型(digital terrain model，DTM)的一个分支，其他各种地形特征值均可由此派生。

广义的数字高程模型包括栅格格式高程数据、不规则三角网、等高线地形图等地面高程的数字表示(图12-19)。不过栅格格式高程数据是最常用的DEM形式，狭义上的数字高程模型一般指栅格格式高程数据。以下地形分析均以栅格格式DEM为基础。

由于DEM数据能够反映一定分辨率的局部地形特征，通过其可提取各种类型的地表形态信息，可用于绘制等高线、坡度图、坡向图、立体透视图、立体景观图，并应用于制作正射影像(DOM)、立体地形模型与地图修测。

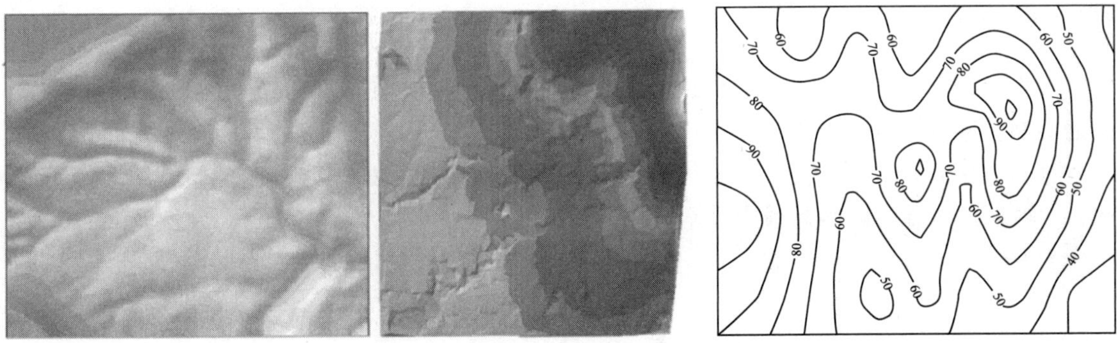

图 12-19　不同形式的数字高程模型

12.3.2　坡度分析

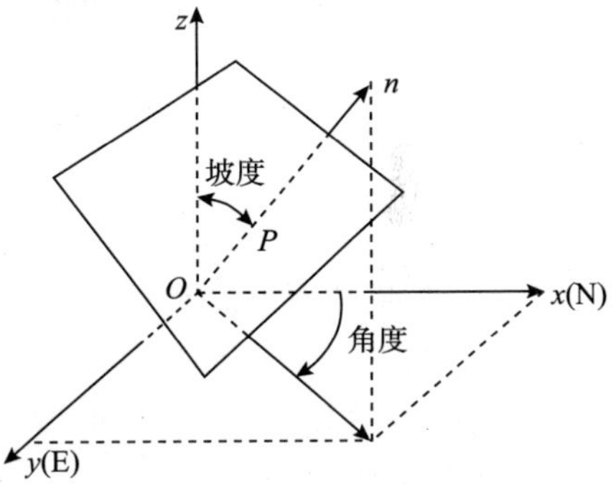

图 12-20　坡度示意图

坡度概念：坡度就是水平面与局部地表面之间夹角的角度。而坡度分析就是利用数字高程模型规则格网上的某点的高程数值与周围像元的变化量，来计算出每一个格网点或格网单元的坡度。

计算方法：地表面任一点的坡度是指过该点的切平面与水平面的夹角。坡度表示了地表面在该点的倾斜程度，在数值上等于过该点的地表微分单元的法矢量 n 与 z 轴的夹角，如图 12-20 所示。

当具体进行坡度提取时，常采用简化的差分公式，完整的数学表示为：

$$\text{slope} = \arctan\sqrt{f_x^2 + f_y^2} \tag{12.4}$$

式中，f_x是 x 方向高程变化率；f_y是 y 方向高程变化率。

坡度的表示方法：①坡度。水平面与地形面之间夹角。②坡度百分比。高程增量与平增量之比的百分数(图 12-21)。

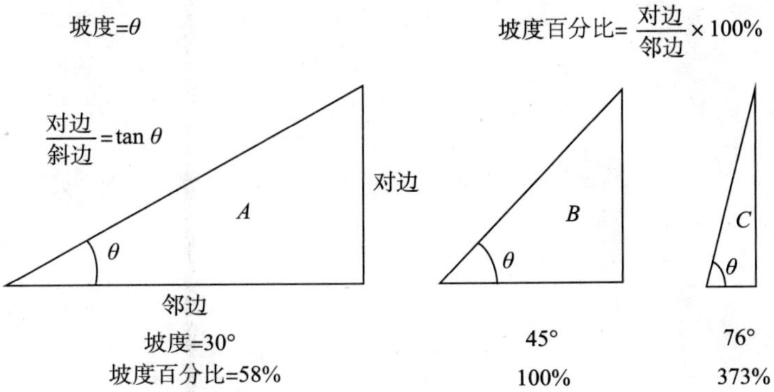

图 12-21　坡度与坡度百分比示意图

12.3.3 坡向分析

坡向概念：地表面上一点的切平面的法线矢量 n 在水平面的投影 n_{xoy} 与过该点的正北方向的夹角。一般以北方为起始方向，顺时针方向度量。

计算方法：以北方为起始方向，并按顺时针方向度量，则坡向在 x 轴为南北方向（正北方向）、y 轴为东西方向的坐标系中表示为图 12-22。

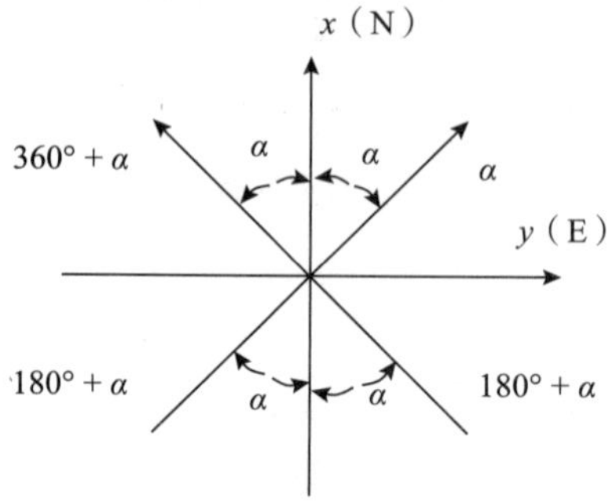

图 12-22 坡向示意图

坡向表征了该点高程值该变量最大变化方向。实际测量中，常利用已有的坡度数据得到。

在 ArcGIS 软件中，通常把坡向综合成九种：平缓坡（－1）、北坡（0°～22.5°，337.5°～360°）、东北坡（22.5°～67.5°）、东坡（67.5°～112.5°）、东南坡（112.5°～157.5°）、南坡（157.5°～202.5°）、西南坡（202.5°～247.5°）、西坡（247.5°～292.5°）、西北坡（292.5°～337.5°）。

12.3.4 ArcGIS 坡度坡向分析

一般的 GIS 均支持常规的地形分析，在 ArcGIS 中可以通过 Spatial Analyst Tools-Surface 中提供的工具进行地形分析。图 12-23 是在某地 DEM 基础上通过 Slope 工具进行坡度分析的情况，结果生成了坡度图，坡度单位为“度”。

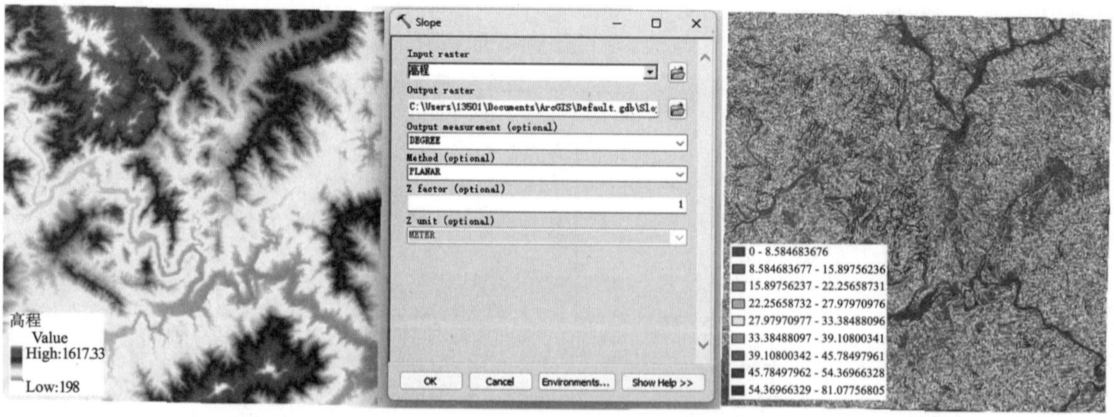

图 12-23 某地 DEM 及坡度分析

ArcGIS 中的 Spatial Analyst Tools-Surface 中还提供了坡向分析、等高线生成的多个其他地形分析功能(图 12-24),前述某地 DEM 基础上生成的坡度图、等高线图等如图 12-24 所示。

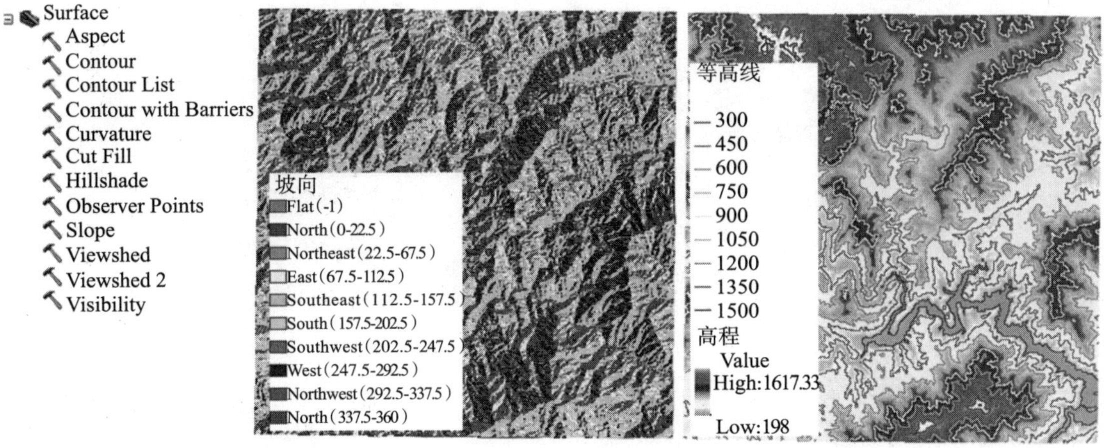

图 12-24　ArcGIS 中的地形分析工具及某地的坡度图和等高线图

12.3.5　地形部位识别

地形部位指数(topographic position index,TPI)由 Andrew Weiss 在 2001 年首次提出。地面上某点的 TPI 值等于该点高程值与该点邻域内(自定义)其他点的高程平均值之差。它反映的是一个点与领域其他点在地形上的相对位置关系。通常用于地形的形态分类,如山脊山谷、上中下坡位以及平坡等。

TPI 可以用以下形式表达:

TPI(radius)=integer(<elevation>-focalmean(<elevation>,circle,(radius)))　　(12.5)

式中,circle 为邻域类型,radius 为邻域半径,elevation 为邻域中心栅格高程,focalmean 表示空间分析中的焦点均值统计。其中邻域类型可以为圆形或环形邻域,但是一般使用环形邻域,如图 12-25 所示。

TPI 为 0 是代表平坦地形或处于坡中位置,TPI 大于 0 代表上坡位,TPI 为负值是代表低洼或谷地位置(图 12-25)。

设置不同的邻域半径对 TPI 结果的解释有重要影响。设置较小的邻域半径得到的 TPI 可以反映微小地形的特征,设置较大的邻域半径得到的 TPI 则可以更好地反映较大尺度的地形特征。如图 12-26 所示,虚线对应的位置,当设置较小邻域半径得到的 TPI 约等于 0,反映该点处于坡顶的平坦微地形特征,增大邻域半径,可以得到一个大于 0 的 TPI,则反映该点处于稍大尺度上的坡顶地形特征,进一步扩大邻域半径,则得到一个小于 0 的 TPI,反映的是该点处于更大尺度上的沟谷底部位置。

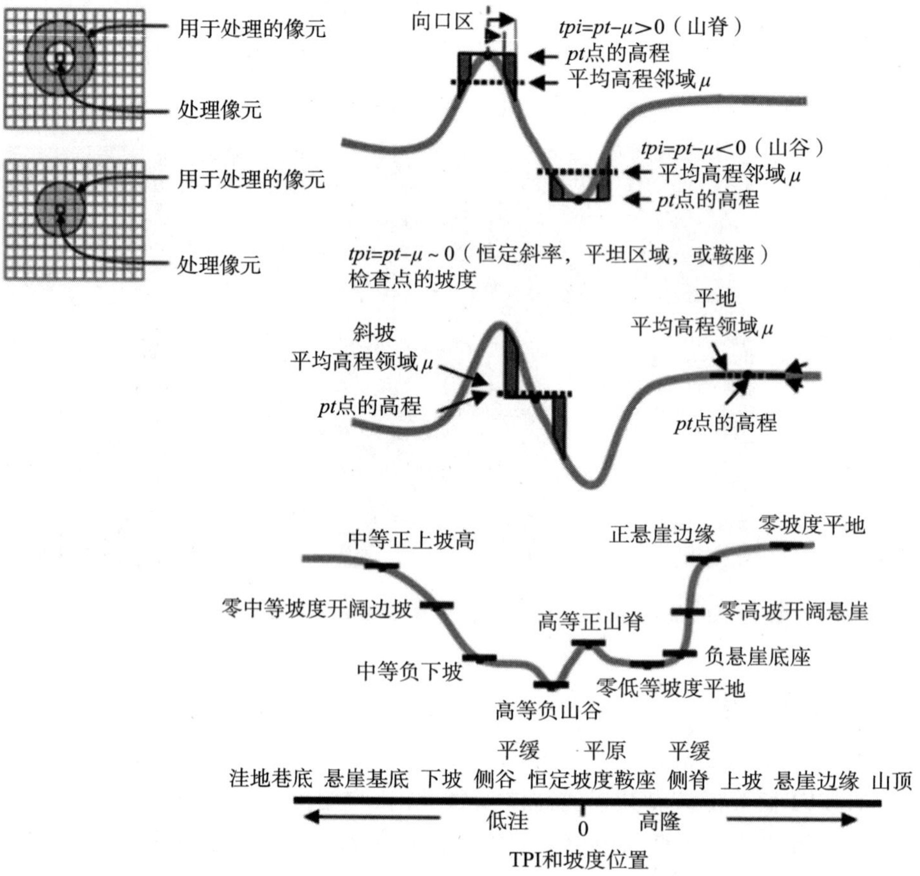

图 12-25　TPI 数值含义示意图

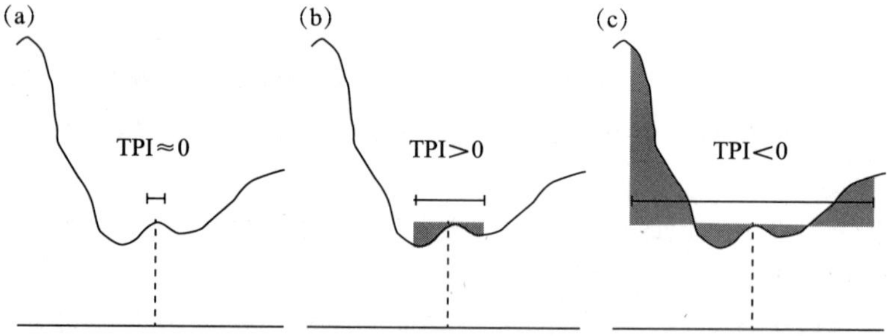

图 12-26　不同分析尺度得到的 TPI 反映不同尺度地形特征

在进行地形或地貌类型分析时，可以综合多尺度的 TPI 值及坡度、坡向、坡长等综合信息，从而可以识别更加精确的地形部位或地貌类型信息。图 12-27 为综合多尺度 TPI、坡度等信息识别出的地形位置。

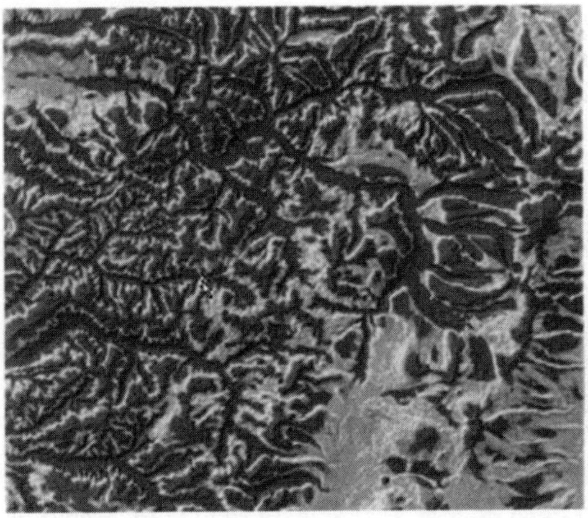

图 12-27　地形及地貌类型分析图

12.4　空间插值

12.4.1　概念内涵

空间插值是使用观测点的已知数值来估算其他未观测点数值的过程，实践中一般将离散点的测量数据转换为连续的数据曲面，以便与其他空间现象的分布模式进行比较。具体包括空间内插和空间外推两大类空间插值方法。空间内插是一种通过已知点的数据推求同一区域其他未知点数据的计算方法；空间外推则是通过已知区域的数据，推求其他区域数据的方法。

从空间插值的实现方法上，可分为整体插值和局部插值。整体插值方法用分布于整个研究区的采样点数据进行全区特征拟合；局部插值方法仅用待估计位置点邻近的采样点数据来估计待估计点的值。

空间插值的理论基础是地理学的三大定律：

(1)地理学第一定律　即空间相关性定律。由 Waldo R. Tobler(1930—2018)于 1970 年提出，具体表述为“任何事物都相关，相近的事物关联更紧密”。

(2)地理学第二定律　即异质性定律。Anselin 提出了“spatial heterogeneity(空间异质性)”的概念，而后由 Goodchild 进一步归纳为“geographic variables exhibit uncontrolled variance(空间变化的不可控性)”，即空间隔离造成了空间分异，地理现象的空间变化是不可控的。很多地理现象都体现了地理学空间异质性的特征，比如“泾渭分明”“橘生淮北则为枳”等。

(3)地理学第三定律　即相似性定律。由朱阿兴等在探索空间推测方法的理论基础时提出。核心思想是如果两点上某个地理现象的地理环境越相似，这两点的地理现象也越相似，概括为“地理环境越相似，地理特征越相似”。

以下几种情况需要进行空间插值：

(1)现有的离散曲面的分辨率，像元大小或方向与所要求的不符，需要重新插值。例如，将一个扫描影像(航空像片、遥感影像)从一种分辨率或方向转换到另一种分辨率或方向的影像。

(2)现有的连续曲面的数据模型与所需的数据模型不符需要重新插值。如将一个连续的曲面从一种空间切分方式变为另一种空间切分方式，如从 TIN 到栅格、从栅格到 TIN 或从矢量多边形到栅格。

(3)现有的数据不能完全覆盖所要求的区域范围，需要插值，如将离散的采样点数据内插为连续的数据表面。

以反距离权重插值(inverse distance weighted, IDW)为例：假定每个测量点都有一种局部影响，而这种影响会随着距离的增大而减小。以插值点与测量点间的距离倒数为权重进行加权平均，离插值点越近的测量点赋予的权重越大。反距离加权插值法的公式如下：

$$\hat{Z}(s_0)=\sum_{i=1}^{N}\lambda_i Z(s_i) \tag{12.6}$$

式中，$\hat{Z}(s_0)$ 为 s_0 处的预测值；N 为预测计算过程中要使用的预测点周围样点的数量；λ_i 为预测计算过程中使用的各样点的权重，该值随着样点与预测点之间距离的增加而减少；$Z(s_i)$ 是在 s_i 处获得的测量值。

确定权重的计算公式为：

$$\lambda_i=d_{i0}^{-p}/\sum_{i=1}^{N}d_{i0}^{-p} \tag{12.7}$$

$$\sum_{i=1}^{N}\lambda_i=1 \tag{12.8}$$

式中，p 为指数值；d_{i0} 是预测点 s_0 与各已知样点 s_i 之间的距离。

12.4.2 整体插值

1. 趋势面分析

趋势面分析是一种整体插值方法，思路是先用已知采样点数据拟合出一个平滑的数学曲面方程，再根据该方程计算无测量值的点上的数据。这种只根据采样点的属性数据与地理坐标的关系，进行多元回归分析得到平滑数学平面方程的方法，称为趋势面分析。它的理论假设是地理坐标(x,y)是独立变量，属性值 Z 也是独立变量且是正态分布的，同样回归误差也是与位置无关的独立变量。

其过程如图 12-28 所示，利用分布于整个研究区的样点，构建一个数学函数来表达数据在全区的分布曲面，然后利用整个数学函数计算带估计位置的值。

趋势面的一般内插函数如下：

$$\hat{Z}=\sum_{\substack{i,j=0\\ i+j<N}}^{N}a_{ij}x^i y^j \tag{12.9}$$

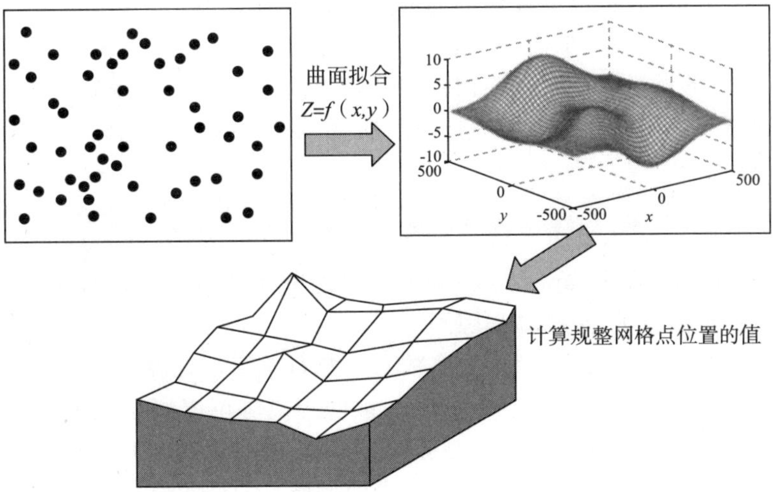

图 12-28 整体插值

具体可为以下几种具体形式：

一阶趋势面，为一个三维空间的倾斜平面：

$$z=a_0+a_1x+a_2 \tag{12.10}$$

二阶趋势面，为一个二次曲面：

$$z = a_0 + a_1x + a_2y + a_3x^2 + a_4xy + z_5y^2 \tag{12.11}$$

三阶趋势面，为一个三次数学曲面：

$$z=a_0+a_1x+a_2y+a_3x^2+a_4xy+a_5y^2+a_6x^3+a_7x^2y+a_8xy^2+a_9y^3 \tag{12.12}$$

此外还有更复杂的数学表面。阶次越高数学表面越复杂，与采样数据本身的数据分布越接近。但是并不是次数越高越好，次数过高使得计算量大大增加而精度提高不大；同时，太过复杂表面反而不一定能够更好地反映地理现象的宏观规律。实际中一般最高选用到三次即可。

图 12-29 为根据某地年平均降雨观测点数据及其三阶趋势面，可见三阶趋势面可以很好地反映这个区域年降水量的宏观分布规律。

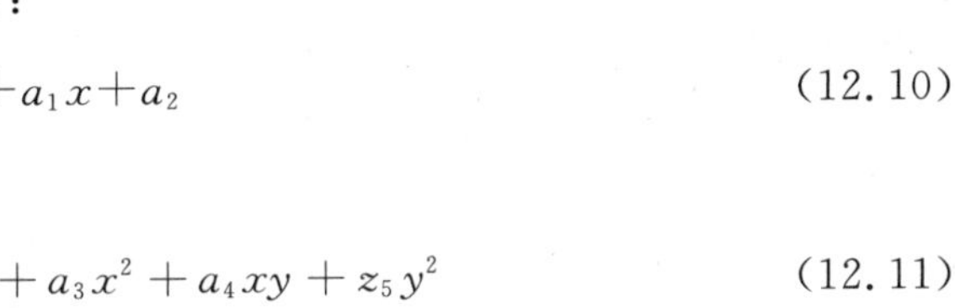

图 12-29 某地年降水量趋势面分析

2. 变换函数插值

根据一个或多个空间参量的经验方程进行整体空间插值，也是经常使用的空间插值方法，这种经验方程称为变换函数。下面以一个研究示例进行说明。

冲积平原的土壤重金属污染与几个重要因子有关，其中距污染源(河流)的距离和高程两个因子最重要。一般情况，携带重金属的粗粒泥沙沉积在河滩上，携带重金属的细粒泥沙沉淀在低洼的在洪水期容易被淹没的地方，而那些洪水频率低的地方，由于携带重金属污染泥沙颗粒比较少，受到的污染轻。由于距河流的距离和高程是比较容易得到的空间变量，可以用各种重金属含量与它们的经验方程进行空间插值，以改进对重金属污染的预测。本例回归方程的形式如下：

$$z(x)=b_0+b_1p_1+b_2p_2+\cdots+b_np_n \tag{12.13}$$

式中，$z(x)$是某种重金属含量，ppm；$b_0, b_1, \cdots, b_n$是回归系数；$p_1, p_2, \cdots, p_n$是独立空间变量，本例p_1是距河流的距离因子，p_2是高程因子。

这种回归模型通常叫作转换函数，大多数 GIS 软件都可以计算。转换函数可以应用于其他独立变量，如温度、高程、降雨量和到海洋、植被的距离等可以组合而成的函数。地理位置及其属性可以尽可能多的信息组合成需要的回归模型，然后进行空间插值。但应该注意的一点是，必须清楚回归模型的物理意义。还要指出的是所有的回归转换函数都属于近似的空间插值。

随着机器学习、人工智能等数据科学方法的发展，变换函数插值方法也可以引入机器学习、人工智能等新方法。例如，可以在土壤观测样本数据、特定土壤属性相关的辅助数据（如海拔、母质类型、气象资料等）基础上构建预测模型，对该土壤属性进行预测（图 12-30）。

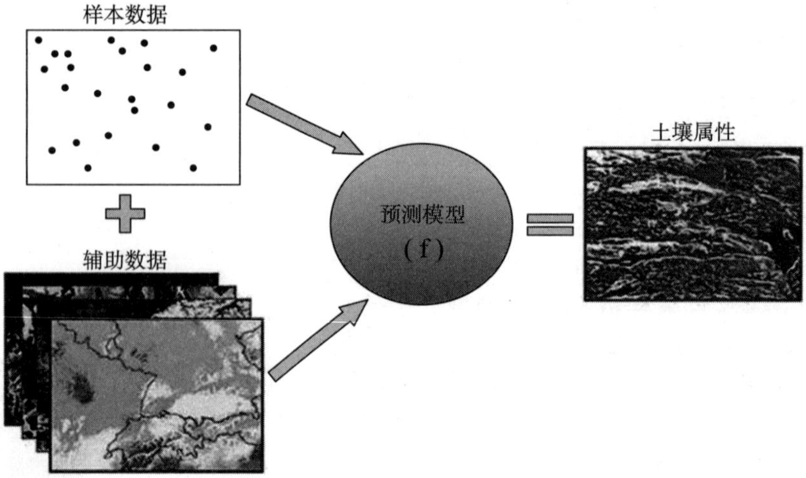

图 12-30　土壤属性预测

12.4.3　局部插值

使用局部插值对某位置点的值进行计算估计时，只使用与该点邻近的采样点数据来构建估计模型。一般包括以下几个步骤：①定义一个邻域或搜索范围；②搜索落在此邻域范围的数据点；③选择表达这有限个点的空间变化的数学函数；④为落在规则格网单元上的数据点赋值；⑤重复这个步骤直到格网上的所有点赋值完毕。

实践中可以对上述过程进行调整，比如有时允许指定参与局部插值的采样点数量，而不必指定一个固定的搜索距离，因此上述步骤①、②则简化为指定临近样点数，此时邻域或搜索范围则会根据样点分布情况动态确定。

具体如图 12-31，其中小圆点为采样点位置，假如需要根据采样点估计 P 点的值，则根据一定规则以 P 点为中心设定一个邻域(圆圈范围)，确定落入邻域内的样点，此处邻域内共 7 个样点。以邻域内的 7 个样点构建并解算一个数学函数，该函数以纵横坐标 x、y 为变量，将 P 点的坐标值带入上述函数，计算得到 P 点的值。依此类推，解算所有需要估计的点位值。

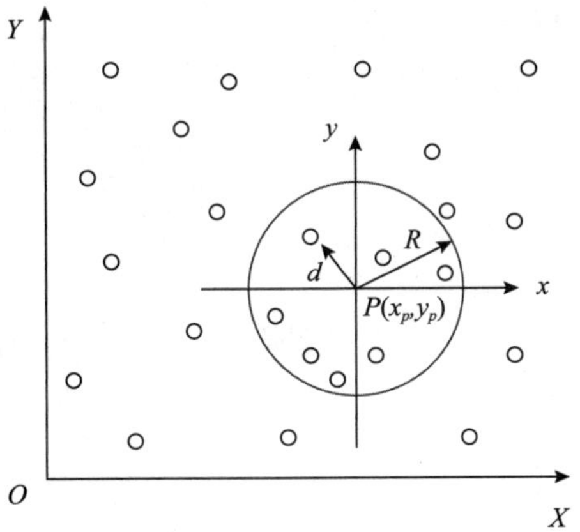

图 12-31 局部插值示意图

1. 最近邻点法

最邻近点法又叫泰森多边形法。由荷兰气候学家 Thiessen AH 提出，根据离散分布的气象站的降水量来计算平均降水量，所有相邻气象站以三角形连接，在三角形的每一边作垂直平分线，因此气象站周围有几个垂直平分线包围的多边形。用某多边形内所包含的单独的气象站的降雨强度来表示该多边形区域内的降雨强度，该多边形称为泰森多边形，泰森多边形也被称为 Voronoi 图或 dirichlet 图。

图 12-32 中虚线形成的多边形就是泰森多边形，A、B、C、D 分别为离散观测点，一个泰森多边形内仅包含一个离散观测点，泰森多边形的每个顶点都是每个三角形的外接圆心。

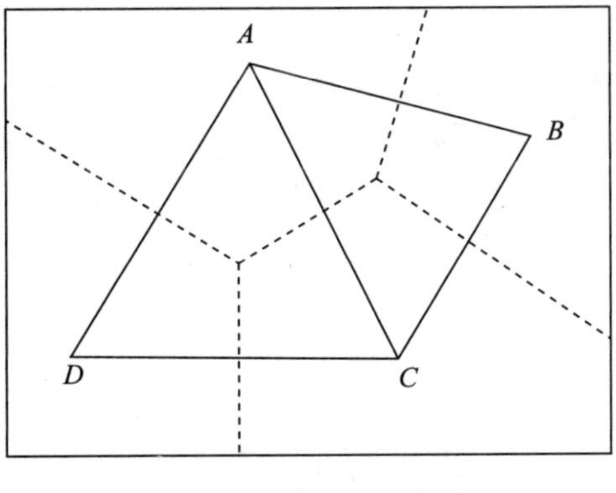

图 12-32 泰森多边形的构建

最邻近点法(泰森多边形法)是一种极端的边界内插方法，只用最近的单个点进行区域插值。该方法按采样点的空间分布构建泰森多边形，从而将区域分割成子区域，每个子区域包含一个数据点，各子区域到其内数据点的距离小于任何到其他数据点的距离，并用其内数据点进行赋值。因此，未知点的值由最邻近的观测值产生，即只用最近的单个点进行区域插值。

例如图 12-33，为划分某县规划森林管护站点的管护范围，利用个森林管护站点生成泰森多边形，随后可以使用该多边形与现有森林管护站进行图层重叠，可以对现有森林管护站的迁撤以及新建工作提供参考。

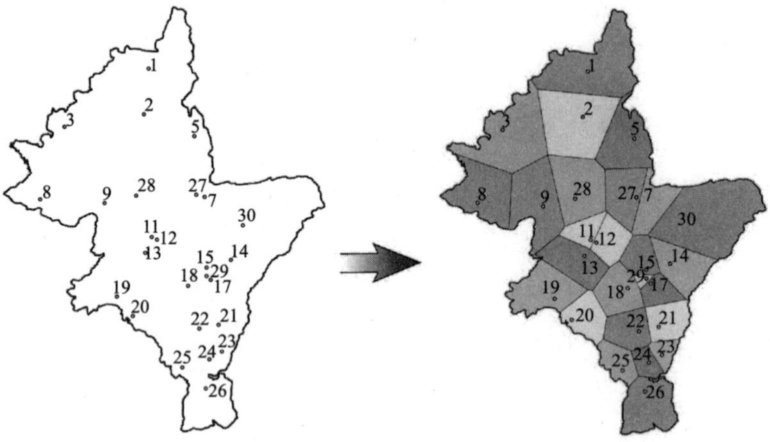

图 12-33　由某县森林管护站形成的泰森多边形

2.反距离权重插值

反距离权重(inverse distance weighted，IDW)是一种常用而简单的空间插值方法，它基于“地理第一定律”的基本假设：即两个物体相似性随它们间的距离增大而减少。它以插值点与样本点间的距离为权重进行加权平均，离插值点越近的样本赋予的权重越大，此种方法简单易行，直观并且效率高，在已知点分布均匀的情况下插值效果好，插值结果在用于插值数据的最大值和最小值之间，IDW 的计算公式如下：

$$\hat{Z}(s_0) = \sum_{i=1}^{N} \lambda_i Z(s_i) \tag{12.14}$$

式中，$\hat{Z}(s_0)$为S_0处的预测值；N 为预测计算过程中要使用的预测点周围样点的数量；λ_i 为预测计算过程中使用的各样点的权重，该值随着样点与预测点之间距离的增加而减少；$Z(s_i)$是在 s_i 处获得的测量值。

其中权重的计算公式：

$$\lambda_i = d_{i0}^{-p} / \sum_{i=1}^{N} d_{i0}^{-p}$$

$$\sum_{i=1}^{N} \lambda_i = 1 \tag{12.15}$$

式中，P 为指数值；d_{i0}是预测点s_0与各已知样点s_i之间的距离。P 本质上代表实测值距离对预测值的影响级，若 $P=0$，则每一个权重是一样的，预测值是所有实测值的平均值，当 P 增加时，相距较远的点的权重迅速减小，P 一般取 2(也叫逆距离导数加权法)。

3. 样条函数法

在计算机用于曲线与数据点拟合以前，绘图员使用一种灵活的曲线逐段地拟合出平滑的曲线。这种灵活的曲线规绘出的分段曲线称为样条。与样条匹配的那些数据点称为桩点，绘制曲线时桩点控制曲线的位置。曲线规绘出的曲线在数学上用分段的三次多项式函数来描述，分段函数在其连接处有连续的一阶和二阶连续导数，保证曲线二阶曲率最小切在分段连接处(图 12-34)。

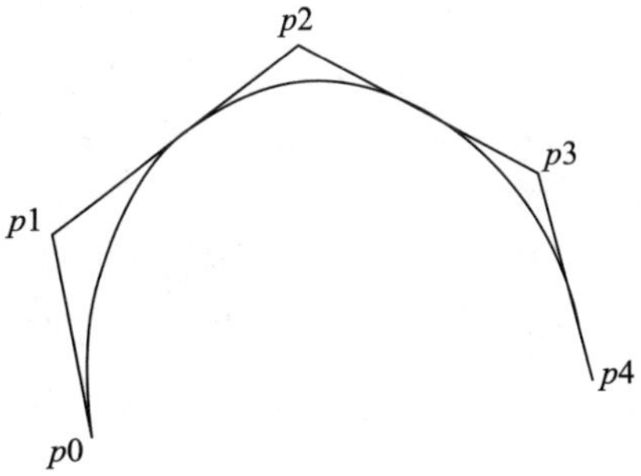

图 12-34　样条函数示意图

样条函数插值，是在有限的几何点中求出一组平滑函数，可以精确地贴近原来的数据的过程。样条函数插值最早是在 19 世纪末由 V. Schoenberg 提出的，用于在复合空间中进行自由流体动力学和扩散模拟的数值方法。

样条函数的基本表达式如下：

$$Q(x,y)=\text{BasicFunction}+\text{TrendSurface} \tag{12.16}$$

式中，$Q(x,y)$为(x,y)出的预测值；BasicFunction 为基函数；TrendSurface 为趋势函数。不同样条函数实现方法基函数和趋势函数的具体公式也不相同(表 12-1)。

表 12-1　不同样条函数的具体实现

名称	基函数	趋势函数
薄板样条函数	$\sum A_i d_i^2 \ln d_i$	$a+b+cy$
变形 1	$\sum A_i d_i^2(\ln d_i - 1)$	$a+b+cy$
规则样条函数	$\frac{1}{2\pi}\left(\frac{d^2}{4}\left(\ln\left(\frac{d}{2\tau}\right)+c-1\right)+\tau^2\left(K_0\left(\frac{d}{\tau}\right)+c+\ln\left(\frac{d}{2\pi}\right)\right)\right)$	$a+b+cy$
薄板张力样条	$\sum_{i=1}^{n} A_i\left(-\frac{1}{2\pi\varphi^2}\left(\ln\left(\frac{d_i\varphi}{2}\right)+c+K_0(d_i\varphi)\right)\right)$	a

表 12-1 中公式的符号含义：A，a，b，c 为相关系数，通过已知点和附加条件求解；d 为待定点和控制点之间的距离；基函数中 c 为 Euler 常数，$c=0.577215$；τ 和 φ 为张力系数，一般取 0.1；$K_0(d/\tau)$为修正的零阶 Bessel 函数，可由一多项式估计得到。

样条函数插值一般适用于在空间上不会发生剧烈变化的地理现象的空间分布预测，如水体或空气中污染物的扩散浓度等。

思考题

1. 举例说明什么是地图代数分析及栅格计算器的应用。

2. 欧氏距离和成本加权距离的区别是什么？举例说明在本专业中的应用。

3. 什么是 TPI？如何根据 TPI 判断地形部位？不同的邻域半径对 TPI 结果的解释有什么影响？

4. 全局插值和局部插值的主要不同是什么？

5. 常用的局部插值方法有哪些？在实践中如何选择合适的插值方法？

6. 泰森多边形法插值有什么特点？

第13章　网络化地理信息系统

本章以网络地理信息系统的介绍为主要内容，通过本章的学习，学生应重点掌握网络地理信息系统、网络地理信息系统的功能等概念以及网络化信息技术的工作模式、技术架构等原理，并了解网络地理信息系统的产品与应用厂家。

13.1　网络地理信息系统(WebGIS)的概念

GIS，即地理信息系统(geographic information system)或地理信息科学(geographic information science)，是一门处理与地理位置有关的、能够对地理数据进行采集、存储、管理、分析、表达和共享、帮助人们做出正确决策的技术和科学。

万维网(WWW)改变了一切，GIS也不例外。WebGIS是指采用了Web技术的GIS。WebGIS也称为Internet GIS(网络GIS)，就是利用互联网技术，在Web上实现空间数据的存储、显示、空间分析及输出，是实现GIS互操作的一条最佳解决路径，是进行决策支持的系统。它是地理信息系统在万维网上的实现，是利用万维网技术对地理信息系统的改造和发展，使用户能直接通过Web浏览器对GIS数据进行访问，实现空间数据和业务数据的检索查询、专题图输出、编辑修改等GIS功能，完成了GIS技术从C/S模式向B/S模式的转变。WebGIS不仅具有GIS的功能，而且具有利用Internet优势的特有功能。用户不必在自己的本地计算机上安装GIS软件，而可以在Internet上远程访问GIS数据和应用程序，进行GIS分析，在Internet上提供交互的地图和数据。WebGIS让地理信息摆脱了距离的限制，扩展了GIS的用户群(图13-1)。

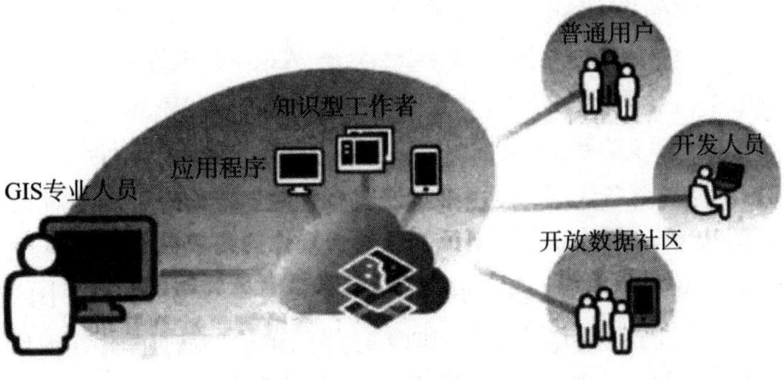

图13-1　WebGIS与各用户群的关系

WebGIS在信息的快速发布、数据的及时更新、使用的简单灵活等方面具有传统地理信息系统无法比拟的优点：WebGIS是集成的全球化的客户/服务器网络系统，全球范围内任意一个WWW节点的Internet用户都可以访问WebGIS服务器提供的各种GIS服务；WebGIS成本低、操作简单、容易推广，是真正大众化的GIS；WebGIS应用Internet技术传播信息，数据可以及时更新，是当之无愧的动态GIS；WebGIS对任何计算机和操作系统都没有限制，具有良好的跨平台性。

总体来说，WebGIS是一种高级形式的地理信息系统，可在网络平台上使用。它最初是在Web浏览器中运行的GIS，后来演变为桌面和移动客户端提供服务的WebGIS。WebGIS是使用Web技术在某些组件之间进行通信的GIS：GIS服务器（由URL标识）和客户端（Web浏览器、桌面应用程序或移动应用程序）。它的通信是通过超文本传输协议和超文本传输安全协议（HTTP/HTTPS）进行的，响应的格式可以是HTML、二进制图像、XML（可扩展标记语言）、GML（地理标记语言）和JSON（JavaScript对象表示法）。WebGIS的首要目标是允许用户在网络上动态访问、共享和操作地理空间数据。

13.2 WebGIS的功能特征

13.2.1 WebGIS的优点

互联网和万维网赋予了人们选择时间的自由（一天24小时、一周7天都是开放的），也使人们摆脱了距离的羁绊，它们本身所具有的全球性、低成本、高效性、开放性等特点也赋予了WebGIS很多优点。

（1）传播的广远性　对开发者来说，做一个WebGIS应用，可以向全世界展示；对使用者来说，坐在家里，用浏览器或其软件就可以使用全世界的WebGIS应用（被防火墙或其他安全措施隔绝的系统除外），所以WebGIS的传播具有全球性，这个优点是从互联网和HTTP传输协议中继承而来的。

（2）用户的众多性　一般来说，一个传统的桌面GIS在某一个时间只供一个用户使用，而一个WebGIS能支持很多用户乃至成千上万的用户同时使用。这是WebGIS的一个优势，同时也要求WebGIS具有较高的性能和扩展能力。

（3）较好的跨平台性　WebGIS的主要客户端是Web浏览器，而Web浏览器在各个操作系统上都有，因此，相对于桌面应用来说，基于Web浏览器的WebGIS具有较好的跨平台性。但值得注意的是，当前由于移动平台操作系统的多样性和各个平台所提供的编程接口不同，本地式（即那些直接在移动设备上安装运行的）移动GIS的跨平台性相对较差。

（4）平均费用的低廉性　对于一个机构来说，它不必为每一个GIS用户购买一套桌面GIS，而是可以构建一个WebGIS，供多个用户分享，这样平均费用往往比前者要低廉。对最终用户来说，WebGIS提供的大量电子地图和政府部门的公共信息服务地图都是免费的。

（5）对最终用户的易用性　桌面GIS的主要用户是那些经过多年培训和有多年经验的专业人员，而WebGIS的用户往往是非GIS专业人员和普通网民。这些大众化的用户没有受过相应的培训，他们需要WebGIS简单易用，像傻瓜相机一样，同时又要有良好的用户体验。他们的期望甚至是——“如果我不知道怎么使用你的网站,那是你的错”。这就要求 WebGIS 的开发人员注意设计人性化的操作界面,降低使用的复杂性。

(6)更新的统一性 如果一个桌面 GIS 有了新的版本或数据,管理员需要到每台计算机上安装。WebGIS 则不同,管理员只需要对服务器进行更新,那么用户下次使用该系统时,客户端大都会自动更新,得到最新的程序和数据。因此,在很多情况下,WebGIS 能降低系统维护的复杂性,也非常适合那些对时效性要求较高的应用,如应急管理。

(7)应用的广泛性 针对人们五花八门的需求,政府机关、商业机构和一些爱好者开发出了各种各样的 WebGIS 应用。WebGIS 推动了新地理学的发展,新地理学(neogeography)是指非专业用户因个人或公共目的使用地理学技术和工具,这一现象突破了专家与非专家之间的传统界限,促进了公众参与和 GIS 社会化。

13.2.2 WebGIS 的功能特征

从理论上讲,WebGIS 可以实现 GIS 的全部功能,可以在互联网上实现地理信息的收集、存储、编辑,处理、管理、分析、共享和可视化等。现阶段应用较多的主要功能包括:

(1)地图和查询 在线地图是 WebGIS 最常见的形式和最常用的功能,可以说是 WebGIS 的门面。地图上的每个地物都有属性数据,可以进行空间查询(如书店在哪里?)和属性查询(如这里是什么?)。

(2)数据采集 专业人员和业余用户都可以利用互联网来采集地理信息。野外工作人员利用移动客户端,可将野外采集或验证后的数据传送到后台办公室的服务器和数据库中,提高数据的现势性。近年来出现的自发式地理信息大部分也是通过 Web 来收集的。

(3)地理信息的分发和传播 WebGIS 是一个传播地理信息的理想平台,政府机关、学术机构和商业部门可以长期使用这个平台共享空间信息。从早期的美国空间数据仓库地理信息一站式门户网站,到目前的 ArcGIS Online 和 OpenData 等,它们允许用户搜索和下载数据,共享地理 Web 服务,促进了跨部门的合作,帮助他们充分利用数据资源,避免数据的重复采集,既降低了费用,又提高了效率。

(4)地理空间分析 WebGIS 不仅仅是电子地图,它还提供许多空间分析功能,特别是那些贴近人们日常生活的重要功能。例如,量算地物的距离和面积、寻找最佳的驾车路线或公交路线、查找地址或地名的位置、利用临近分析来查找附近的商店。政府、企业、科研机构也利用 WebGIS 进行一些专业的空间分析。例如,利用化学物品泄漏扩散模型计算出可能受影响的区域,并利用叠加分析确定要疏散的街区。在商业零售方面,选址模型可以帮助企业分析出在哪里开设商店可以产生最好的利润。在低碳和绿色能源方面,太阳辐射模型可以帮助公众估算在自己的房顶上安装太阳能面板可能产生的能量。基于已有案发地点的分布,公安部门能制作热度图,让公众知道哪里是高危险区,提醒公众注意安全。有些最佳路径分析还做了进一步深化,不仅考虑到起点和终点的距离与沿途道路的限速,还考虑到了接送所要求的时间窗口、沿途的实时路况和桥梁限高等。这些功能显示了 WebGIS 可以针对现实世界中的实际需求而量身定制,为雇员、顾客和公众提供具有针对性的服务,解决实际的问题。

13.3 WebGIS 的应用

13.3.1 WebGIS 在行业中的应用

我国在 WebGIS 的应用方面做了许多有益的探索，取得了宝贵经验，如农业、林业、气象、水利、地震、国土资源、海洋、环境保护、铁路交通、电力、城市建设和规划等部门或行业所做的应用试验等。但大多仍处于试验阶段，要达到 WebGIS 提出的目标(即实现实用化)还有很长一段路要走。“九五” 国家重点攻关项目“中国可持续发展信息共享示范”基本上体现了我国 WebGIS 的应用水平。

(1)农业　在国家“863 计划”智能化农业应用系统和国家自然科学基金的农业知识工程应用基础研究的支持下，天津大学和新疆生产建设兵团合作开发了基于 WebGIS 的农业专家系统(agricultural expert system)，又称农业智能系统。该系统实际上是利用处理后的卫星遥感图像信息作为原始数据，将 WebGIS 技术融合到专家系统中来，拓宽了专家系统的适用范围。

农业信息 WebGIS 系统是农业部信息中心建设的，其建设目标是使该系统成为农业生产和农业决策服务与支持的信息网络。该系统可以为农业生产及服务提供丰富、及时的农业生产信息资源(农业气象、农村经济、农产品价格、农产品贸易)以及网上地理信息管理和应用，为农业生产提供各种图形、图像等网上信息检索、查询、浏览，以及各种信息的交流服务。农业部门各级领导、农业生产决策者在中国地图上可直观地查出诸如某一地区小麦、玉米、大豆等作物的种植面积、分布情况，相关的气象条件，农产品的价格分布情况，农民收入情况等相关专题图信息，而不必只是通过单调的阿拉伯数字和文字来判断相关的农业生产和农业服务情况。同时利用这一系统，还可以及时了解国内最新农业生产信息及与农业相关的各种经济信息。

(2)林业　国家林业局调查规划设计院建设的林火信息发布子系统是防灾/森林防火信息系统中一个组成部分。该项目建立在国家林业局信息中心计算机网络和国家林业局森林防火办公室林火监测网络基础之上，采用了 Client/Server(客户机/服务器)模式、数据库技术、WebGIS 技术和遥感技术，能够完成火点定位、火险预报、林火行为预报、林火信息发布等功能，并尝试将一些公用图形数据作为公共数据提供给需要的用户。

国家林业局信息中心以及一些林业重点省份也利用 ArcGIS 系列软件进行森林资源动态监测和湿地监测，用现代化的 3S 技术和网络技术等手段为天然林保护、退耕还林、野生动植物保护、三北等重点地区建立防护林体系系统。

(3)气象　由大连理工大学开发的黑龙江防汛决策指挥系统应用最新的 WebGIS 技术，采取 Brow ser/Server(浏览器/服务器)与 Client/Server(客户机/服务器)相结合的模式。其中 GIS 平台采用 ESRI 的 ArcIMS，后台采用 Oracle 数据库，Web 采用 Java 解决方案。系统共有信息服务子系统、防洪调度子系统、防汛会商子系统等 11 个子系统组成。该系统可查询河道、堤防、控制站、水库等实时的、历史的水雨工情信息。

(4)地震　WebGIS在防震减灾中具有无可比拟的优势。无论是震害预测信息服务平台的开发还是数字地震减灾系统的研究都可以为整个社会提供及时、必需的信息和理念。这些都能为实现政府倡导的减灾政策打下坚实的基础。比如,在1999年我国台湾地区7.6级地震中,其灾害调查、灾情统计、救济工作等都是基于WebGIS来开展的,WebGIS在抗震救灾、安定民心等工作中发挥了一定的作用。

(5)水利　北京市防洪抢险信息系统建立在数据库、WebGIS和网络技术之上,通过动态网页技术实现对抢险相关信息的快速查询。系统建成后,完整实现从报险到WebGIS动态显示出险地点的信息,再到预案查询、仓库物资查询、责任制单位查询、物资调度、队伍调度的抢险全部业务流程。

(6)海洋　国家海洋基础信息网络服务系统是以美国ESRI公司的MapObjects和ArcIMS建设的,具有属性信息查询、信息检索、信息统计、放大、缩小、图层标识显示、平移等功能。对中国海洋资源、经济、环境、灾害空间数据库系统和1100万海洋基础地理信息等提供网上共享服务。

(7)国土资源　中国宏观国土资源信息系统建设的目标是通过Internet/Intranet技术平台,利用Java编程语言构建WebGIS系统,使用户能通过Internet/Intranet对系统进行空间与属性数据信息的查询、检索等访问,而且通过客户端浏览器和Plug-in插件启动系统的分析评价和决策等应用模型。最终可实现诸如空间分析计算等复杂的应用功能。

(8)环境保护　环境保护部建设的江苏省环保信息查询管理系统是建立于WebGIS基础上的环境MIS系统与环境GIS系统的集成系统。它具有环境空间信息共享、环境空间信息网络查询、空间数据管理、网络环境下环境空间数据专题图制作与发布、环境空间数据的分析、可视化环境管理等功能。改变了目前环境空间信息开发、应用和共享的落后局面,满足了社会各领域对环境空间数据共享的需求。

(9)铁路交通　目前铁路系统正在实施RGIS(铁路地理信息系统)计划,准备为全国铁路系统提供统一的WebGIS平台,把铁路售票系统、客运管理系统、调度系统等都集成到该平台上。今后的目标之一就是开发出基于GIS的城市移动系统,为高速列车上的旅客提供列车前方到站、时刻表变化、天气状况、旅游、交通等图文详细信息。

(10)电力　WebGIS在电力系统中的应用主要体现在以下几个方面:①电厂设备管理;②输配电管理;③用电管理。许多WebGIS系统都只是针对特定的用户设计的。华北电力大学开发的配电网WebGIS系统,采用Java技术,开发了地图交互操作的各项功能,如在客户端采用鼠标方式进行地图的选取、漫游、鹰眼等操作。采用Asp并结合MapXtreme对地图空间数据的显示及处理,实现了配电网线路及设备的录入、查询、定位、打印等功能。

(11)数字城市　WebGIS是数字城市建设的关键技术之一。现在我国正在构建的WebGIS大多数是局域网或城域网,如"数字北京""数字福建"等。"数字北京"首先从中关村开始试点,逐步推向政府和企业,目前已承载了电子政务、电子商务、社会保障、信息化社区和交通、旅游WebGIS等各种信息系统,并与Chinanet以及中央各部委交换网、银行专用网、全国有线电视网等重要网络实现了互联互通。

(12)文博　主要是数字图书馆和数字博物馆。基于WebGIS的古籍检索系统是北京大学985项目支持的"北京大学古籍数字图书馆"的重要组成部分,也是中美合作"中国文化记忆网”(CMNet)项目的一部分。该系统以WebGIS为平台,将GIS提供的时空检索、概念层次导航下的浏览以及基于元数据属性结构的查询进行集成,为用户提供了更方便、有效的检索手段。目前系统中的主要资源为拓片元数据。我国台湾也在进行这方面的应用研究工作。

(13)其他　WebGIS在电信、旅游、军事、教育、商业、城市规划、城市管理、新闻媒体、智能交通、110报警服务、在线政府公共信息服务等领域应用也非常广泛,如统计分析、房地产、油气管理、土地和地籍管理、智能交通管理、跟踪污染和疾病的传播区域、商业选址、市场调查、移动通信、民用工程、城市管道管理等。其中,我国香港的旅游资讯服务系统是比较有代表性的。

13.3.2 WebGIS的主要产品和技术基础

WebGIS是GIS技术研究和商品化的热点,国内外几家主要的GIS厂商也都在积极地开发WebGIS产品,提出自己的解决方案。国内外WebGIS产品包括:

Esri公司的ArcGIS Online和ArcGIS Enterprise;

大众化地图应用如Google Maps和Mapbox;

开源软件GeoServer、CartoDB和Mapbox;

超图公司的SuperMap IS;

武汉吉奥公司的GeoSurf等。

WebGIS所采用的Web技术,包括但不限于超文本传输协议(hypertext transfer protocol, HTTP)、超文本标记语言(hypertext markup language, HTML)、统一资源定位器(uniform resource locator, URL)、JavaScript、WebGL(web graphics library)、SVG(scalable vector graphics)、Canvas 2D和WebSocket等。其中,HTTP、URL和HTML是万维网技术的三大基石,也是WebGIS的技术基础。HTTP定义了一套Web服务器与客户端进行请求和应答时所应遵守的规范。URL是描述互联网上网页和其他资源地址的一种标识方法。HTML是标准通用标记语言下的一种规范,它通过标记符号来标记显示网页中的各个部分。

WebGIS的基本架构如图13-2所示。与Web应用相似,WebGIS的基本工作流程是用户使用Web客户端(可以是Web浏览器,移动客户端或桌面应用程序),向Web服务器发送HTTP请求;Web服务器将有关GIS功能的请求转发到GIS服务器,GIS服务器从GIS数据库中读取所需要的数据,对请求进行相应处理,如生成地图、执行查询或相关分析,将数据、地图或其他操作结果通过HTTP响应返回到客户端中显示。

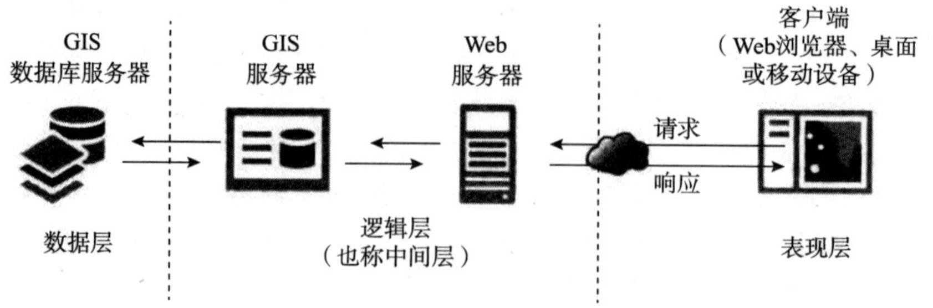

图13-2　WebGIS的基本架构

思考题

1. 什么是网络化地理信息系统？
2. 网络化地理信息系统有哪些功能特征？
3. 网络化信息系统有哪些优势？
4. 网络化信息系统的基本架构有几层？分别是什么？
5. 网络化信息系统都有哪些应用的场景？

参考文献

陈华胜.基于辐射传输模型的机载高光谱遥感图像大气校正研究[D].南京:南京理工大学,2013.

陈仲新,任建强,唐华俊,等.农业遥感研究应用进展与展望[J].遥感学报,2016,20(5):748-767.

地理信息系统名词审定委员会.地理信息系统名词[M].2版.北京:科学出版社,2017.

冈萨雷斯.数字图像处理[M].2版.阮秋琦,阮宇智,译.北京:电子工业出版社,2007.

侯瑞霞,孙伟,曹姗姗,等.大数据环境下林业资源信息云服务体系架构-设计与实证[J].中国农学通报,2016,32(2):170-179.

胡芬,金淑英,高分辨率光学遥感卫星宽幅成像技术发展浅析[J].地理信息世界,2017,24(5):45-50.

黎夏,刘小平."三规合一"服务的空间信息技术:地理模拟与优化[J].遥感学报,2016,20(5):1308-1318

李丹,吴保生,陈博伟,等.基于卫星遥感的水体信息提取研究进展与展望[J].清华大学学报(自然科学版),2020,60(2):147-161.

李德仁,眭海刚,单杰.论地理国情监测的技术支撑[J].武汉大学学报(信息科学版),2012,37(5):505-512+502.

李俊杰,姜涛,傅俏燕."高分一号"卫星多光谱宽幅相机影像合成[J].航天返回与遥感,2020,41(5):95-101.

李霖,罗恒,唐新明,等.资源三号卫星多光谱影像特征分析和质量评价[J].国土资源遥感,2014,26(1):17-24.

廖顺宝.资源环境科学多维信息平台研究[J].地球科学进展,2002,17(4):37-42.

刘凡.基于源-汇景观理论的栖霞市生态环境评价[D].北京:中国农业大学,2019.

刘纪远,张增祥,张树文,等.中国土地利用变化遥感研究的回顾与展望——基于陈述彭学术思想的引领[J].地球信息科学学报,2020,22(4):680-687.

刘忠,万炜,黄晋宇,等.基于无人机遥感的农作物长势关键参数反演研究进展[J].农业工程学报,2018,34(24):60-71.

梅安新,遥感导论[M].北京:高等教育出版社,2001.

彭望琭,遥感概论[M].北京:高等教育出版社,2002.

申广荣,柳云龙,钱振华.资源环境信息学[M].上海:上海交通大学出版社,2016.

孙家抦.遥感原理与应用[M].武汉:武汉大学出版社,2013.

唐华俊.农业遥感研究进展与展望[J].农学学报,2018,8(1):167-171.

童庆禧,孟庆岩,杨杭.遥感技术发展历程与未来展望[J].城市与减灾,2018,(6):2-11.
王春媛,张晔,吴扬,等.融合共线方程和多项式修正的遥感影像正射校正[J].西安交通大学学报,2012,46(12):49-54
王桥.中国环境遥感监测技术进展及若干前沿问题[J].遥感学报,2021,25(1):25-36.
王婷,廖秀英,程辉,高分一号卫星 PMS 传感器湖南攸县幅数据质量评价[J].地球物理学进展,2015,30(5):2082-2088.
王艺然,徐青山,魏合理.MODTRAN5 中不同波谱分辨率带模式对计算大气吸收带背景辐射的影响[J].大气与环境光学学报,2015,10(3):205-215.
吴炳方.中国土地覆被[M].北京:科学出版社,2017.
严明.高分辨率星载推扫成像几何定位关键技术研究——以"北京 2 号"星座影像为例[D].北京:中国科学院大学,2016.
严泰来.资源环境信息技术概论[M].北京:中国林业出版社,2004.
张安定.遥感技术基础与应用[M].北京:科学出版社,2016.
张兵,陈正超,郑兰芬,等.基于高光谱图像特征提取与凸面几何体投影变换的目标探测[J].红外与毫米波学报,2004,23(6):441-445.
赵学敏,马文坡,刘兆军.低轨卫星面阵凝视成像技术研究[J].航天返回与遥感,2007,28(2):10-14.
赵英时.遥感应用分析原理与方法[M].北京:科学出版社,2008.
Bakker W H. Principles of remote sensing. 2004: The International Institute for Geo-Information Science and Earth Observation.
Chen J M. Evaluation of vegetation indices and a modified simple ratio for boreal applications[J]. Canadian Journal of Remote Sensing, 1996, 22(3): 229-242.
Gao B C. NDWI—A normalized difference water index for remote sensing of vegetation liquid water from space[J]. Remote Sensing of Environment, 1996, 58(3): 257-266.
Huete A, Didan K, Miura T, et al. Overview of the radiometric and biophysical performance of the MODIS vegetation indices[J]. Remote Sensing of Environment, 2002, 83(1-2):195-213.
Huete A. A soil-adjusted vegetation index (SAVI)[J]. Remote Sensing of Environment, 1988, 25(3): 295-309.
Jiang Z, Huete A R, Didan K, et al. Development of a two-band enhanced vegetation index without a blue band[J]. Remote Sensing of Environment, 2008, 112(10): 3833-3845.
John R Jensen. 遥感数字影像处理导论.陈晓玲,张展,侯雪姣,等译[M].北京:机械工业出版社,2007.
Kaufman Y J, Tanre D. Atmospherically resistant vegetation index (ARVI) for EOS-MODIS[J]. IEEE transactions on Geoscience and Remote Sensing, 1992, 30(2): 261-270.
Louhaichi M, Borman M M, Johnson D E. Spatially located platform and aerial photography for documentation of grazing impacts on wheat[J]. Geocarto International, 2001, 16(1): 65-70.

Sun W, Chen B, Messinger D W. Nearest-neighbor diffusion-based pan-sharpening algorithm for spectral images[J]. Optical Engineering, 2013, 53(1):013107.

Tucker C J. Red and photographic infrared linear combinations for monitoring vegetation [J]. Remote Sensing of Environment, 1979, 8(2):127-150.

Zha Y, Gao J, Ni S. Use of normalized difference built-up index in automatically mapping urban areas from TM imagery[J]. International Journal of Remote Sensing, 2003, 24(3): 583-594.